电力行业产教融合共同体建设的研究与实践

湛年远　唐春生　韩绪鹏　主编

黄河水利出版社
·郑州·

内 容 提 要

本书对电力行业产业融合共同体的职业教育政策理论和实践做法进行了有针对性的研究，理论上研究了行业产教融合共同体的核心概念、产业转型与共同体的因果关系、多主体构架共同体的现实必需、行业产教融合共同体的现状与困境、构建行业产教融合共同体的对策研究等，在实践层面以案例的呈现形式梳理了电力职业院校在产教供需两侧对接、融合、共长的典型做法，形成了在产教融合、专创融合、育训结合、科教融汇等方面多元共建、多元共治的电力行业融合共同体建设新经验新范式。

本书可供职业院校广大教师、职业教育教学管理人员、职业教育产教融合研究人员、电力行业的人力资源管理人员等参考，也适合作为职业教育相关学科研究生、本科生的辅助教材。

图书在版编目(CIP)数据

电力行业产教融合共同体建设的研究与实践/湛年远，唐春生，韩绪鹏主编. —郑州：黄河水利出版社，2023.8

ISBN 978-7-5509-3684-3

Ⅰ.①电… Ⅱ.①湛… ②唐… ③韩… Ⅲ.①电力工业-职业教育-产学合作-研究-中国 Ⅳ.①TM

中国国家版本馆 CIP 数据核字(2023)第 155443 号

责任编辑 景泽龙　　责任校对 韩莹莹

封面设计 张心怡　　责任监制 常红昕

出版发行 黄河水利出版社

地址：河南省郑州市顺河路 49 号　邮政编码：450003

网址：www. yrcp. com　E-mail：hhslcbs@ 126. com

发行部电话：0371-66020550

承印单位 广东虎彩云印刷有限公司

开　　本 787 mm×1 092 mm　1/16

印　　张 13.5

字　　数 310 千字

版次印次 2023 年 8 月第 1 版　　2023 年 8 月第 1 次印刷

定　　价 69.00 元

《电力行业产教融合共同体建设的研究与实践》

编委会

主　编：湛年远　唐春生　韩绪鹏

参　编：张海燕　谭永平　方绪军　黎　宾　邓婷婷

李盛林　蔡　燕　隆丹宁　班　佳　李　静

秦景良　李枝玖　苏　锦　黄海珍　王　伟

彭启慧　李巧云　林书婷　韦柳丝　康冰心

李　捷　劳日智　秦　静

前　言

近年来,职业院校推进中国特色高水平高职学校和专业建设计划,稳步开展“提质培优”和“三教改革”行动计划,进而促进了产教多元主体深度合作。2019 年 1 月,国务院印发的《国家职业教育改革实施方案》首次提出:“推动职业院校和行业企业形成命运共同体。”2022 年 12 月,中共中央办公厅、国务院办公厅印发的《关于深化现代职业教育体系建设改革的意见》再次强调:“支持龙头企业和高水平高等学校、职业学校牵头,组建学校、科研机构、上下游企业等共同参与的跨区域产教融合共同体。”自此,行业产教融合共同体的概念首次被提出,成为职业教育领域学者的研究热点。与传统意义上的工学结合、产教结合相比,行业产教融合共同体是职业教育产教融合在更高层次、更大范围上的整合和贯通,是教育与产业的共生共长。

广西电力职业技术学院原由国家电力工业部举办、广西壮族自治区电力工业局主管,现由广西壮族自治区教育厅直管,学院充分发挥原有行业举办高校的发展优势,融合先进职业教育理念,赓续行业发展血脉,开展特色化办学,提升电力类高等职业教育适应性。学院紧跟能源电力产业清洁化、低碳化、智能化转型发展趋势,以能源电力行业企业人才需求为导向,积极探索适应能源电力产业发展的产教融合人才培养模式。从 2010 年开始,学院针对电力类高职产教融合生态供需不匹配与运行机制不顺畅、产教融合模式不清晰与资源不对等、服务产业能力不强与国际合作程度不高等问题展开研究,按照健全长效运行机制,优化产教融合生态;以共同愿景为引领,搭建产教深度融合平台;创新育人模式,推动专业链与产业链融合发展;坚持育训有机结合,创新国际交流与合作机制等策略进行了长期系统的产教融合人才培养模式改革,旨在着力提升电力类高职人才培养产教融合的“协同度、融合度、互动度”,取得了明显的教学效果和社会示范效应,基本形成了电力行业产教融合共同体的广西电力职业技术学院模式,为新时代行业产教融合共同体建设提供了可供参考借鉴的“电力范式”。

本书由广西电力职业技术学院湛年远、唐春生、韩绪鹏主编,结构上分为理论研究篇和实践探索篇,在编写过程中得到了中国电力企业联合会、广西壮族自治区应急管理厅、中国南方电网有限责任公司、中国大唐集团有限公司、中国能源建设股份有限公司、广西电网有限责任公司、广西能源股份有限公司等单位的大力支持和帮助。由于作者水平有限,编写过程中难免有疏漏之处,竭诚欢迎各位专家学者同行批评指正。

作　者

2023 年 5 月

目 录

上篇 理论研究篇

下篇 实践探索篇

上篇　理论研究篇

第一章　理据辨析:行业产教融合共同体

“理据辨析”就是在理论层面上分析构建“行业产教融合共同体”的背景、概念、特征及理论基础,进而证明其客观性与合理性。诚然,与普通教育相比,职业教育是跨越职业院校与行业企业的双主体、双场域融合性教育,职业院校与行业企业之间存在休戚与共的命运联系。在客观上,职业院校具有跨界性与融合性,跨界性强化了职业院校要开展政校企行合作,协同发展类型鲜明的职业教育;而融合性则侧重于政校企行多方深度合作开展产教融合,协力赋能职业教育高质量发展。为此,职业院校与行业等治理主体形成“行业产教融合共同体”是深化校企合作、产教融合的具体体现,也是中国式职业教育现代化探索的实践成果,它最大限度地利用社会优势资源开展办学,搭建了职业院校与社会之间的桥梁,更凸显出职业院校类型化内生性需求。

第一节　行业产教融合共同体发展背景

随着我国高度重视职业教育的发展,职业院校已经从“数量增长”步入“内涵发展”,现在正处于向“高质量发展”迈进的关键时期。近些年,职业院校推进中国特色高水平高职学校和专业建设计划(简称“双高计划”),稳步开展“提质培优”计划、“三教改革”等政策,进而大大促进了校企行深度合作,而构建“行业产教融合共同体”概念便是在这一历史背景下提出的,并在实践中有效地促进了校企行深度合作、产教高度融合,以及职业院校的高质量发展和可持续发展。

一、“产教融合”政策导向:职业院校“校企行深度合作”的外生性驱动

从政策学来看,校企行合作是职业院校开展高质量办学的重要方式,在理论与实践中构建并践行紧密的行业产教融合共同体,是破解校企合作“剃头挑子一头热”、拓宽职业院校办学资源范围、稳步推进产教融合高质量发展的重要抓手。诚然,行业产教融合共同体的形成与发展是一个发展性、连续性的政策学实践。我国学者从政策学角度出发,基于产教融合的政策脉络分为“产教结合”“产教深度合作”“产教融合”等三种文本表达方式,并且每个发展阶段中均伴随着以校企行合作为主线开展的产教融合的教育实践,不断丰富并创新校企合作的新内涵和新高度。

“产教结合”政策阶段，是构建“行业产教融合共同体”的萌芽阶段，产业与职业院校合作实际上呈现出“结合”的样态，并强化行业或企业参与职业院校办学是一种“义务”的观点，其通过引导等鼓励性政策工具的推进，呈现出非强制性的特点。例如，《中华人民共和国职业教育法》(简称《职业教育法》)中，以法规的形式要求“有关行业主管部门、工会和中华职业教育社等群团组织、行业组织、企业、事业单位等应当依法履行实施职业教育的义务”(第九条)，“行业主管部门、工会和中华职业教育社等群团组织、行业组织可以根据需要，参与制定职业教育专业目录和相关职业教育标准，开展人才需求预测、职业生涯发展研究及信息咨询，培育供需匹配的产教融合服务组织，举办或者联合举办职业学校、职业培训机构，组织、协调、指导相关企业、事业单位、社会组织举办职业学校、职业培训机构”(第二十三条)，进而引导、鼓励行业参与职业教育办学，强化行业的“义务”。随后《关于实施〈职业教育法〉加快发展职业教育的若干意见》也进一步强化“要依法落实政府、行业、企业及社会各方面兴办职业教育的职责和义务”。

然而，从词源学角度来看，所谓“义务”一方面是相对于“权利”而言的政治话语表达方式，属于传统伦理学的范畴，并不具有法律上的强制性；另一方面，“义务”是“不要报酬的”，然而企业作为市场经济主体，与以经济效益为根本出发点又背道而驰。显然，这一阶段的行业产教融合共同体在实践层面上出现了“合”而不“作”，其本质在于学校“需求侧”与行业“供给侧”的契约点存在着落差与断层。

“产教深度合作”政策阶段，是构建“行业产教融合共同体”的实践探索阶段。随着国家大力推进职业教育发展，职业院校以国家示范性高职院校为契机开展校企行合作，以此作为职业院校内涵式发展的重要形式。这一阶段政策在“引导”与“鼓励”行业企业参与职业院校办学的基础上，进一步强化了行业和企业的“职责”与“权益”，呈现出鼓励性政策工具和象征性、劝诫性政策工具综合使用、协同发力的局面，在客观上也说明了校企行深度合作已经成为我国职业教育发展的关键因素。例如，《教育部关于充分发挥行业指导作用 推进职业教育改革发展的意见》(教职成〔2011〕6号)明确指出：“行业是连接教育与产业的桥梁和纽带，在促进产教结合，密切教育与产业的联系，确保职业教育发展规划、教育内容、培养规格、人才供给适应产业发展实际需求等方面，发挥着不可替代的作用”“推进产教结合与校企一体办学，实现专业与产业、企业、岗位对接”。此外，《教育部关于推进高等职业教育改革创新 引领职业教育科学发展的若干意见》(教职成〔2011〕12号)也明确指出：“完善促进校企合作的政策法规，明确政府、行业、企业和学校在校企合作中的职责和权益，通过地方财政支持等政策措施，调动企业参与高等职业教育的积极性，促进高等职业教育校企合作、产学研结合制度化。”但是，由于缺乏强有力的法律政策保障、创新的顶层设计和合理的协调指导机制，同时职业院校办学体制机制和市场经济体制机制无法协调统一而趋向“僵化”，导致在构建“行业产教融合共同体”过程中还是存在着“学校一头热”“校企行三分离”“行业企业冷淡”等无法有效解决的合作瓶颈问题，使校企合作不深入、校行合作浮于形式。

“产教融合”政策阶段，是构建“行业产教融合共同体”的创新发展阶段。特别是党的十九大提出了“完善职业教育和培训体系，深化产教融合、校企合作”的新要求和任务后，“产教融合”的概念便成为我国职业教育顶层设计中的重要词语，并强化了校企合作的重要性和必要性。为此如何将“校企合作”与“产教融合”相融合以促进职业院校高质量发展便成为时代的命题。为了落实党的十九大精神,《国务院办公厅关于深化产教融合的若干意见》(国办发〔2017〕95 号)明确提出了“深化产教融合的主要目标是,逐步提高行业企业参与办学程度,健全多元化办学体制,全面推行校企协同育人,用 10 年左右时间,教育和产业统筹融合、良性互动的发展格局总体形成”的设计,为构建行业产教融合共同体提供了顶层设计。随后,《教育部等六部门关于印发〈职业学校校企合作促进办法〉的通知》(教职成〔2018〕1 号)也提出“行业主管部门和行业组织应当统筹、指导和推动本行业的校企合作”“职业学校主管部门应当会同有关部门、行业组织,鼓励和支持职业学校与相关企业以组建职业教育集团等方式,建立长期、稳定合作关系”,同时还提出“企业开展校企合作的情况应当纳入企业社会责任报告”,对于行业企业参与职业院校办学给予评价。而《职业教育法》则提出,“职业学校、职业培训机构可以通过与行业组织、企业、事业单位等共同举办职业教育机构、组建职业教育集团、开展订单培养等多种形式进行合作”,并且明确指出“对符合条件认定为产教融合型企业的,按照规定给予金融、财政、土地等支持,落实教育费附加、地方教育附加减免及其他税费优惠”。由此可见,在这一阶段我们清晰地看到了在国家政策导向下,不仅强调了引导和鼓励行业、企业参与职业教育办学等,还强化了法理基础、增加了任务清单、出台了奖励性政策等,体现出权威性政策工具、系统性变革政策工具、鼓励性政策工具等多样化政策工具的综合使用,力求在“校企合作、产教融合”的背景下实现更为紧密的行业产教融合共同体的构建,使职业院校、行业企业相互关联、互为支撑,实现“你中有我、我中有你”的共同体状态。

二、“双高计划”实践探索:职业院校“高质量发展”的内生性需求

职业院校是我国现代化职业教育体系中的重要组成部分,也是提升我国职业教育整体竞争力的关键环节。2023 年 3 月 23 日,教育部新闻发布会介绍的 2022 年全国教育事业发展基本情况显示:2022 年年底,我国有高职(专科)院校共 1 489 所,招生 538.98 万人;职教本科院校共 32 所,招生 7.63 万人;中等职业学校(不含人社部门管理的技工学校)共 7 201 所,招生 484.78 万人。从办学规模(招生人数)来看,我国高职院校基本上占据我国职业教育的半壁江山,为探索并践行中国式职业教育现代化建设做出了突出的贡献。但是正如《国务院办公厅关于深化产教融合的若干意见》(国办发〔2017〕95 号)所指出的那样,由于“受体制机制等多种因素影响,人才培养供给侧和产业需求侧在结构、质量、水平上还不能完全适应,‘两张皮’问题仍然存在”,大大影响了我国职业院校的高质量发展。为此,新时代教育部在高职院校开展“中国特色高水平高职学校和专业建设计划”(简称“双高计划”),试图以推进高水平专业建设为突破口,进而提升职业院校核心竞争力,实现高质量发展。

“双高计划”是继示范性学校、优质校之后,我国职业院校高质量发展的又一重要计划,“双高计划”中核心是专业(群)的建设,而专业(群)的核心在于通过校企行合作提升专业高质量建设。《教育部 财政部关于实施中国特色高水平高职学校和专业建设计划的意见》(教职成〔2019〕5 号)明确提出,“创新高等职业教育与产业融合发展的运行模式,精准对接区域人才需求,提升高职学校服务产业转型升级的能力,推动高职学校和行业企

业形成命运共同体，为加快建设现代产业体系，增强产业核心竞争力提供有力支撑"，其中第一次提出要建立"高职学校和行业企业形成命运共同体"，与以往"校企合作"概念不同的是，"校行企三方协同形成命运共同体"凸显出新时代背景下我国高职院校"双高计划"建设的新思维、新方法和新路径，也必将成为破解校企合作不深入问题的有效抓手。

第一，在校企两方合作的基础上，凸显出校行企三方治理主体共同参与职业院校办学。从参与职业教育治理主体来看，以往职业院校和企业以"校企合作"为载体开展，对于校行合作关注度明显不够。所谓"行业"是指从事国民经济中相同或相似性质的生产、服务或其他经济社会的经营单位或者个体的组织结构体系，同时也是一种企业联合体。为此，在产教融合背景下，职业院校与行业开展深度合作不仅体现出校行双主体促进教育链、人才链与产业链、创新链有机衔接，进而推进人力资源供给侧结构性改革的迫切要求，实现校行协同育人的教育属性，还应该以深化产教融合为指向，加强职业院校融入产业发展的大场域中，进而依托行业在企业优质资源的整合、行业动态信息的掌握以及产业未来发展的预测能力等方面的优势，从而开展校企之间职业种类预测、岗位能力需求调查等方面的合作，进而缩短产业需求与职业学校、职业种类与专业（方向）设置、岗位能力与学生能力之间的距离，从而提升产业发展与职业教育融合广度、行业企业与职业院校融合深度。

第二，在校企深度合作的基础上，凸显出校行企三方协同形成命运共同体。相对于校企深度合作而言，校行企三方协同形成命运共同体呈现出教育和产业互补互融、共生共长的载体，从建设原则上都是要做到必问产业、必问企业、必问应用，都是要坚持以教促产、以产助教、产教融合、产学合作。在构建共同体过程中，不仅强调校企在专业设置、课程建设、师资共享、设备共用等具象化层面的合作，而且更加期冀职业院校与行业企业可以秉持休戚与共、荣辱与共、生死与共、命运与共的共同体理念，在办学理念、发展观念、教育情怀等意向化层面开展合作，真正使行业企业投入职业院校的发展中。在此基础上，我国部分电力职业院校或专业在建设"双高计划"的征程中，紧紧依托电力行业的行业特点和岗位需求，以"立德树人"为根本任务，形成了独具行业特色的行业产教融合共同体，凸显出行业的特殊角色和重要地位，体现出校行企三方协同共筑职业院校高质量发展的时代特点，为电力行业提供高素质技术技能型人才。

三、"类型定位"逻辑诉求：职业院校"中国式现代化"的根本性归宿

在不同的政治制度、经济模式和文化思维中，职业院校在实践过程中演绎出迥异的价值、形态和秩序，从而形成了差异性时代精神、社会情境以及思考方式之下的教育类型特征。我国高等职业教育（专科层次）发轫于20世纪的职业大学，在经历了示范性学校、优质高职学校、"双高计划"建设的过程后，逐步形成了独有的学科特色与学科方法的合理性话语体系，不仅体现出我国职业院校在实践中摸索出的具有类型特色的行动准则，而且更加彰显出建设中国式职业教育现代化的科学立场。党的二十大报告明确提出"优化职业教育类型定位"，聚焦了当前我国现代职业教育体系构建的理论难点与实践迷思。为此，如何开展构建"行业产教融合共同体"也成为探索类型定位的重要体现。

诚然，我国教育体系采用苏联分支型制学制，这是介于双轨制和单轨制之间的一种特

殊的学制类型，主要是在学生接受相同的基础教育后采用分流的方式进行特色培养，一部分进入高中、大学，另一部分进入中职院校、高职院校，但是从历史制度主义视角来看，我国职业院校受“学而优则仕”的传统文化的影响，社会公众普遍形成了“职低普高”的刻板印象，在客观上制约了职业院校独立的类型定位，这种情况并没有得到社会广泛的重视，在客观上便导致“分流”培养演变成为“分层”培养的“思维定式”，呈现出浓厚的分层培养的色彩，在这种层次定位主导下的职业教育被视为一种“兜底”教育，在个体发展和社会观念中“过度扮演分层功能”，并且根深蒂固于社会固有思维方式和行为规范中，至今都是一股不可忽视的社会观念。为了扭转这一观念，《国务院关于印发国家职业教育改革实施方案的通知》(国发〔2019〕4号)开宗明义地指出：“职业教育与普通教育是两种不同的教育类型，具有同等重要地位”。这是在政策文本中正式确定了职业教育的教育类型定位，同时也强调了中国式现代化进程中现代职业教育体系建设的重要地位与深远意义。近些年，伴随国家高度重视职业教育，在法律层面上，《中华人民共和国职业教育法》第三条也强调指出，“职业教育是与普通教育具有同等重要地位的教育类型”，从法理层面上对职业教育的地位做了规定，体现出国家的意志和走向；在舆论层面上，全社会营造大力弘扬工匠精神、劳模精神、劳动精神的舆论氛围，共建技能型社会崇尚技术；在制度层面上构建现代职业教育体系，打通中职、高职、本科职业教育通道，破解高职教育的天花板。

当然，无论是从法律层面上确立职业教育的“类型定位”，还是从舆论、制度层面上借助于国家政治权威治理导向的外部措施，真正体现出类型本质的还是基于职业教育自身。坚持“产教融合、校企合作”办学模式便是彰显职业教育“类型定位”的重要指南，在实践中如何促进两者的共生共长、合而为一、协同发力便成为职业教育高质量“类型化”发展的核心要义。而“行业产教融合共同体”的提出与构建便是在这一要求下，在实践层面上的行动准则。

首先，“行业产教融合共同体”体现出“产教融合、校企合作”办学模式的本质特征。产教融合是校企合作的价值指向和逻辑目的，校企合作则是产教融合的实施载体和核心内容，两者呈现出“唇亡齿寒、相互依存”的辩证关系，共同指向职业院校的高质量发展。为此构建“行业产教融合共同体”就是秉承以“产教融合、校企合作”办学模式为基础，通过构建校行企更为紧密的命运共同体，真正实现社会资源办职业教育，协力推动职业院校高质量发展。

其次，“行业产教融合共同体”立足点在于培养高素质技术技能型人才。职业教育作为一种教育类型，不仅是经济发展的助推器，还是社会公平的润滑剂，更是个性发展的动力源。与本科教育和基础教育不同的是，我国职业院校并不是培养学术型、研究型人才的，亦不是普遍意义上的素质型、升学型教育。其“类型定位”主要是以培养高素质技术技能型人才为己任，通过校企合作为重要载体，瞄准岗位能力结构和要求，将学生的职业素养、职业能力、职业精神等作为重要培育内容。而“行业产教融合共同体”的构建与践行无疑是为学生成长搭建了从“书斋”到“车间”、从“书本”到“岗位”、从“知识”到“能力”之间的桥梁，助推学生完成“职业化”的过程，以便实现为学生“谋个性之发展”“为个人谋生之准备”“为个人服务社会之准备”“为国家及世界增进生产力之准备”的教育功能。

第二节 核心概念学理界定与实践特征

核心概念学理界定主要是从学科原理或法则逻辑出发,深入地剖析研究核心概念的内涵与外延,同时从职业教育学科的“类型”角度,剖析概念的职业教育学意义,进而为在实践中厘清特征提供理论背景和前提。

一、核心概念学理界定

核心概念学理界定不仅要考量“概念来源问题”,还需要阐述“概念的社会学意义”,这样才能完整地诠释核心概念的“前世今缘”,以便全面分析与领会其中的内涵与外延。

(一)产教融合词源学的考察

“产教融合”既是一个政策性的概念,又体现出国家对职业教育方向的顶层设计,呈现出政治性的一面;同时也是一个实践性的概念,彰显出政策必须要在实践中得到验证与具象表现,呈现出实践性的一面。因此,以构建“行业产教融合共同体”为基础,本书将“产教融合”的词源学考察定位在政策性概念层面和实践性概念层面,以避免过度地强化抽象的政策概念和提法,将产教融合的实践考察转换为政策性的符号或文化,陷入“形而上学”的思维定式。

“产教融合”的词源学考察中,“产”与“教”是既代表着“产业”与“教育”两个主体之间的融合,也隐喻着产业内部要素与职业教育内部要素之间的耦合式融合。最开始,产业与教育应该在同一个生产部门,随着社会分工细化,两者分开并且承担着不同的社会角色与责任,但是其内在机制还是存在着千丝万缕的关系,并且越来越走向融合,并非合并。其中,“产业”源自人类社会生产部门,而教育则负责总结和传授生产实践知识,并为产业发展提供人才供给和技术赋能。产教融合的核心在于如何“融合”。所谓“融合”指几种不同的事物合成一体,例如,《〈王勃集〉序》(杨炯)提出:“契将往而必融,防未来而先制。”而学者罗杰·菲德勒则认为“融合”是指路径的交叉与合并,其结果是以每个融合实体的变革为基础创造新的实体,无非是在强调产教之间在路径选择上要融合为一体,实现最大效应。综上所述,产教融合的话语初衷在于使产业与职业教育合为一体,但是职业教育的学科属性要求:产教融合既是产业与教育高度融合的一种表征形式,也要保持产业与教育的相对独立性,要全面、客观地把握产教融合概念,就应该将其放在实践中考察其中的社会学意义。

从政策性概念层面而言,早在2013年,党的十八届三中全会通过的《中共中央关于全面深化改革若干重大问题的决定》便提出了要深化教育领域综合改革,加快现代职业教育体系建设,深化产教融合、校企合作,培养高素质劳动者和技能型人才。这凸显出产教融合与以往的“产教结合”“产教合作”等政策话语存在着差别,并且将“产教融合”作为职业教育办学模式的重要组成部分,从宏观到微观、从顶层设计到具体实施,“校企合作”作为深化职教改革创新的逻辑主线越发清晰。而后来面对职业院校人才“供给侧”与产业“需求侧”在结构、质量和水平上不能完全适应,从“产”与“教”两张皮的情况普遍存在的现实出发,《关于深化产教融合的若干意见》等政策文本力图将“政策概念”转化为可操作的“政策行动”,并且提出了政府、企业、学校、行业、社会的主体协同推进,构建校企合作长效机制,形成教育和产业统筹融合、良性互动的发展格局。由此可见,这里的“产教融合”中的“产”主要是指“产业”,即广义的产业,泛指一切从事生产物质产品和提供劳务活动的集合体,即国民经济的各行各业。从生产到流通、服务以至文化、教育,大到部门,小至行业都可以称为产业。狭义的产业指生产物质产品的集合体,即工业部门。而“教”主要是“教育”,特指“职业教育”,即教育是人类生产力水平发展到一定阶段后,从物质资料再生产中独立出来的经济部门,主要功能是为产业提供人力资源这一生产要素。

而从“产教融合”的实践性概念层面来说,更加强调了微观层面上的产教融合。实际上,我国的“产教融合”源自早期的“校企合作”,其实质是校企合作的高阶版,从单一的“职业院校与企业合作”到多维的“职业教育与产业合作”,呈现出从“平面化”向“立体化”转移,更加侧重于产教融合的层次性与多维性。其中,层次性则体现出产教融合并不是针对职业教育的哪个层次,包括中等职业教育、高等职业教育(专科层次),也应该包括职业教育本科,其中高职院校与行业深度合作占重要的地位;而“多维性”则聚焦在产教融合的多方面,职业院校专业、课程、教学、教法、师资、实训等多个方面与行业(包括企业)融合,并且其融合尤为关键。

(二)共同体词源学的考察

“共同体”的概念曾是人文社会科学中颇具影响的概念,也是国际学术界颇为关注的话题。特别是近些年,随着全球环境、人口等问题日益凸显并且深刻地影响到人类的生活质量和生存空间,人类越来越意识到只有结成共同体,才有可能解决这些全球化的问题,以实现人类社会的可持续发展。为此,共同体的概念才从“文字”概念走向“实践”层面。

如果从“共同体”词源学角度来看,“共同体”最早来源自古希腊语“Koinonia”,原意是指在城邦设立的市民共同体,并且在亚里士多德的《政治学》中,城邦也属于共同体的一种形式。亚里士多德认为,所谓“共同体”是在群体内部平等个体之间的自由之所,主要是为了实现“共同善”与“共同利益”而形成的。而古罗马的西塞德在《论法律》中将人和神共同构成的“社会”视为一种共同体。后来共同体又被认为是一种依靠政治力量而形成的社会群体。到了近代,马基雅维利揭开原来学者附着在“共同体”身上的神秘色彩、伦理主义及自然崇拜等面纱,将共同体定格在人的意志上,即共同体必须是价值中立的、人的意志造就的、具有契约精神的。14 世纪晚期,“共同体”的概念才演化为英文“Community”,其含义为“因居住在同一地点而联系在一起的人们”。而马克思、恩格斯在《德意志意识形态》一书中提出“共同体”(Germeinwesen)一词,认为共同体存在着三种形态,包括人的依赖关系、物的依赖关系及个人的全面发展,其中前两种是“异化”的共同体,呈现出抽象和虚伪的特征,只有人克服了前两种共同体的虚伪性和抽象性才能实现“自由人联合体”,以便实现“人终于成为自己的社会结合的主人……自由的人”。

“共同体”概念是由德国著名社会学家斐迪南·滕尼斯于 1881 年在其社会学著作《共同体与社会:纯粹社会学的基本概念》中提出的,其认为,共同体是一种有共同信仰、信念和价值观且相互信赖、相互支持的群体,并将其分为血缘共同体、地缘共同体和精神共同体。即拥有共同事物的特质和相同身份与特点感觉的群体关系,是建立在自然基础上的、历史和思想积淀的联合体，是有关人员共同的本能和习惯，或思想的共同记忆，是人们对某种共同关系的心理反应，表现为直接自愿的、和睦共处的、更具有意义的一种平等互助关系，是人类群体生活中最为基本的一种类型。滕尼斯的"共同体"概念凸显出了个人意志、休戚与共、同甘共苦等特征。

而如今的共同体已经发展成为形式多样、内容丰富、形态各异的共同体，不再是滕尼斯笔下所指的物的一种"机械的耦合"，而是人的存在和活动的现实的社会形势，为此，本书认为共同体具有这些理论上的特征：第一，"共同体"内部成员秉承着一致的价值观，即所有的共同体成员和治理主体在一致的价值观导向下，其具有共同目标，共同建设、共同组织、共同管理、共享成果、共担风险，并以协议的形式建立利益实体，纵使不同治理主体在价值观层面上存在差异性，如果确保能够达成双方所愿的成果，就要先把自己的利益放在一边，为此，共同体确定意志的总体形式如同语言本身那样，是自然形成的，因此它自身之中就包含了"共同领会"，并且是"默认一切"的（人们发自内心地结合与统一），而这种"共同的领会"则正是一种价值观，滕尼斯在《共同体与社会》书中更是形象地将"共同的领会"的形成描述为"男人和女人为了生育并教养后代结合到一起，融合成一个统一体，故而，婚姻作为男女间持久的关系，特别地具备了某种自然的意义……界定为义务和优先权"。第二，"共同体"内部具有结构性，即组成共同体内部必然存在着成员或治理主体，并且扮演着各自应有的责任和义务，保持着共同体内部的平衡与和谐。第三，"共同体"内部成员扮演着一定的社会角色，即所有的共同体成员和治理主体均存在着双重的角色，在共同体内部和外部都存在着不同的社会角色，同时在共同体的内部也发挥着不同的功效。第四，"共同体"秉承开放性。共同体并不是完全封闭、自成体系的组织，而是具有开放性特质的自组织系统，其开放性不仅体现出对外可以加强对话、沟通、交流与合作，实现组织内部不断地与社会经济发展相适应，还具有浓厚的自组织系统的特征，在共同体内部具有自身特质的精神，并在建设中生成特有的运行模式、运行结构和运行机制。

（三）"行业产教融合共同体"的立场解读

本书立足于政策文件，结合电力行业的行业特点来分析"行业产教融合共同体"，分析核心概念的立场。

第一，"行业产教融合共同体"以国家重点发展的行业和领域为依托开展，并且要求带动其他专业与行业合作与发展，体现出职业教育要服务于国家战略部门发展的重要教育使命，凸显出国家的政治属性。其中，《关于深化现代职业教育体系建设改革的意见》中明确指出，优先选择新一代信息技术产业、高档数控机床和机器人、高端仪器、航空航天装备、船舶与海洋工程装备、先进轨道交通装备、能源电子、节能与新能源汽车、电力装备、农机装备、新材料、生物医药及高性能医疗器械等重点行业和重点领域，而构建"电力行业产教融合共同体"涉及的电力行业是指以发电、变电、输电、配电等电力工程为主要内容的行业，包括电力生产、存储、传输、节约、利用及装备制造等。电力行业是涉及国计民生的重点行业，同时也是国家重点发展的战略产业，是构建现代能源体系的重要组成部分。国家发改委和国家能源局发布的《"十四五"现代能源体系规划》提出，到2035年，能源高质量发展取得决定性进展，基本建成现代能源体系。能源安全保障能力大幅提升，绿色生产和消费模式广泛形成，非化石能源消费比重在2030年达到25%的基础上进一步大幅提高,可再生能源发电成为主体电源,新型电力系统建设取得实质性成效,碳排放总量达峰后稳中有降。《中华人民共和国国民经济和社会发展第十四个五年规划和2035年远景目标纲要》再次明确,推进能源革命,建设清洁低碳、安全高效的能源体系,提高能源供给保障能力。加快发展非化石能源,坚持集中式和分布式并举,大力提升风电、光伏发电规模,加快发展东中部分布式能源,有序发展海上风电,加快西南水电基地建设,安全稳妥推动沿海核电建设,建设一批多能互补的清洁能源基地,非化石能源占能源消费总量比重提高到20%左右。加快电网基础设施智能化改造和智能微电网建设,提高电力系统互补互济和智能调节能力,加强源网荷储衔接,提升清洁能源消纳和存储能力,提升向边远地区输配电能力,推进煤电灵活性改造,加快抽水蓄能电站建设和新型储能技术规模化应用。为此急需大量高素质技术技能型人才,故亟须形成行业产教融合共同体,以便实现行业高质量发展,使职业院校、行业、企业、研究机构等形成强大的人才供给、技术研发、信息共享、成果共用的共同体,实现多主体双赢的目的。

第二,"行业产教融合共同体"凸显出多方治理主体的协同发力,彰显出职业教育的教育功能与行业龙头企业的经济功能。运行于同一组织场域中的组织,其结构形式往往具有明显的相似性,为此在组织结构、组织信念、组织功能、组织资源等方面,既具有竞争性的一面,又具有合作性的一面。随着第四次工业革命的来临(工业4.0),电力行业内部的企业、人员在生产过程存在着技术的社会分工与技术协作,合作大于竞争驱动着产业端、教育端共同开展技术技能培养、技术合作和资源共享。"十四五"时期是我国高质量发展的重要战略机遇期,也是推动实现碳达峰、碳中和的关键窗口期。作为目前我国碳排放占比最大的能源电力行业,将加快向清洁能源转型,风电、光伏发电、生物质发电,电能替代转化储存、新能源汽车、新能源装备制造,以及碳交易、碳金融、碳审计新产业将加快发展,绿色电力、智能电网、工业节能、绿色建筑、绿色交通将成为新常态。同时,风电、光伏发电、生物质发电等可再生能源的快速发展也将给传统电力系统带来技术、成本、市场、安全等诸多方面的挑战,电力及相关产业低碳化、数字化、智能化(新型电力系统)将成为必然方向。此外,"十四五"期间,构建人类命运共同体将成为国际社会的普遍共识,"一带一路"建设将更加广泛深入地推进,中国电力企业"走出去"步伐将进一步加快加大,国际能源电力产能合作必将更加深入,随着区域全面经济伙伴关系协定的生效实施和"西部陆海新通道""中国(广西)自由贸易试验区"建设的持续推进,中国—东盟人文交流与合作也必将更加广泛,对具备国际视野的高素质应用型技能型人才培养培训需求将更加旺盛。在此背景下,电力行业产教融合共同体需要依托电力行业组织,要求龙头企业和高水平高等学校、职业学校牵头,学校、科研机构、上下游企业等共同参与其中,以便实现各方资源配置与职能赋能。同时,进一步强化了学校与行业主体职能的发挥,其中学校要最大限度地汇聚产教资源,制订教学评价标准,开发专业核心课程与实践能力项目,研制推广教学装备,还需要开展委托培养、订单培养和学徒制培养,开展多种形式的岗前培训、岗位培训和继续教育,为行业提供高素质技术技能型人才。此外,还要求建立建设技术创新中心,支撑高素质技术技能型人才培养,服务行业企业技术改造、工艺改进、产品升级。

二、“行业产教融合共同体”的实践特征

职业教育是有别于普通教育的类型教育,其类型决定了职业教育在办学理念、专业设置、课程编制、教学方式及课程内容方面都具有差异性。为此,在构建“行业产教融合共同体”中除在理论层面上赋予了深刻的价值与内涵外,同时在实践层面上显示出更为强大的能量,呈现出极强的实践性。

(一)主体的善治性:政校企行多主体构成,善治善为

社会世界是由一个个独立的、通常被赋予自主决策能力的个体所构成的,这就要求个体要根据自身的利益成为自主行动的决策者与反思者。诚然,在共同体内部也存在着具有独立性话语权和异质性表达权的权利,这就决定了共同体内部的多主体善治性是前提性的特征,这也是现代治理理论从“中心”管理向“多元”利益主体主动参与治理模式构建、善治善为的必然选择。一般而言,行业产教融合共同体并不是单一结构的治理主体,其内部构成可以包括职业院校、行业、企业、协会、行指委等组织,是典型的多主体构成的结构。从各治理主体的社会属性而言,既有独立法人单位,又有非独立法人单位;既有公益性组织,又有营利性组织,构成结构成分呈现出结构松散性与异质性叠加的样态。同时,共同体本身不具备单一治理主体那些严格的权属关系、组织架构、职责分工及体系结构,所以很容易造成各治理主体行动中出现“真空地带”,导致治理低效,甚至会由于成员意见不和而导致治理无效的情况发生。针对此种问题,与传统共同体不同的是,行业产教融合共同体以行业合作发展为基础,遵循共同的价值观,以人才培养、技术创新、社会服务、交流合作等多种形式为纽带,可以满足不同治理主体的利益诉求和价值追求,并将各治理主体致力于共同目标的实现,从而实现各治理主体的善治、善为,既可以保障共同体内部相对稳固,又可以协同发力,最终形成了“你中有我、我中有你”牢不可破的一体化组织。

(二)资源的整合性:共同体平台汇集资源,协同发力

学者贝克认为“现代共同体是一个流动的共同体”,不仅隐喻着共同体对内、对外的开放性特征,也彰显出共同体要保持动态性发展。对组织构成而言,行业产教融合共同体是一个抽象的构成体,并没有实体作为支撑,但是由于内部各治理主体扮演的社会角色、承担的社会责任及占有的社会资源各不相同,在相同的价值观取向和一致的目标导向下,却可以为本行业内的各个治理主体搭建交流互动和合作的平台。具体而言,对内行业产教融合共同体搭建的平台可以在一定治理框架下开展活动,不仅增加共同体内部的凝聚力和协调性,共同体内部各治理主体还可以在治理框架下开展彼此之间的合作,发挥其自身的资源优势,实现优势资源在共同体内部的合理分配与自由流动,呈现出资源的内循环;对外行业产教融合共同体还可以秉承开放性的原则,作为整体性的共同体组织协同发力,对外开展交流与合作项目,促进内部资源与外部资源的互动与调配,进而实现跨界合作,呈现出资源的外循环。

(三)育人的协同性:学校质量发展立足点,质量为本

职业教育作为一种教育“类型”——培养技术技能型人才,有其独立的“生命力”和“生长空间”,并且在校企合作、产教融合过程中实现协同育人、高质量发展。为此,理解

职业院校育人的本质就应该以类型特征为逻辑出发点来审视行业产教融合共同体的实践特征。

“为谁培养人”——“为党育人、为国育才”。构建行业产教融合共同体秉承立德树人,以便培养如习近平总书记所强调的那样的人才,“坚定理想信念、厚植爱国主义情怀、加强品德修养、增长知识见识、培养奋斗精神、增强综合素质”,要在六个方面下功夫,这也是新时代我国职业院校人才培养的立足点和落脚点。

“培养什么人”——以构建行业产教融合共同体行业中端产业链条为基础,针对职业院校育人本职,以培养高素质技术技能型人才为己任,以满足复杂环境下行业对于复合型、创新型能力人才的需求,助力整个行业的高质量发展,这便需要行业与职业院校等多治理主体联合实施实践育人、过程育人、整体育人。

“怎样培养人”——构建行业产教融合共同体的立足点在于促进我国职业院校的高质量发展,核心在于协同育人,重点在于校企合作、产教融合实现多主体双赢。职业教育具有天然的跨界属性,这也决定了必须加强与行业、企业等治理主体的合作与融合,以便更好地汇集优质教育资源,实现育人的目的。以往校企合作往往局限于单一企业的办学资源,缺乏资源的统整性,导致校企合作育人资源有限。与校企合作共同体相比,行业产教融合共同体的侧重点在于依托行业的办学资源和优势联合育人。行业由相同业务类型的企业等组织构成,具有优势资源的整合力、预测信息的权威性及行业布局的前瞻性,可以为职业院校人才培养提供包括真实生产情景、先进设备经验、高技能技师及就业实习岗位等优质教学资源,使职业院校学生可以接触真实的工作场景、真实的操作工序、真实的工作岗位,进而提升其技术技能水平,并增强职业工作经验,提升职业院校的整体办学质量和水平。

(四)合作的共长性:多主体合作互惠互利,共生共赢

与以往校企合作对比,构建行业产教融合共同体,将职业院校、企业、行业、协会及行指委(行业指导委员会,余同)等多元治理主体统筹起来,在一定的治理框架下开展深度合作、协同发力,进一步强化了多主体互惠互利的共长性。合作的共长性,不仅主张多主体之间深度合作、产教融合,更要克服以往校企合作中职业院校“单相思”“剃头挑子一头热”及校企合作“单依赖、无互动”等问题,要在合作融合中寻求共同的利益,达成互惠互利的信任机制和共生共长的预设目标。首先,互惠互利的信任机制是实践基础。学者约翰·凯伊指出,人们会对自己所认为的“激励”做出回应。他强调一个人或群体对于“激励”往往会做出一种反馈性的行为。诚然,构建行业产教融合共同体强调,强化互惠互利的信任机制,以共同利益为基础,进而建立信任机制,实际上校企双方在合作过程中所追求的利益是有本质不同的,但共同体存在的前提是在各治理主体利益与共同体整体利益之间寻找利益共同点,进而在共同体的治理框架下实现常态化的运行机制,进而实现信任机制中达成默契的共损共荣关系,正如英国学者昂诺娜·奥妮尔(Onora O'Neill)所言的,“信任常常激发信任,当这样的事发生的时候,我们就有了良性循环”,反之则会形成恶性循环。其次,共生共长的预设目标是实践目的。行业产教融合共同体不同于西方传统的以民族、宗教、家族等为核心的共同体,而是以基础职业院校类型分类与实践探索为基础,为此在构建过程中基于产业生产实践与生产关系实践所形成的耦合式发展共同体,其内部各成员往往呈现出“供给—需求”双导向式的合作关系，为此可以很容易在合作过程中实现共生共赢，进而推动行业产教融合共同体可持续发展。

第三节　行业产教融合共同体功能价值

从行业产教融合共同体发展的脉络可以看出，共同体在实践中既有助于职业院校校行企多元主体联合育人，实现产教融合，也满足了行业、企业等对于高素质技术技能型人才、技术改造、员工培训等的现实需求，真正实现了多元治理主体的协同发展、质量创新，将有利于我国职业教育体制改革与机制创新，推动具有中国特色的现代职业教育体系的构建。

一、从“双元”走向“多元”，有助于多元治理主体深入合作

长期以来，我国职业院校坚持开展校企合作，以便缩短职业院校与企业之间的距离，实现产教融合、高质量发展，但是由于体制机制不完善，激励机制不健全，政、行、企、校教育功能责任不清等问题，校企合作只能处于“低层面”发展，校热企冷。对于职业教育，校企合作主体的定位往往集中于职业院校和企业，而且过分强化校企合作的同时，也意味着行业、行指委及教指委等其他参与校企合作的“不作为”或“少作为”，造成职业教育校企合作长期以来局限于狭小的资源空间和主体范围之内，难以取得长效性和实质性的发展与进步，也无法实现真正意义上的产教融合。

而行业产教融合共同体则立足于“产教融合”，换言之是校企合作的高阶样态，是聚焦于职业院校与行业整体的合作，是从校企“双元”到校行企业等“多元”合作。当然，我们也应该清楚地认识到，共同体内部是由不同利益诉求组织聚合而成的，由于各个成员持有的价值观不同、立场有偏差、利益诉求各异，难免会有一些矛盾与冲突，甚至引起共同体内部治理危机，但是共同体要求参与主体在给予多元治理主体平等地位的基础上，需要在“合作与发展”主题下寻求治理主体的“妥协与让步”，以便形成共同价值与利益，可以在更为广泛的空间内寻求合作与发展的“最大公约数”。此外，基于个体同质性赋予共同体所有成员以主体性的身份参与合作，客观上消解了政府、行业等不同参与治理主体被动参与的身份，进而打破了以往“双元”主体存在的弊端，调动了参与治理主体的主动性与积极性，真正实现了“多主体”参与。

二、从“外生”走向“内生”，有助于内生性驱动产教融合

一般而言，驱动力是一个比较复杂的系统，它与国家政策、制度，社会背景、风气，个体差异、理性都有关系；并且按照驱动力的来源，可以将其分为内生性驱动力与外生性驱动力。从我国校企合作历史来看，以往我国校企合作更加侧重于外部驱动力，客观上导致企业参与性不强。

在政策制订层面，以往国家职业教育校企合作中频繁使用鼓励性政策工具，强化企业参与校企合作的义务与责任，却忽视了企业作为市场经济主体的逐利性，导致校企合作无法最大限度地赋能职业院校高质量发展与育人工作。同时，在实际执行层面，在高速发展

的市场经济条件下，合理的利益驱动机制是推动职业教育校企合作有效开展的动力和维系职业教育校企合作良性运转的纽带。但是校企合作制度文本没有明确、细化利益的合理性，为企业参与深度合作划定了不可逾越的红线。此外，我们也应该清晰地意识到：虽然政策红利、经济利益与驱动力息息相关，政策红利和经济利益是外部驱动力的重要来源和机制，如果仅仅建立以两者为纽带的合作，势必不会走得长远，往往也会出现"疲软"的问题，特别是参与合作的个体由于个体性和组织性的差异而被动地参与其中，也难以发挥其主体参与的功效。如何将外生性的驱动转化为内生性的驱动便成为加强校企合作、实现产教融合的关键因素。

行业产教融合共同体则是依托行业优势，建立在一定治理框架的基础上，进一步强化了多元主体拥有共同的价值观，理性的共识有效地取代了传统的共识，从而实现从"外生性驱动"走向"内生性驱动"。共同的价值观被誉为共同体建设的内生性精神驱动力，是引导共同体发挥其治理最大合力的精神保障。诚然，共同的价值观是具有内在价值的主体，因生存或发展中形成相互依存关系所形成的一种思维或取向，具有一定的稳定性，并且在社会实践中深刻地影响着主体的态度与行为。

三、从"松散"到"集聚"，有助于优质社会资源赋能职业教育

我国的行业协会大部分是从政府部门转制而来的，很多与人事部门及当地政府有着千丝万缕的联系，拥有丰富的、优质的社会资源和行业资源，这些既成为形成行业产教融合共同体的直接来源，也是必然趋势。无论是德国双元制办学模式，还是英国现代学徒制办学模式，都离不开当地行业的支持和协助，其中德国依托德国工商协会和手工业协会，发挥着资源审查职责、过程管理职责、监督考核职责等，以便更好地推进校企双元制办学模式。而英国则是依托学习技能委员会、行业技能开发署和行业技能委员会等行业协会，对职业学校办学进行监督、协作。以往我国局限于利用校企合作开展联合办学，往往呈现出一对一松散状态，无法形成资源的外溢效应，同时单一的校企合作也限于企业的整体实力，往往无法形成深入的合作状态。

为了破解职业院校办学资源有限，现有资源呈"松散状态"，无法形成资源"集聚效应"的问题，行业产教融合共同体则成为破解难题的应对之法。对以往校企合作、校企共同体而言，行业产教融合共同体最大的优势便是资源的集聚，特别是以行业同质性特点为基础对现有优质资源进行整合与发力。对职业教育而言，所谓的资源可分为有形资源（人力、物力、财力等）和无形资源（声誉、信息、机会、荣誉等），共同体内部各治理主体既拥有同质性的资源，又掌握着异质性的资源，以往因缺乏有效的沟通平台导致资源条块分割、散落不聚，无法实现资源的优势互补、合理配置。总之，共同体内部各参与治理主体均因相互之间的异质性而趋于分散，但又因相互之间的同质性而谋求聚合，为此行业产教融合共同体依托行业平台将共同体内部治理主体的优质资源，由原有"死"资源盘活成"活"资源，既有利于改善原有的办学条件，又可以加强产教融合，从而提升职业教育的办学质量。

四、从"封闭"走向"开放",有助于激发职业院校办学机制的变革

职业教育具有跨界性,这不仅是由职业教育人才培养规格和定位所决定的,也是职业教育作为类型教育的本质属性的必然要求。从我国职业教育的发展历程可以发现,从"封闭"走向"开放"是职业院校实践中总结出来的真理,并在社会经济高速发展的今天焕发出强劲的动力。为此职业教育决不能闭门造车、自娱自乐,而且是要协同合作、共赢共长。以往职业院校办学局限于以校企合作为载体开展人才培养,没有完全实现产教融合,特别是在办学机制上呈现出僵硬的一面,表现为条块分割的传统管理模式和办学模式,以学校本位主义为核心主导下的校企合作必然会导致"学校一头热""工学两层皮""官企校三分离"等问题,其根本在于体制、机制的瓶颈问题在客观上限制了职业院校的高质量发展,最终影响到职业院校的人才培养质量。

在宏观层面上,构建行业产教融合共同体则是要秉承开放办学与合作的思维,以区域内行业为依托,贴近行业经济发展脉搏,采用共建、联合、重组等方式推进政府、职业院校、行业、企业等治理主体之间、各部门之间的深度合作,实现横向联合、纵向沟通、资源共享、成果共育、优势互补,进而破解单一办学模式所带来的懒惰性和散漫性。而在微观层面上,构建行业产教融合共同体则有助于创新办学机制,如冲破职业院校封闭性围墙,打破原有的区域、机制方面的限制,通过创新管理体制和组织方式,克服单一学校或企业片面地追求规模扩张和短期效益过程中的结构刚性,转化为引导共同体内部成员内在元素的相互渗透交融,实现资源配置与重组、机制创新与畅通,以便实现行业产教融合共同体可持续性的运转。

第四节　行业产教融合共同体理论依据

哲学家伊曼努埃尔·康德曾经说过:"直观无概念则盲,概念无直观则空。"意思是说,概念不仅是将事实上的内容复述出来,而且是要有理论或思想的引导才会发挥其作用。诚然,行业产教融合共同体的构建并不是单纯实践概念层面上的构建,而是以共同体理论和共生理论为基础创设的,其中共同体理论为行业产教融合共同体提供了共同体框架搭建与内部职责填充,而共生理论则为共同体内部成员与各治理主体和谐发展、共生共长奠定基础。

一、共同体理论

共同体概念与理论源远流长,无论是古希腊的亚里士多德《政治学》中的共同体,还是蕴含着共同体味道的中国古代"和"文化,抑或是滕尼斯在《共同体与社会:纯粹社会学的基本概念》中描述的共同体,都是基于当时的社会背景及个体的政治立场所进行的理论阐述,均存在着一定的不足。本书所提出的行业产教融合共同体主要是以马克思共同体理论为基础,以习近平总书记的共同体理论为核心所构建的。为此,若要更好地理解共同体理论,就必须深挖其"来源"与"指向"。

马克思共同体理论是建立在批判以往共同体理论的基础上,基于物质生产的共同体,

称为“实践共同体”,即具有社会性质的物质生产活动,就是把不同的个人联系在一个共同体之中的社会纽带和中介。以往西方所构建的共同体内部结构往往是以“血缘关系”“风俗习惯”“宗教信仰”等为社会纽带和中介,呈现出静态性的特点,也只有在静态中才能保持共同体的稳固,而社会生活本身就是动态的、多变的,所以历史上的共同体被贴上虚假的、易消失的标签。而马克思的实践共同体则是以物质生产为基础,以人类物质生活层面的相互依赖为表现。马克思将这种共同体放置于人类解放与社会历史问题之中,便将实践共同体与个人的发展联系在一起,并实现了目标一致性,提出了“自由人联合体”思想,并将其作为人类社会发展的必然趋势。这便是马克思共同体理论与以往共同体理论不同之处,就是实践共同体的社会纽带得到全体成员的认可,而成员也可以在共同体内部获得平等权利和保障。

在马克思共同体理论的基础上,结合我国古代“仁”“和”等中华优秀传统文化,面对国际秩序受到严峻挑战、国际关系的相互依赖加强及可持续发展问题突出等问题,习近平总书记提出了“人类命运共同体”理论,其中蕴含着丰富的共同体理论,结合职业教育可以概括如下:第一,和而不同。行业产教融合共同体是由多个治理主体所构成的,彼此之间存在着广泛的差异性,但是没有优劣之分,构建共同体则是要平等交流、协同合作、共同发展。第二,发展共赢。行业产教融合共同体是按照一定的行业属性组成的团体或组织,行业指向性相对比较强,客观上也导致共同体内部的成员既存在着竞争关系,又存在着合作关系,但是在共同体内部则是以合作为主体,实现自身发展与双赢。第三,持续发展。行业产教融合共同体具有共同的发展价值观,瞄准行业未来发展的问题与趋势,通过多种合作方式实现产教融合、校企合作,既可以实现职业院校、行业、企业等各治理主体共同发展,又可以促进共同体的高质量构建。

二、共生理论

共生原是自然生物科学中的学术术语,可以翻译为英语中的“Symbiosis”或“Conviviality”,前者来源于古希腊语源,可以理解为生态学中的“共栖”,后者来源于拉丁语语源,共生是自然界和人类社会普遍存在着的规律,不同的生物和社会个体可以在一定空间或一定时间内形成紧密互利,进而实现异质者共存、多样化共生、和谐相处的关系。共生理论可以简单地理解为“在具有不同目标、理想、文化背景等情况下的人们之间能够相互欣赏自己与他人的差距,共同发展合作的状态”。

共生作为一种理念,是实然与应然的统一、历史与逻辑的统一。诚然,无论是自然界的生物领域,还是人类世界的社会关系演化,共生作为事实和规律普遍存在并发挥着潜移默化的作用。在自然界生物领域中,大自然的共生是千千万万的存在物可以在自然的安排下,精妙地分别在生态系统的生物链条上和谐共处,并且可以遵从于达尔文的进化论,以及“日新之谓盛德”,不断地繁衍生息,这便是生存法则决定的,正如德国学者安冬·德巴里(Anton Debary)所言的“不同名的生物共同生活在一起”。而在人类世界的社会关系演化中,学术界对于共生的理论内涵仍然存在着差异性。

共生是人类的一种新的生存选择,昭示了人类最文明、最具现代意味的合作关系和生存与生活方式,也成为职业教育多主体深度合作、协同发展的重要理念。本书以职业教育类型为基础,结合行业产教融合共同体理论构建与实践探索过程,认为共生理论是主客体统一的思维对话,传统哲学将主体与客体分开,形成了不可愈合的二元分立,甚至对立的思维定式,导致主体与客体无法形成统一的认识,然而共生理论强化了主客体的融合与统一,且可以在一定范围或载体上实现共生共长,不仅为职业院校、行业、企业、研究机构、行指委等多共生单元,共构行业产教融合共同体提供了理论假设的前提,也为多元主体在共同体中和谐共处提供了实践假设的可能性;同时,现象学的主体间性认为主体间的关系应该是多元化的、分化的、总体的,这是主体生存的本质性方式,也是社会主体活动中不可或缺的属性,由于行业产教融合共同体中各主体的存在方式、关系呈现出多维度、异质性的特点,所以共生理论认为要尊重多元主体参与共同体构建的差异性和多样性,并且主张化解差异与多样的办法,即包容性、沟通性和发展性,避免一味地追求同一性、过分强调"和"而导致共同体决策的专断性和单一化所带来的风险,而是在"和而不同"中实现共同体的"共生共长",以便形成共生系统的平衡。无疑,共生理念的提出与实践,在客观上避免了由于多元治理主体在价值观念、战略目标、体制机制的差异性而导致共同体的"组织内耗"问题的出现,有利于当代我国开展行业产教融合共同体的实践,具有现实的指导价值。

三、协同治理理论

协同治理理论可提升职业院校治理能力、完善现代职业教育治理体系,具有重要的价值与意义,对于构建并践行行业产教融合共同体,平衡各治理主体的利益关系及共同体内外部关系具有指导意义。

治理一词来源于拉丁文中的"Government",本义是指控制、操纵与引导,是指在特定范围内行使权威。1995 年全球治理委员会(CGG)发表的《我们的地球》研究报告中指出,治理是各种公立和私立的组织管理事务的诸多方式的总和,是一个持续互动的过程。随着全球对公共治理的普遍关注,原来治理的概念相对模糊和复杂,为此协同治理理论被提出。

该理念源自 20 世纪 70 年代赫尔曼·哈肯创立的"协同学",原来在物理学领域使用,哈肯认为在一定条件下,由于构成系统的大量子系统之间相互协同的作用,在临界点上质变,使系统从无规则混乱状态形成一个新的、宏观有序的状态。由此,其揭示了在大自然系统范畴内部存在着子系统与系统之间、部分与整体之间的相互协同、矛盾冲突等多样态的生存状态,同时也隐喻了系统是从低层次向高层次动态嬗变的过程。但是,随着理论自然科学向辩证思维复归的呼声不断提高,人们对原来的形而上学的自然观和思维观发起全面的挑战,探索自然科学与社会科学的不断交叉与融合。因此,现代物理学"正在生产辩证唯物主义",主要代表人物包括佩里·希克斯、汤姆·林及汤姆·克里斯坦森等学者。随后,协同学理论在社会科学广泛应用过程中形成了协同治理理论。所谓"协同治理"(Joined-up Governance),也被称为整体性治理(Holistic Governance)、水平化管理(Horizontal Management)等,是自然科学协同论与社会科学治理理论相结合的交叉理论,现如今已经成为各国治理实践的重要理论,也是过去几十年里西方新公共管理运动发展的一个产物,并成为政治学、公共管理学、社会学等学科所追捧的时髦话题。因此,有学者认为“协同治理的出现改变着国家的权力和能力”。我国职业教育行业产教融合共同体的理论主张是,在一定的治理空间内的政府、市场、企业、公民及社会组织等主体参与,并且发挥其各自在资源、技术、知识等方面的优势,呈现出非线性的合作方式。正如学者罗伯特·阿格拉诺夫和迈克尔·麦奎尔所言,多主体协作是风险社会中人们应对跨越组织与部门边界的公共事务活动的有效途径。

2019 年 2 月,中共中央、国务院印发的《中国教育现代化 2035》明确提出:“推进教育治理体系和治理能力现代化”。深入职业教育领域,就是要大力推进职业教育治理体系和治理能力现代化。而 2022 年新修订的《中华人民共和国职业教育法》也明确提出,行业组织应当参与、支持或者开展职业教育。客观上也是在强调行业组织要积极参与到职业教育治理中来,推动多元治理共建、共治、共享。具体而言,单一的治理模式不可避免地要处于复杂的治理场域中,在客观上无法解决纷繁复杂的问题,为此构建行业产教融合共同体强化了多元治理主体的协同参与,但是如何使治理主体可以在共同体的框架下合理地发挥其力量,这便需要规则意识和协调机制,两者也是治理理论的重要内容。其中,“规则”是运行、运作规律所遵循的法则,是共同体成员共同制订、共同遵守、共同公认的规程、制度等,也是成员在共同体框架下行动的指南。规则本身是无法估价的,是影响行为的一种便利方法。正如萨拉斯克(Salacik)所言,“个人对某一特定组织的依赖并依此表现出来的相应的行为”。为此,在构建行业产教融合共同体中,面对不同性质的治理主体,要建立一整套制度规范,进而通过制度来规范成员的关系与行为,凝聚成员力量,实现组织效能,进而形成对共同体的认同。而“协调”则是在“规则机制”无法正常发挥效能或者是成员内部出现矛盾与冲突时才自动启动,进而处理组织内外各种关系,以便保障组织可以正常运转,实现预定目标。对于行业产教融合共同体,治理的主要内容之一就是要协调多元主体之间的利益关系,形成多元治理模式。为此,共同体治理主体的多元化决定了利益分配的多元化与多样化并存,并且要求根据多元治理主体的实际情况综合划分各自的权限,从而使各成员可以拥有相对稳定的利益来源和范围。

第二章　因果辨思:“产业转型”与“共同体”

“因果辨思”就是在实践层面上分析构建“行业产教融合共同体”过程中的“产业转型”与“共同体”之间存在的必然联系,并从逻辑学的角度出发证明其存在着合理性。诚然,党的十八大以来,我国经济社会长期向好的基本面转变,电力产业作为支撑经济社会发展的基础性、公用性产业也将持续增长。在电力需求方面,以国内大循环为主体,国内、国际双循环相互促进的新发展格局将带动用电量持续增长,新动能、新业态、新基建、新型城镇化建设将成为拉动用电增长的主要动力,提高电气化水平已成为时代发展的大趋势,也是能源电力清洁低碳转型的必然要求。我国高度重视电力行业的转型升级,特别是“双碳”目标的提出,绿色、环保、低碳节能等理念的确立,新知识、新技术、新标准及新工艺等赋能电力行业从“能源消耗型”向“低碳绿色型”转型升级,呈现出产业结构变革、岗位能力要求变化,甚至出现职业的淘汰及岗位能力的颠覆,为此在社会经济、产业势必要“适时转型”的同时,职业院校的专业、课程、教学、实训设备等都要根据产业转型升级而变革。为此构建“行业产教融合共同体”,缩短产业与职业院校距离,实现优质资源的合理配置、治理行动的优化并进、技术改造的协同创新,以便共同应对“产业转型”与“职业院校高质量发展”所带来的时代挑战,便有其应然之意。

第一节　技术革命赋能产业转型:电力行业当代之“形”

近些年,伴随着我国经济进入新常态及新发展理念的贯彻实施,我国电力产业逐步淘汰高投入、高消耗、高污染、低效益的发展企业,电力产业升级改造迫在眉睫。我国电力行业坚持以“五位一体”总体布局、“四个全面”战略布局为指引,深刻领会“四个革命、一个合作”能源战略思想,自觉践行新发展理念,着力加快电力行业转型升级。可以说,我国电力系统发展已经处于世界前列,电网规模已跃居世界首位,电力技术的研发与应用已同步甚至领先世界先进水平。但是,在世界范围内掀起的以人工智能、机器人技术、虚拟现实、量子信息技术、可控核聚变等为核心的第四次技术革命,在理念和技术等层面上对我国电力行业提出了挑战,当然在解决挑战的过程中也蕴含着无限的可能性机遇。

一、从“旧基建”转型为“新基建”

2020 年 4 月,国家发展改革委对新型基础设施进行了定义,主要涉及 5G 基站、数据中心、轨道交通、人工智能、特高压、充电桩、工业互联网等领域。同传统的“铁公基”相呼应,电力行业的“新基建”带有鲜明的时代烙印和科技特点,是提升行业高质量发展转型的基础性设备,旨在通过打造现代化的硬件设备与软件驱动设施,围绕“电”(电力、电商)字做好文章,特别是我国正处于新一轮科技产业革命和产业变革的关键时期,即工业 4.0,数字化、智能化成为电力行业转型的重点方向,首先就要解决从“旧基建”转型为“新基建”的问题,进而为电力行业现代化建设注入强劲的发展动力。

以往电力行业的“旧基建”由于设备的老化、人为操作等,在电力传输过程中往往出现信息传导不顺畅、“脑神经梗死症”等问题,制约了国有电力行业的创新发展,客观上也造成电力企业管理运营成本高、效率低、产能低等问题。国家能源局印发的《关于加快推进能源数字化智能化发展的若干意见》明确提出,针对电力、煤炭、油气等行业数字化、智能化转型发展需求,通过数字化、智能化技术融合应用,急用先行、先易后难,分行业、分环节、分阶段补齐转型发展短板,为能源高质量发展提供有效支撑。以数字化智能化电网支撑新型电力系统建设,凸显出电力行业数字化转型的重要性和必然性,也为电力行业提供了方向,成为实现电力行业内的企业高质量发展和筑牢竞争优势的重要途径。党的二十大报告明确提出,加快发展数字经济,促进数字经济和实体经济深度融合。为此,加速推动数字产业化和产业数字化已经成为我国行业转型升级的战略方向。然而,数字化新基建的布局与建设也存在着一定的难点。

第一,行业企业的数字化思维尚未真正构建,制约了数字化在行业企业内部的实施。虽然说电力行业的数字化转型已经成为未来必然的发展方向,但是由于改造成本高、投入经费多等问题,绝大多数电力企业还没有全部实现数字化“新基建”设备的运行,其中在发电、输变电、配电环节有计划、分步骤替换无智能化的旧设备,更新智能化的设备等都需要大量的经费投入,以便可以为电力调度提供畅通、节能的输电通道。此外,加上原有的传统运营思维和经营模式根深蒂固,对数字化转型的技术逻辑与运行逻辑还一知半解,不能够以数字化的视角来审视企业的技术改造与升级转型,构建数字化的思维模式、形成数字化需求共识依然任重道远。因此,2021 年 4 月,麦肯锡的一份研究报告指出,企业数字化转型的成功率仅有 20%,失败率高达 80%,其中很大的原因就与认识有关,没有形成数字化的思维方式,没有真正实现从经验决策向数据决策的转变。然而,数字化转型并不是一朝一夕可以实现的,而是一个极其复杂的系统工程,不仅需要数字化设备与系统的投入,还需要电力企业和员工转变原有的思维定式,塑造数字化的思维模式和运行模式才能够完成数字化转型。

第二,电力行业数据价值的挖掘不充分,制约了行业数字化转型的可持续发展。以数据为核心的商业模式也将在“能源+互联网”中扮演着重要的角色,可以通过信息的增值实现电力行业的创新服务与高质量发展。在 2020 年人工智能与电力大数据论坛(第五届)上,国家电网有限公司大数据中心主任提出了“打通数据壁垒,推进多方数据融通共享”的主张,以便电力行业充分地利用“数字红利”,实现电力大数据应用的突破与发展。电力行业挖掘数据就是在充分共享数据的基础上,发挥数据的价值。具体而言,就是要实现业务的数据化和数据的业务化,并且大力推进现有电力行业数据的汇聚、联通及标准化,进而实现电力生产、传输、存储、消费和交易全环节、全链条的数据融通和共享应用,发挥电力行业数据效能。然而,现在的电力行业数据条块分布严重,无法实现不同单位之间的数据传输与数据共享,而且尚未对现有数据的价值进行有效挖掘与分析,特别是在电力运营过程中依然存在着数据孤岛的问题。此外,电力即算力,数字化时代数据对电力行业的运行系统越来越重要,而数据则是运行系统中的关键生产要素,然而由于受到采集、统计、管理等各方面因素的制约,我国电力行业数据的外部应用场景非常有限。此外,大力推进电力行业的数字化“新基建”转型，挖掘数字资源的价值便成为行业普遍关注的焦点。

2021年10月，《2030年前碳达峰行动方案》指出，未来需加速构建以清洁能源为主的电力系统，同时加速储能、特高压等相关基建的发展，提升电力系统的消纳能力。在交通和建筑方面，将加速加氢站、充电桩、光伏建筑一体化（BIPV）等新型基础建设的发展，双碳背景下新型基础设施的范畴在逐步拓展。与此同时，我国部分电力企业早已提出了数字化转型战略，以便应对数字化转型下对企业提出的挑战。我国部分电力企业数字化转型政策文本分析具体如表2-1所示。

表2-1　我国部分电力企业数字化转型政策文本分析

企业名称	政策文件	颁布时间	发展目标	措施
国家电网有限公司	《数字化转型发展战略纲要》	2022年	实现“设备、作业、管理、协同”数字化	坚持“一体四翼”发展布局，构建新一代设备资产精益管理系统（PMS3.0），全面推进设备管理数字化转型
中国南方电网有限责任公司	《数字化转型和数字电网建设行动方案》	2019年	向“数字电网运营商、能源产业价值链整合商、能源生态系统服务商”转型	“数字电网”发展理念
	《南方电网公司“十四五”数字化规划》	2022年	按照“巩固、完善、提升、发展”的总体策略推进数字化转型及数字电网建设可持续发展，推动电网向安全、可靠、绿色、高效、智能转型升级	十大方面重点工作任务
中国大唐集团	“3549”数字化转型战略	2021年	三大提升方向：“集团管控、运营生产、创新发展”；五大提升目标：“新定位、新管控、新运营、新能力、新架构”	实施四大工程与统筹建设九大数字化架构平台

注：根据《能源企业数字化转型的经验、挑战和建议》（《中国能源》2022年第11期）改编，作者王于鹤、王娟。

二、从“资源集聚”转型为“绿色低碳”

当今世界正经历百年未有之大变局，不稳定性、不确定性明显增加，气候变化带来的严峻挑战成为各国普遍关心的重要议题。早在 1972 年,马萨诸塞学院的丹尼斯·米都斯便带领他的 17 人小组,向罗马俱乐部提交了一份《增长的极限》报告,对当代西方增长现状进行了批判,指出地球资源、能源和容量是有限的,所以人类社会的发展与增长肯定要有一定的限度。但是,工业化的进程不断地从自然摄取资源导致资源的匮乏等危机,所以近些年来,伴随着世界环境的不断恶化,人类开始认识到环境的重要性。2015 年,巴黎气候大会通过了《巴黎协议》,确立了 2020 年后全球气候治理新机制,成为全球合作应对气候变化的新起点和里程碑。《巴黎协议》要求控制全球温升不超过 2 ℃,并努力控制在 1.5 ℃。因此,我国于 2020 年 9 月正式提出,将力争于 2030 年以前实现二氧化碳排放达到峰值、2060 年以前实现碳中和,着力要从“资源集聚”转型为“绿色低碳”。“双碳”新理念是在人类社会活动与发展过程中由于对生存的担忧与思考而提出的。人类本应该是自然环境中的重要一部分,但是人类的主观能动性的活动不断地冲破自然原有的限度,特别是几次工业革命更是加剧了自然环境的危机。可以说,“双碳”目标是一场广泛而深刻的变革,是中国承担国际义务、履行大国责任,而向全世界庄严宣示的承诺,同时也是我国顺应绿色转型趋势,对电力行业“资源集聚”导致产能过剩局面开刀,进而实现高质量发展的内生性需求。然而,在向“绿色低碳”转型的过程中并不是一帆风顺的。

第一,绿色电力使用比例偏低,“绿色低碳”转型任重道远。我国电力供给呈现出多样化的趋势,包括煤炭、水能、风能及太阳能等。2021 年,我国煤炭发电量为 5 339.1 太瓦时,占总发电量的比例为 63%,其比例远高于其他能源供给。EIA 数据显示,2021 年,我国二氧化碳排放量超过 119 亿 t,电力行业、交通行业、建筑和工业碳排放量占比分别为 48%、8%、5%、36%。我国电源结构以煤电为主,火力发电二氧化碳排放总量约为 42 亿 t。煤炭资源是典型的化石能源,虽然煤炭燃烧产生的电力曾经为我国提供了充足的电力资源,但是带来的高耗能、高污染等问题也给环境带来了不可挽回的灾难,不利于我国社会经济的可持续发展。近些年,我国大力推进新能源工程建设,新能源在全国电力供给的比例持续增长,但是依然无法撼动化石能源的绝对地位。同时,对比世界其他国家的能源构成,我国清洁能源占比也偏低。2020 年全球主要国家电能来源构成及清洁化程度对比具体如表 2-2 所示。

表 2-2　2020 年全球主要国家电能来源构成及清洁化程度对比　　单位:太瓦时

国家	原油	天然气	原煤	核能	水电	可再生能源	其他	总量	清洁化比例/%
中国	11.4	247.0	4 917.7	366.2	1 322.0	863.1	51.6	7 779.0	33.5
美国	18.8	1 738.4	844.1	831.5	288.7	551.7	13.4	4 286.6	39.3
俄罗斯	10.7	485.5	152.3	215.9	212.4	3.5	4.9	1 085.2	40.2
加拿大	3.3	70.9	35.6	97.5	384.7	51.2	0.7	643.9	82.9
巴西	7.5	56.3	22.9	15.3	396.8	120.3	1.0	620.1	86.0
德国	4.3	91.9	134.8	64.4	18.6	232.4	25.5	571.9	59.6
英国	0.9	114.1	5.4	50.3	6.5	127.8	7.7	312.7	61.5

注:英国石油公司《世界能源统计评论》2017—2021 年。

由此可见,我国在实现碳达峰、碳中和的道路上,面临着时间短、任务重,保障电力安全供应任务艰巨,能源绿色低碳转型的核心技术有待突破,适应新形势的电-碳市场体系建设任重道远等现实挑战。为此,中央财经委员会第九次会议提出,“十四五”时期是碳达峰的关键期、窗口期,要构建清洁低碳安全高效的能源体系,控制化石能源总量,着力提高利用效能,实施可再生能源替代行动,深化电力体制改革,构建以新能源为主体的新型电力系统。

第二,碳减排技术尚未成熟,“绿色低碳”转型成本偏高。从我国能源政策来看,今后以煤炭为主的集中式发电将逐步向以新能源为主转型,预测新能源发电比例将超过煤炭发电。1988 年,多伦多气候科学家大会结束语说道:“这个世界正因为生化能源的消耗而陷入一场冒险,其后果不亚于一次世界核战争。”最具危险的可能就是海平面上涨、水体变暖和洋流改变,而煤炭燃烧则是罪魁祸首。为了落实“双碳”目标,我国火电技术和装备不断地向高参数、大容量、高效能及低排放方向发展,虽然在超超临界燃煤发电技术、循环流化床燃烧技术、空冷技术、超低排放技术等方面已达世界先进水平,但是 CCUS (Carbon Capture, Utilization and Storage,即碳捕获、利用与封存)是应对全球气候变化的关键技术之一,受到世界各国的高度重视,然而 CCUS 技术还处于实验阶段,且成本较高,大规模生产还不成熟。诚然,虽然 CCUS 技术对于减少全球碳排放量起到重要的作用,但是由于科研成本、生产成本及推广成本过高,导致实行碳减排技术难度比较大。同时,我们也应该清醒地意识到,新能源不可控、波动性强,不如传统能源发电稳定、可控,这意味着我国虽然大力推进新能源建设,但还是需要通过大电网和微电网的协同调控。加上我国煤炭占有比例偏高,虽然近些年我国大力提倡使用新能源代替化石资源,但是目前新能源因其本身特点往往会推高电力系统的运行成本,主要包括为填补季节性、地域性和时段性的新能源出力缺口,我国电力市场依然对煤炭资源存在着依赖性。同时,对电力企业而言,对于低碳发电的投资很容易受到能源结构调整、化石燃料价格及电力供给等因素影响,回报存在着风险,投资的不确定因素比较多。而新兴能源核心技术基础依然薄弱,无法实现规模效益,关键零部件仍需进口,甚至还有少数地方出现了去风能化等问题,新兴能源产业化依然任重道远。而在“十三五”时期,风电投资上升明显,2020 年已经达到了 2 618 亿元;2021 年全国电力投资达到 10 481 亿元,同比增长 2.9%。其中,电源工程建设投资为 5 530 亿元,电网工程建设投资为 4 951 亿元。2021 年,电源工程投资中风电投资为 2 478 亿元,占比为 44.8%,在各能源投资中占比较大,也在一定程度上说明风电能源的发展颇受青睐。

三、从“产能过剩”转型为“供给平衡”

由于受电力需求放缓、清洁能源快速发展、煤电规划调整不及时、煤炭价格下跌等因素影响,近些年我国煤电产能过剩,机组利用小时数明显下降。特别是部分电力企业总体规模不断扩大,但是由于供给侧与需求侧不平衡导致生产与消费不均衡,电力企业效益越来越差,被戏称为“巨人症”“虚胖症”等特征,体现在经营体量、发展规模及人员数量等方面。经过持续多年的“跑马圈地”和无节制的电力企业的高速发展,我国能源电力行业的总供给已经超过了市场的需求,从电力短缺时代向整体过剩时代过渡,尤其是占据能源主体的煤电产能过剩相对比较突出,能源建设市场中的中低端电气设备严重饱和。根据最新统计,截至 2022 年 3 月底,全国发电装机容量达到 24 亿 kW,其中煤电装机达 11.1 亿 kW,一季度煤电的发电量占比超过 62.8%,利用小时仅 1 169 h,出力明显不足。为此,在这个煤炭产业过剩的背景下,我国电力产业必须从"产能过剩"转型为"供给平衡"。

第一,从供给侧来看,我国电力行业"窝电"严重,造成煤电装机规模偏高、投资低效。随着我国社会经济的高速发展,曾经出现电力行业"保供"的政策导向,近些年,电力行业一直保持着较高的投资规模,发电利用的小时降低,产能过剩的情况时有发生。按煤电正常发电利用小时 5 500 h 计算,全国火电机组过剩在 1.5 亿~2 亿 kW;而新能源装机虽然近几年呈现快速上升趋势,但发电量仅占 14%左右,在我国经济不发达的"胡焕庸线"以西的地区尤为突出。同时,产能过剩在客观上也导致我国电力产业结构出现失衡的问题,特别是现行电力行业煤炭占比过大,清洁能源和新兴能源的投资还是偏低,甚至在保民生、保经济发展的情况下,在短时间内煤炭发电还会增加。中国电力企业联合会规划发展部数据显示,由于新能源可参与电力平衡的容量仅为 10%~15%,为保障电力供应安全,满足电力实时平衡要求,"十四五"期间,需新增煤电 1.9 亿 kW。考虑退役情况,到 2025 年煤电装机将达到 12.5 亿 kW。这也成为能源电力企业高质量发展的"恶瘤",让电力行业在传统的产能过剩生产模式下无法自拔。全国社会发电总量和非化石能源发电量及其占比(2015—2021 年)见表 2-3。

表 2-3 全国社会发电总量和非化石能源发电量及其占比(2015—2021 年)

项目	2015 年	2016 年	2017 年	2018 年	2019 年	2020 年	2021 年
发电总量/($\times 10^8$ kW·h)	57 399	60 228	64 529	69 947	73 269	76 236	83 768
非化石能源发电量/($\times 10^8$ kW·h)	15 669	17 601	19 447	21 604	23 912	25 816	28 939
非化石能源占比/%	27.2	29.2	30.1	30.9	32.6	33.9	34.5

第二,从需求侧来看,我国电力行业"僧多粥少"的情况普遍存在。受国家电力行业转型的影响,传统的电力发展模式和思维定式日益萎缩,"僧多粥少"的状况越来越突出,电力市场竞争日益陷入白热化,行业的供需失衡一直没有从根本上扭转,现在我国两大电建巨头——中国电建和中国能源的施工能力基本上可以满足国内电力建设的任务。同时,电力系统的基本设备建设还是以火电设备为主,产能过剩的情况严重,而电力产业链中的中低端领域的企业过多,且竞争力整体不高,在全球产业链下游中处于弱势地位。为此,"十四五"期间我国能源电力需求预计会保持低速增长,年均增速在 2.5%左右,到 2025 年,非化石能源消费占比达到 20%左右,非化石能源发电量占比达到 39%。由此可见,我国能源电力总体发展的黄金期已过,但清洁能源正处于快速成长新阶段,如果不能把握好发展的节奏,仍然盲目、无序、不计后果地加速发展,再过几年,极有可能又陷于新一波的"产能过剩"。

因此,针对我国电力行业相对"产能过剩"的问题,必须坚持从"产能过剩"转型为"供给平衡”。一方面,按照“控制增量、优化存量”的总体原则,坚持优化增量与调整存量并举,对于“僵尸企业”,产能落后、资源利用率低的企业尽快淘汰处理,有步骤地推进煤电节能降碳,创新研发电力新技术、新产品和新设备;另一方面,大力推进因地制宜发展生物质发电,推进分布式能源发展,提升终端用能低碳化、电气化水平,不断地培育能源电力消费新的增长点。

四、从“旧业态”转型为“新业态”

《中国电力行业年度发展报告2022》中统计显示:2021年,全国主要电力企业合计完成投资10 786亿元,比上年增长5.9%。全国电源工程建设完成投资5 870亿元,比上年增长10.9%。其中,水电完成投资1 173亿元,比上年增长10.0%;火电完成投资707亿元,比上年增长24.6 %;核电完成投资539亿元,比上年增长42.0%;风电完成投资2 589亿元,比上年下降2.4%;太阳能发电完成投资861亿元,比上年增长37.7%。由该报告可知,在火电投资的基础上,我国加大了对水电、风电等新能源投资金额,增加了核电投资的增长额度,逐步由火力发电向水电、风电和核能发电转型,在转型过程中大量智能化、数字化技术加快了新能源的开发,赋能电力行业的高质量发展。

诚然,从传统的电力运营模式“旧业态”转型为“新业态”是我国电力行业转型升级的重要一环,也是创新发展的重要方面。随着智能化、数字化、区块链等技术的不断发展,“智能化+电力”“数字化+电力”已成为信息技术与电力业务深度融合的重要内容和方向,在客观上促使摒弃“旧业态”,从根本上改变了传统电力供需方式和商业形态,在全面提升传统电力数字化、网络化和智能化的同时,还催生出包括充电桩、储能、分布式能源、多能互补、微电网及综合能源服务等在内的电力新业态,推动了电力生产和消费模式不断创新。此外,作为集中式供电系统的有力补充,电力新业态在一定程度上颠覆了现有电力产业的生产和消费模式,带给大家更安全、清洁、经济的供能系统,让越来越多的电力消费者享受能源革命带来的全新体验,成为电力产业转型的重要方向。同时,在“双碳”目标的指引下,我国电力行业正发生着深刻而广泛的变革,不仅自身需要加快从“旧业态”转型为“新业态”,进而构建以新能源为主体的新型电力系统,而且电力“新业态”也在工业、交通、建筑、居民等领域产生了“外溢效应”,将大大提升各个领域的电气化程度。所以,电力科技创新与体制机制革新正向着更加低碳化、电气化、智能化、市场化方面重塑电力生态系统,电力行业已成为服务全社会碳减排、支撑经济社会低碳转型的关键领域。

但是从“旧业态”转型为“新业态”时也会遇到一定的困难,影响着电力“新业态”的塑造。其中,行业标准(包括行业通用的技术标准、流程规范、数据规范等)的缺失制约了电力行业“新业态”的有序发展,这就导致在电力行业探索新业态的过程中杂乱无章,然而标准化往往也会影响到各个企业的差异性运营,进而影响到企业的生产。为此,电力行业要以“新基建”为重要抓手,以需求为导向,全面提升数据服务能力。同时,根据电力装备技术创新日新月异的情况,要加强技术创新。2022年,中国电力企业联合会发布的《中国电力行业年度发展报告2022》指出,发电行业持续加强关键技术攻关,建立完备的水电、核电、风电、太阳能发电等清洁能源装备制造产业链。例如,电力产业研发了中国特高压输电技术等核心技术,特高压1 000 kV交流和±800 kV、±1 100 kV直流输电技术实现全面突破,柔性直流输电技术取得显著进步,使“以电代煤、以电代油、电从远方来、来的是清洁电”成为现实,使高效、绿色、清洁的电走进全中国,为构建“全球能源互联网”、落实国家“一带一路”倡议提供了强大基础支撑。以新能源为主体的新型电力系统构建过程中,源、网、荷、储及各类新兴市场主体在系统中的定位和功能均将发生重大变化。在电源结构方面,由可控连续出力的煤电装机占主导,向强不确定性、弱可控出力的新能源发电装机占主导转变,煤电由主体性电源转变为基础保障性和系统调节性电源;在电网形态方面,由单向逐级输电为主的传统电网,向包括交直流混联大电网、微电网、局部直流电网和可调节负荷的能源互联网转变;在负荷特性方面,由传统的刚性、纯消费型负荷,向柔性、生产与消费兼具的“产消者”转变;在储能作用方面,由原来主要作为电网少量调节手段,向支撑新型电力系统构建的重要技术和基础装备转变;在新兴业态方面,“互联网+”智慧能源、多能互补集成优化、新能源微电网、“光伏+”互补应用等新模式、新业态将大量呈现。

为此,在智能化、数字化时代,电力行业要构建基于数据科学、人工智能技术的电力大数据产品和服务体系,以智能电网、智慧电力、智能制造为主要突破口,主动服务于数字化、网络化、智能化建设浪潮,加快低碳化、绿色化、信息化建设步伐,全方位推动产业结构的优化调整和经营模式的创新升级,构建企业级核心技术应用,打造多样化的数据运营商业模式,服务政府、社会和客户,同时也为电力企业内部各层级单位和各项业务提供服务和支持。

第二节　产业转型赋能职教转向:电力职业院校时代之“困”

在工业 4.0 的不断推动下,我国电力行业面临着产业转型升级,在客观上导致企业在发展理念、技术标准、运营模式、人员要求等方面提出了更高的要求,这就要求职业院校要顺应产业转型发展的趋势与要求,适时转型。但是,我们也应该意识到电力行业的转型升级给职业院校带来了“弯道超车”的机遇。为此,职业院校应该清醒地意识到产业转型升级带来的挑战,也应该抓住机遇使产业转型赋能职教转向,更好地实现产业发展与职业院校改革的协同性与连贯性。

一、从“产教结合理念”转向为“产教融合理念”

职业教育具有典型的跨界性,这就要求高质量发展职业教育必须坚持校企合作、产教融合,这不仅是我国职业教育发展的理论经验,也彰显出职业教育实践的要求。以往我国开展校企合作往往定位在产教结合上,所谓“结合”是两种独立的人或事物之间发生的一种关联,呈现出两者之间的极强的“独立性”和弱化的“关联性”,其内部关联程度无法实现融合。近年来,我国提出校企合作、产教融合,特别是随着高职院校实施“双高”计划,我国电力职业技术院校也对标“双高”计划建设标准,将校企合作、产教融合作为实现职业院校高质量发展的重要抓手,但是对接电力行业开展产教融合依然存在一定的困难。

第一,产教融合普遍缺乏创新性理念,导致产教“融”而难“合”。《关于深化产教融合的若干意见》颁布后,我国各省(自治区、直辖市)普遍出台了自己的落实文件,彰显出“自上而下”纵向传输的政策要求导向下我国职业教育高度的政治性。但是从文本的任务和关键词检索发现,创新度最高的是宁夏回族自治区,达到了 38.5%(10/26);然而,天津市、内蒙古自治区、四川省、云南省、陕西省和青海省没有创新;其余省(自治区、直辖市)都或多或少根据本区域发展规划和产业特色进行了创新,创新度平均在 11.5%(3/26)左右。由此可见,在我国产教融合政策的主导下,各省(自治区、直辖市)的政策文本并没有结合本地区的实际情况做政策的地方化,这也在客观上导致我国在推行产教融合理念上缺乏创新性。同时,从电力行业的政策文本来看,也没有颁布电力行业产教融合的政策文件。然而,随着经济的发展和技术的进步,能源电力产业呈现出能源类型低碳化、绿色化、多样化,能源电力输送系统化、超高化、自动化,能源电力管理集成化、信息化、智能化,能源电力应用综合化、节能化、高效化等特征与发展趋势不断加强,这就迫切要求职业院校必须加强产教融合,转变原有的建设理念,使专业定位、课程设置、师资素养等紧密地对接行业发展最前沿,以便保障人才培养质量可以适应产业变革的需求。在电力行业产业升级转型的大背景下,职业院校必须在国家产教融合的政策文本基础上,凸显出地方电力产业发展的特色,满足地方电力产业发展的实际需求,将产教融合作为构建校行命运共同体的重要措施。

第二,从“产教结合理念”到“产教融合理念”的接续,呈现出从“认知”到“行动”的麻木,导致“结合=融合”。产教结合与产教融合都是体现了职业教育与产业之间合作的两种状态,都是通过以校企合作为载体实施,但是在从“产教结合理念”到“产教融合理念”接续过程中却持有“得过且过”的心态,导致接续过程中的麻木性,体现在行为中便是坚持原有校企合作的模式,最后导致“结合=融合”,究其根本在于产教融合缺乏从“结合”到“融合”的理念。理念在《辞海》(1989 版)中被界定为两层意思,一是“看法、思想、思维活动的结果”;二是“理论、观念(希腊文 idea),通常指思想。有时亦指表象或客观事物在人脑里留下的概括的形象”。从概念上我们可以看出,理念不仅仅是人对于客观事物的看法,呈现出表象化;还应该是人对于客观事物的深刻的理解而形成固有的思想或理论。因此,在从“产教结合理念”到“产教融合理念”的接续过程中,电力职业院校应该清楚地厘定“产教结合理念”与“产教融合理念”的区别及转型路径,以便可以树立科学的产教融合理念。

第三,产教融合的平台功能比较单一,缺乏实操性的运行机制。在产教融合实践中,我国清醒地认识到:相当一部分校企在合作中,大多仅仅是为学生提供一般的实训环境,融合的深度不够,缺乏针对高质量人才培养和电力新技术开发创新的实体项目和培育平台,缺乏结构优化的高水平产教融合研究团队,缺乏开展新技术、开发应用研究的高水平实验室,难以形成产教融合的标志性成果。同时,相当一部分电力类高职院校产教融合机制的制订不同程度上存在过于宽泛、笼统和模糊等问题,缺乏实际操作价值,激励性、约束性和规范性作用未能充分发挥,导致产教融合的模式和形态表层化,聚焦产教融合的目标不够高、不够实、不够准,对产教融合要素的把握、分解、赋能不够明确,相关主体融入不够深。

二、从“校企双主体”转变为“政校企行多元主体”

随着智能化、数字化等技术不断赋能电力行业转型升级，单一的电力企业无法应对变革带来的反噬效应，迫使校、企、行之间呈现出紧密的共同体关系，发挥资源优势，提升行业发展，客观上瓦解了原有松散的校企合作的关系。电力行业属于国有控制的关键行业，电力企业往往都是国有控股的大企业。所以，国有电企与电力行业往往存在行政隶属关系或指导关系。随着工业4.0不断嵌入电力行业，电企与电力行业往往更加容易与职业院校形成共同体，以便可以更好地适应技术变革的冲击，并且呈现出从“校企双主体”转向为“政、校、企、行多元主体”的合作样态，但是在转向过程中也存在着一些制约因素。

一方面，多元治理主体彼此的适配性和耦合性存在不适应性，导致多方合作可行性低、可行域受限。电力企业、电力行业及职业院校多元主体合作并不是框架式合作，更不是形而上学式的概念，而是全方位、立体化、重实效的多赢合作。在校企合作、产教融合办学模式的推动下，我国职业院校积极探索多种合作方式，然而职业院校往往会片面地选择“高大上”的电力企业，而不去考虑职业院校本身的办学基础、区位条件等自然性条件，其实质上是在虚荣心驱动下的“功利主义”意识形态在职业教育发展过程中的集中体现，往往会导致产教融合过程中出现“排斥效应”，造成“水土不服”，呈现出合作对象的单一化，却忽视了职业教育服务于区域性企业的任务和使命，更忽视了产教融合双方合作的适配性与耦合性。《关于深化产教融合的若干意见》明确指出，面向产业和区域发展需求，完善教育资源布局，加快人才培养结构调整，创新教育组织形态，促进教育和产业联动发展。这就要求电力职业院校要以本地区、本区域范围内的电力产业发展情况为基础，坚持以服务地方经济建设和社会为己任，以培养地方经济、社会发展需要的高素质技术技能型人才为目标，加强校、企、行合作的适配性与耦合性，以便可以满足本区域电力行业人才的供给需求，形成双向互通、支撑协作的产教关系。而那种只认“阳春白雪”，不识“下里巴人”的校企行合作只能迷失发展方向，无疑是舍近求远、舍本逐末，既不能满足当地社会经济、产业发展对于人力资源的需求，也使职业教育偏离了社会服务最初的动机，最终成为“无源之水”“无本之木”。

另一方面，多元治理主体治理结构松散，难以发挥多元合作的治理效能。校企合作、校企行合作是基于不同治理主体而开展的合作。一般来说，组织中的各个行动者多种多样，他们有各自的利益追求与价值诉求，能够相对独立地行动，并且行动者处于多重单元之中，而且这种单元的运行受到组织中心的集中控制往往很小。所以，在共同体内部多元治理主体治理结构松散，无法发挥治理合力。特别是原有的职业院校与企业在治理目标、治理内容及治理方法等方面都存在着差异性，同时在差异性基础上缺少共同体内部的规则，导致多主体各行其是。规则本身是无法估价的，是影响行为的一种便利方法，规则既保护自由，也限制自由，支持某些行为的同时也禁止某些行为。为此，客观上导致大部分校企合作难以深度开展，无法发挥多元合作必然的治理效能。随着电力行业智能化、数字化程度不断加强，电力产业链各个环节越来越需要加强行业内容的协作，于是从“校企双主体”转向为“政校企行多元主体”便成为新时代背景下我国电力行业高质量发展的必然趋势。所谓“政校企行多元主体”是由政府、职业院校、企业及行业组织等机构构成的。

共同体具有结构属性与关系属性。生态学家认为共同体结构是一种组织间的关系网络。网络上的不同治理主体在共同体内部担任着不同的角色和发挥着不同的智能,在结构化的共同体内部,不同治理主体保持相对的均衡,从而促使共同体不断地发挥着作用;同时,共同体乃是始终通过他人并为了他人而发生的共同体,以行业为引领的共同体各个治理主体势必会在一定的话语场域中发生相互之间的合作,正如学者林恩·斯皮尔曼(Lyn Spillman)所言的“话语场域在结构与有意义的行动之间起调节作用”。

三、从“人才结构化单一”转向为“人才‘数智+双碳’发展”

随着新能源产业的不断投入与发展,智能化、数字化、区块链等技术不断融入电力行业产业链,迫使电力行业岗位人才需求量增加的同时,对于具备智能化、数字化技术人才的需求也在增大。在这一背景下,我国电力职业院校根据电力行业市场人才供给的要求,不断地调整职业院校内部人才培养定位及专业方向,逐步从“人才结构化单一”向“人才数智化发展”转型。

一方面,人才素养的单一性,导致转型方向偏离时代趋势。所谓“素养”是指经过长期的学习和实践在某一学科上所达到的基本水平。对于职业教育而言,学生的素养往往与职业素养息息相关,是从事某种职业的基本素养。然而,以往电力职业院校面对日益激烈的市场竞争,往往聚焦于学生的业务水平和专业能力,侧重于高技术技能型人才培养,却忽视了人的全面发展。近些年,电力职业院校紧跟国家发展趋势,在人才培养过程中强化了职业素养和思政修养。然而在实践过程中电力人才培养不仅需要掌握大量的电力专业知识,而且与客户之间的交流和沟通也至关重要。但是学生在工作中往往缺少团结合作的意识,致使在一些跨部门合作项目中,无法进行密切合作,对最终的工作效率也会产生影响。例如,在电力市场销售前期工作中,需要与客户进行频繁沟通,这一环节工作的成效关乎是否可以售出电力。在电力项目中,不仅要求电力销售人员掌握电力知识,还要具有较高的综合素养。同时,在面对智能化、数字化发展的趋势下,不仅要掌握传统的职业知识和技术技能,还要培养数字化素养。《全球教育检测报告》提出,数字化素养被认为是当今世界信息搜集和交流所需要的基本技能。所谓“数字化素养”是指通过数字设备和网络技术,安全、适当地访问、管理、理解、集成、交流、评估和创建信息,以具备参与经济和社会生活的能力。这些都需要电力职业院校根据行业发展趋势,有针对性地调整专业方向和课程内容,以便可以准确地把握人才素养定位。

另一方面,人才数智化能力发展受到重重限制,导致数智化人才培养不伦不类。数智化能力发展不仅仅是一种基本素养,而是要具备数智化的能力。2023年,《国家能源局关于加快推进能源数字化智能化发展的若干意见》提出,加快能源数字化智能化人才培养,并且明确要求,深化能源数字化智能化领域产教融合,支持企业与院校围绕重点发展方向和关键技术共建产业学院、联合实验室、实习基地等。依托重大能源工程、能源创新平台,加速能源数字化智能化中青年骨干人才培养,加速培育一批具备能源技术与数字技术融合知识技能的跨界复合型人才。部分电力类高职院校与电力行业企业对接不紧、融合不深,导致人才培养规格与行业企业需求不匹配、不对称。所以电力类高职院校并没有紧密地对接电力行业企业智能化与数字化发展情况,岗位能力与专业课程脱节的情况时有发生，呈现出职业院校“供给侧”与电力行业企业“需求侧”错位，集中表现为专业课程的滞后性问题。其原因呈现出多样化：第一，电力类智能化和数字化硬件设备和软件技术还不成熟，且价格昂贵。包括用于复杂环境和多应用场景的特种智能机器人、无人机等技术装备，融合本体安全和网络安全的能源装备及系统，新型通信技术、感知技术与能源装备终端的融合系统等技术还不成熟，且部分设备比较昂贵，电力类职业院校无法购置，只能依赖校企合作企业。第二，专业课程内容无法反映岗位实际能力要求。现在我国电力类高职院校课程体系是建立在原有“旧基建”基础上而构建的课程体系，所以其课程类型和课程内容往往反映了“旧基建”所需要的能力要求，当下我国正处于电力行业智能化、数字化转型的时期，“新基建”所要求的人才结构和能力迫切地需要高职院校专业课程转型升级，特别是要将专业课程内容与岗位数字化能力相融合。为此电力类高职院校必须通过深化产教融合，促进教育链、人才链与产业链、创新链有机衔接，从而形成电力行业产教融合共同体，按照企业技术岗位的规格、标准要求开展现代学徒制等人才培养模式，真正实现校企“双主体、全过程、全要素”育人，提高人才培养的针对性、实用性和规格质量，解决人才供给侧结构性矛盾。

此外，在国家碳达峰、碳中和发展战略的指引下，我国一大批绿色职业如雨后春笋般不断涌现，正在改变着我国社会的就业结构和人才培养结构，职业分类的“吐故纳新”正是这一情况的现实投射和真实反映，在客观上倒逼职业院校调整专业方向，以便可以供给和补充相关人才。例如，2022 年公布的《中华人民共和国职业分类大典》标注了碳排放管理员、碳汇计量评估师、综合能源服务员、建筑节能减排咨询师等 133 个绿色职业。包括绿色职业在内的新职业不断涌现的背后，是新业态的蓬勃发展及新需求的不断增加。相关数据显示，预计“十四五”期间，我国“双碳”人才需求量在 55 万～100 万人。据统计 2021 年，中国碳排放相关新发职位需求同比增长 753. 87%，该职位企业招聘平均年薪由 2019 年的 15. 36 万元增至 2021 年的 25. 55 万元。

现有“双碳”专业人才储备难以支持“双碳”目标引发的发展建设新需求。以风电为例，2021 年，全国风电装机容量为 3. 3 亿 kW，全国风电人员约为 5. 94 万人，到 2030 年碳中和目标年，全国风电装机容量预计将要翻一倍，约为 7 亿 kW，按每万千瓦需要 1. 5～2 个人员估算，预计风电人才需求量为 10 万～14 万人，人才缺口达 4 万～8 万人。此外，以我国现在最火的综合能源为例，综合能源既能够促进清洁能源消纳，推进能源低碳发展，又能够提高终端用能效率，降低客户用能的成本，进而带动社会整体能效的提升，助力我国“碳达峰、碳中和”目标实现，所以现在综合能源产业发展前景一片看好。但是，由于综合能源服务是一种提供面向终端的能源集成服务，往往涉及建设、运维、管理、销售、金融及技术设备等多个门类的产业或行业，并且与市、城镇、乡村紧密结合，其上下游产业链岗位对于从业人才需求量巨大，同时能力要求区别于传统电力专业人才。据不完全统计，现有综合能源产业从业人员约为 18 万人，预计未来 10 年全国新增从业人员将达 40 万人，其人才的缺口比风电还要大，电力类职业院校人才培养承担着更为艰巨的任务和使命。

着眼于绿色转型中“双碳”人才的培养，我国着眼于教育赋能产业发展，新的顶层设计已在中国教育特别是职业教育中逐步展开。2017 年，我国的《制造业人才发展规划指南》专门提出了“提升绿色制造技术技能水平”，鼓励高等学校、职业学校根据绿色制造发展需要,积极开展节能环保、清洁生产等相关学科专业建设,以及培养适应绿色制造技术的高素质技术技能型人才。2021 年,教育部公布了新版《专业目录》中新增设水环境智能检测与保护、绿色生物制造技术等 8 个专业后,我国职业院校开设的“绿色”技术技能专业数量已经达到了 49 个。同时,一些电力类职业院校也结合区域电力行业发展,基于自身专业和课程基础,打造了以实现“双碳”目标为指导的课程体系,为培养高素质技术技能人才奠定了基础。

2022 年 9 月 23 日,中国电力企业联合会人才评价与教育培训中心主任在中国—东盟能源电力职业教育集团大会暨碳达峰碳中和产教融合论坛上指出,我国“双碳”专业人才培养模式尚处于探索阶段,亟须构建“因地制宜”的“双碳”专业人才培养模式和体系。目前虽然已经有了国际发达经济体培养“双碳”专业人才的经验,比如德国“双元制职业教育”、法国“学徒制职业教育”、日本“企业职业教育”等,但发达国家与我国需要在经济社会发展与绿色低碳转型的双重压力下实现碳中和目标截然不同,相应的国际经验可以借鉴,但不能全部照搬。尤其是,目前虽然我国已将碳排放管理员、碳汇计量评估师、建筑节能减排咨询师、综合能源服务员等新职业纳入《中华人民共和国职业分类大典》,但对“双碳”专业人才尚未形成统一的评价标准和规范,不同程度地存在重学历轻能力、重资历轻业绩、重论文轻贡献、重数量轻质量等问题,以及存在对“双碳”从业人员的正向激励作用远远不足、与实践结合不紧密、教材和师资力量跟不上、定位不清晰等现实问题。

四、从“内涵无序化”转向为“高质量标准化”

我国高职院校经历了以“高校扩招”建设为标志的“规模摸索期”、以“示范校”建设为标志的“质量定型期”、以“优质校”建设为标志的“内涵形塑期”,如今正处于“双高计划”建设的“提质培优期”,并将学校高质量发展作为建设目标。从“内涵形塑期”到“提质培优期”,职业院校更加强化标准化建设,从而提升建设的规则意识。2017 年 8 月 30 日,教育部召开第二场“教育金秋系列”新闻发布会,教育部职业教育与成人教育司司长王继平宣布,我国职业教育国家教学标准体系框架基本形成,职业教育发展的重点正转移到内涵发展和质量提升。至此,我国已经基本形成了由专业目录、专业教学标准、课程教学标准、顶岗实习标准、专业仪器设备装备规范等五个部分构成的国家教学标准体系。具体包括:《高等职业学校专业目录》及其设置管理办法;410 个高职专业教学标准;70 个职业学校专业(类)顶岗实习标准以及 9 个专业仪器设备装备规范等。但是,从“内涵无序化”转向为“高质量标准化”依然面临着标准化的差异性。

一方面,内涵建设陷入了“无序化”陷阱,标准化建设存在着差异性。“优质校”建设期间,我国职业院校完成了内涵形塑,使学校办学整体质量有所提升,但是也出现了“无序化”的问题。所谓“无序化”则是属于系统组织化程度的范畴,是指物质系统的结构和运动状态的不确定性和无规则。但是,“内涵无序化”并不是完全意义上的无序化,而是从乱序走向有序的必然阶段,这一阶段在国家“优质校”建设的推动下,我国高职院校在内涵建设的道路上呈现出特色化的建设路径,虽然也取得了丰硕的成果,但是内涵提升往往局限于本校范围内,尚未形成普适性的建设经验。然而进入高质量发展阶段后,进一步强化职业院校整体高质量发展,为此更加重视标准的建设。虽然我国已经建设、构成了具有中国特色的职业教育国家教学标准体系框架,但是如何将国家标准落实到位却成为难点,特别是国家标准是质量标准的底线,所以我国高职院校往往根据自身发展情况制定了校级的标准体系,往往会存在由于标准的差异性而导致高质量发展受阻。

另一方面,专业课程内容标准成为电力类职业院校的关注重点。在新时代背景下,随着经济全球化、一体化发展步伐的日益加快,在新发展理念的指引下,我国电力产业也在加快向绿色、低碳、智能、高效的方向转型发展,由此带来传统电力生产方式、技术手段和运行管理模式等方面的变革与创新,电力生产也因此呈现出电源类型多样化、生产方式低碳化、生产过程系统化、组合形态集成化、传输手段超高化、调度管理智能化和信息化等新特点。由于专业课程内容没有国家或行业的标准,所以如何将"岗"与"课"融合在一起,实现两者的融合协同便成为高质量发展的重要环节。主要表现为:一是课程教学内容不能及时适应技术升级和知识发展快速更迭的需要;二是校内难以建设与实际生产现场完全一致的真实性和系统性的课程实训教学设备设施;三是传统课程教学资源难以帮助学生直观理解隐蔽性和抽象性的电力技术和知识;四是传统课程教学手段难以解决因电力设备的昂贵性、危险性和系统性等特点导致的问题,致使学生不能在真实生产环境下进行反复操作训练,核心技能难以形成;五是课程教学模式难以适应教学和培训对象的多元性和差异性变化带来的学习方式自主性和灵活性、学习时空广泛性和随机性要求等。

第三节　产教融合赋能类型探索:行业产教融合共同体当下之"思"

电力产业是我国基础性、先行性和战略性支柱产业,既是技术密集型高端产业,成为我国"一带一路"倡议"走出去"的品牌产业和重要"名片",同时也是我国关系国计民生的基础产业,电力供应和安全事关国家安全战略,事关经济社会发展全局。党的二十大明确提出,立足我国能源资源禀赋,坚持先立后破,有计划分步骤实施碳达峰行动。诚然,电力产业将呈现电力生产低碳化、电源类型多样化、电力输送超高化、电网管理智能化、电能使用高效化等特征。这些变化必然带来电力技术技能型人才需求结构和规格的调整,建设高水平电力高职院校为电力产业的转型升级发展提供高质量的人才支撑和技术服务成为当务之急。为此,构建行业产教融合共同体不仅是电力行业发展的必然选择,而且是电力类职业院校高质量发展的必然选择。

一、从"双元主体"探索"多元主体"

产教融合背景下,我国电力类高职院校立足于电力产业发展的趋势,在校企合作的基础上积极探索构建行业产教融合共同体,有助于电力行业的进步与发展。以往校企合作局限于校企双元主体合作,职业院校与企业之间存在着广泛的异质性因素,导致校企合作不深入。在实施产教大融合的背景下,我国电力职业院校探索"产""教"融合的主体界定与主体立场,从而在实践层面上更好地赋能职业院校高质量发展。

从主体界定来看,产教融合是从更宏观的范畴来讨论产业与职业院校的融合,以往我国职业教育强调校企合作的必要性与重要性,凸显出校企双元主体赋能电力类高职院校高质量发展。在新时代背景下，我国电力行业和职业院校伴随着“一带一路”倡议的提出，正在积极落实绿色发展，进一步开展能源领域国际合作。而电力行业作为重要基础性设施，投资规模大，对上下游产业链具有很强的带动力，也是开展国际产能合作的重要领域。同时，近些年我国电力行业发展需要大量高素质技术技能型人才，对于数智化人才、双碳人才的需求量增多，因此我国电力类职业院校应该充分发挥行业办学的优势，以强化服务国家电力行业发展为战略主线，实现从“引进来”到“走出去”的跨越，完成从“学习规则”到“制定规则”的转变，形成一大批电力类职业教育国际化发展的创新成果和实践经验。在此过程中，构建行业产教融合共同体，一方面将积极发挥行业引领作用，加强校企合作、校行合作，稳步推动国内标准走出去；另一方面要充分发挥电力行业平台的优势，将电力行业、电力企业、电力类高职院校等组织融合在一起，构建行企校等组织联合的产教融合共同体，将多元合作主体的资金、管理、技术、技能、资源、人才等要素聚合起来，最终形成一个多要素融合的资源聚合体——行业产教融合共同体。

在此基础上，我国行业产教融合共同体并不是单一企业与职业院校结合的共同体，也不是少量企业与职业院形成的共同体，而是跨区域范围而构成的共同体。办学主体由“单一”转向“多元”，更加重视社会多元力量参与职业教育办学，核心力量是建立政府、学校、行业、企业协同合作的发展机制，核心目标是完成由政府举办为主向政府统筹管理、社会多元参与办学格局的转变。因此，《关于深化现代职业教育体系建设改革的意见》明确指出，行业产教融合共同体是由“龙头企业和高水平高等学校、职业学校牵头，组建学校、科研机构、上下游企业等共同参与的跨区域产教融合共同体”，具体包括职业院校、行业、企业、协会、行指委、教指委等组织机构。

从主体立场来看，行业产教融合共同体要建立在一定价值观或信念基础上，相互一致的、结合到一起的信念是一个共同体特有的意志，它是一种特殊的社群力，也是一种相通的感受，由此，它就是把一个整体里的各个成员团结到了一处，因为人心中的所有本能的东西都结合着理性。诚然，所有这些组织倍加重视的价值观，都是内部产生出来的，电力行业产教融合共同体以“电”塑造“价值观”，以此所构建的共同体往往具有一定的聚合力。然而在共同体内部的各个组织都会有其自身的流程和惯例，树立起自身的价值观，这些都是组织该做的事情，组织正是通过这种方式，将经验和能力向新成员们传承下去。但是正是由于各自的价值观的存在，才在构建共同体过程中各治理主体出现“貌合神离”的情况。因此，在电力行业产教融合共同体构建过程中，各治理主体必须能够对彼此的意图做出反应，并具备以下两个条件：

第一，共同体内部各治理主体建立联合目标，在共有知识中一起做事情。共同体各治理主体之内应该建立在互惠行为基础上，可以激励合作。

第二，参与者协调他们的角色，形成彼此相互依赖、合作的共同体秩序。

没有人或组织是一座孤岛，能够在当今时代完全能自保。各种各样的孤独，已经成为社会的一种新贫困。因此，电力产业和电力类职业院校要实现高质量发展必须构建共同体。但是在共同体内部，各个治理主体角色必须在建构交换和协商的过程中，相关行动者协调他们之间相互依赖的关系，从而使他们之间的合作得以实现和维持。只有共同体内部各治理主体看到了最佳选项且所有个体的利益都与群体利益一致时，互利才是稳定的。

正如韦伯所认为的那样，一种秩序如果得到了主体的认可，并且形成约束力，它就具有了规范有效性和合法性。

例如，近年来，为了适应我国电力行业“走出去”及电力类职业院校国际化的发展趋势，由广西电力职业技术学院牵头成立的中国—东盟能源电力职教集团，主要是通过加强集团成员之间的合作，优化校企资源，服务中国及东盟国家的能源电力行业的组织，与中国电力企业联合会促进电力“走出去”，打造多元协同，构建行、企、校、产、教融合命运共同体的目标是一致的。学院将为中国—东盟能源电力职教集团的发展提供有力支撑，特别是在国际、国内电力职业教育标准制订、人才培养等方面发挥指导作用，以便共同服务中国—东盟能源电力产能合作及广西能源发展“一区两通道三基地”建设。

二、从“条块管理”探索“协同发力”

党的十九届四中全会审议通过的《中共中央关于坚持和完善中国特色社会主义制度、推进国家治理体系和治理能力现代化若干重大问题的决定》对推进国家治理体系和治理能力现代化建设提出了纲领性意见。《中华人民共和国国民经济和社会发展第十四个五年规划和2035年远景目标纲要》明确提出，到2035年，我国基本实现国家治理体系和治理能力现代化。2020年，由教育部等九部门印发的《职业教育提质培优行动计划（2020—2023年）》提出，办好公平有质量、类型特色突出的职业教育，提质培优、增值赋能、以质图强，加快推进职业教育现代化，更好地支撑我国经济社会持续健康发展。但是我国构建电力行业产教融合共同体过程中，依然存在着“条块管理”的问题。

所谓“条块管理”，是指行政既按照职能进行管理，又按照属地进行管理，主要包括以地区为主和以行业为主两种管理行为，呈现出鲜明的垂直管理色彩。我国的条块关系中，“条”长期占据着主导性的地位，发挥着主导性的功能，并直接影响着条块关系的状况，而在“条”的运行过程中，实行垂直管理是一大特色。

对电力类职业院校而言，长期以来，我国电力类高职院校内部治理呈现封闭式的特点，主要表现为内部治理的主体往往是由学校单一治理主体承担的，一些高职院校现有的管理体制还不能很好地适应现代职业教育改革发展的需要，学校治理仍然处在行政权力为主的模式之中，以章程为核心的管理体制仍流于表面，学校在协同育人、合作共享、多元融合等机制方面不够完善，制约了电力类职业院校治理水平和治理体系的提升。而政府、企业、行业等治理组织往往也呈现出“条块管理”的问题，这种管理方式虽然可以快捷地将人、财、物的控制权控制在中央或上级政府，强化了中央或上级政府对地方或下级政府的调控，有效地防止各个领域的混乱，保障政策的上行下效。但是随着计划经济不断深入，这种管理方式不仅不利于激发政府、职业院校、行业、企业单一治理主体的活力，也无益于各治理主体之间的合作与发展。因此，在国家大力推进职业教育校企合作、产教融合背景下，政府、职业院校必须改变以往“条块管理”的方式，推进“放管结合”和“优化服务”，形成放、管、服三管齐下、互为支撑的多元化、开放式的治理新局面。

一方面，从“散点分布”探索“资源集聚”。以往“条块管理”模式下奉行垂直管理，呈现出纵向管理，在客观上导致可以在市场自由流动的资源被人为地分割成一块一块的，仅仅在一定治理范围内发挥作用，呈现出“散点分布”的状态。这种管理方式不利于激发职业院校、企业、行业等治理主体活力，特别是在构建电力行业产教融合共同体时，无法彰显电力类职业院校类型和跨界的特点。诚然，在校、企、行等多主体合作范围内，就资源而言，职业教育校企合作的各参与主体均因相互之间的异质性而趋于分散，但又因相互之间的同质性而谋求聚合。立足于电力行业发展的高职院校作为类型教育，也是多元融合的跨界教育，需要政府、企业、行业及社会其他相关组织的参与、配合和支持，并且在资源分布上打破了“条块管理”下资源的“散点分布”，将被动参与转化为主动参与，促进利益相关者内隐资源的显性化，同时由原来校企“双元”合作转变为包括职业院校、企业、行业等治理主体多元合作，形成了互动主体性个体资源的混合互动，进而破解了资源点对点的局限性，增强了多元主体资源的开放性和互动性，由资源分散与疏离走向聚合与共生，实现了行业内资源发挥集聚效应。

另一方面，从“资源集聚”实现“协同发力”。电力行业产教融合共同体并不是严格意义上的治理实体，但是在共同价值观和合作利益的基础上，发挥着治理平台、联盟的功效。在此基础上，电力行业产教融合共同体要实现多治理主体的“协同发力”就必须形成合作机制，在杜威看来，自由而全面交流、交往、参与、合作和共享是共同体生活中最本质的方面。因此，以行业产教融合共同体为合作平台，汇聚产教资源，并以电力行业产业链分工为基础，制订教学评价标准、专业教学标准、课程标准，开发专业核心课程与实践能力项目。同时，电力类职业院校要通过委托培养、订单培养和学徒制培养等多样化的人才培养方式，明晰电力产业发展对人才类型、层次、结构的要求。此外，面向行业企业员工开展岗前培训、岗位培训和继续教育，为行业提供稳定的人力资源；建设技术创新中心，支撑高素质技术技能型人才培养，服务行业企业技术改造、工艺改进、产品升级。

三、从“利益底线”探索“契约合作”

卢梭在《社会契约论》中认为共同体是一种持久的、意志的、完善的统一体，具有主体多元性、目标公共性、整体协同性、利益契合性等特征。同时，他认为，在共同体结构中接纳每一个成员作为全体不可分割的一部分，并且按照一定的契约形式结成荣辱与共、风险共担、互利互惠、不可分割的结合体。而共同体内部各个治理主体的利益则是底线，在合作关系中，适应性挑战在于参与者之间利益的不完全一致，为此在构建电力行业产教融合共同体过程中要以组织利益为基础构成契约合作，以便适应在构成共同体工程中面临的挑战。

英国学者约翰·凯伊认为，“我们之所以合作，是因为我们希望在未来也得到类似的帮助”，在客观上也说明了任何共同体的构建都是以各个构成组织的需求为基础，基于利益和价值的共识，通过彼此之间的合作而实现的。而共同体则是为实现主客观共同目标而组成的特定群体，对内对外统一发挥作用的一种合作关系。正如卢梭在《论人类不平等的起源和基础》中所述“猎鹿”中的收益一样，也是在一起合作、分享信息和风险共担中获得的。如果猎人们只关心猎鹿，而忽视猎兔子，那么每个人的目标高度一致，所以都会有很好的表现，但是如果有人受到捕捉野兔的诱惑，忽视了一心一意猎鹿的话，则会导致这次围猎行动的失败。这也告诉我们作为一个组织或共同体必须具有一致性的目标，这样才能协同发展，进而破解“猎鹿陷阱”和“囚徒困境”。

2019 年以来,我国职业教育领域先后出台《职业教育改革实施方案》《中国特色高水平高职学校和专业建设计划》等文件,提出要构建多元主体合作、协同发展的命运共同体,进而促进产教融合、协同育人,助力高职院校高质量发展。作为以价值认同、尊重包容、共享共赢为目标的多元主体合作新模式,电力行业产教融合共同体是以“人类命运共同体”思想为指导,在发展职业教育实践中所形成的产业与教育系统利益的契合,合作各方既保持相对独立,又能发挥整体互助优势。同时,产教融合共同体也是适应社会发展需要的、具有高度价值认同的利益联盟,立足于特定的时代背景和组织目标,以满足各利益主体需求为基础,借助资源、管理、技术、制度的整合,构建相互包容、求同存异、互助促进的合作组织,推动教育链、人才链与产业链、创新链的深度耦合和有机联结。

第三章 内省确证:多主体构建共同体的现实必需

近年来,随着中国式现代化社会创新构建与成功实践,我国在社会经济发展方面取得了举世瞩目的成就,客观上有效地推动了电力行业的稳定发展和技术创新,与此同时,对电力行业从业人才的培养数量、质量、规格等提出了更高的要求。特别是在国家大力推进高职院校发展的同时,我国电力类高职院校与其他类高职院校一样也实现了快速发展,在产教融合方面也取得了长足的进步。各电力类高职院校也加强社会资源整合,建立了富有行业特色和校本特色的共同体。经过实践,共同体已经成为探索中国式职业教育现代化的重要形式和实践范式,如今共同体已经不再仅仅是一种组织方式或者合作方式,而更多的则是一种组织合作与发展的社会性符号,彰显出不同治理主体寻求自身高质量发展的内生性发展范式,进而努力构建独特性的存在方式,以便实现多主体的和谐发展。因此,本章重新审视政府治理、企业职能、学校育人、行业组织等协同建设电力行业产教融合共同体的现实动机,阐述多主体构建共同体的合理性与合法性,也是新时代电力职业院校高质量发展的内生性的必然需要。诚然,电力行业产教融合共同体建设是实现各参与治理主体"共赢"的发展模式。政府在"治理共同体"中获得经济社会发展、产业结构转型升级;电力类高职院校在"治理共同体"中获得品牌建设、高质量发展;电力类行业企业在"治理共同体"中获得职工培训、技术研发及满足人才需求等成果,以提升发展动能;学生在"治理共同体"中获得优质的实践教学资源,以实现全方面发展;电力行业产教融合共同体通过"治理共同体",使多元治理主体实现螺旋上升式循环发展。

第一节 政府治理"现代化"需要建设共同体

中国式职业教育现代化道路作为中国式现代化新道路的有机构成部分,对推动职业教育高质量发展、赋能产业结构转型升级、培养大批高素质技术技能型人才、使中国职业教育方案"走出去"等具有重要战略意义。在电力行业产教融合共同体结构中,政府作为职业教育治理体系中的权力机关,在职业教育的发展方向、政策制定、资源整合及经费保障等方面提供有效供给,扮演着重要的角色、承担着重要的任务、发挥着重要的作用,是公共政策的制定者、公共产品和公共服务的提供者。为了更好地实现中国式职业教育现代化,政府治理现代化则是建设行业产教融合共同体的目标,同时也是建设服务型政府的必经之路。

一、实现中国式职业教育现代化的重要抓手

党的二十大正式提出了"中国式现代化"的科学论断,同时指出"中国式现代化,是中国共产党领导的社会主义现代化,既有各国现代化的共同特征,更有基于自己国情的中国

特色”。可以说,中国式职业教育现代化是中国式现代化在职业教育发展过程中的重要构成部分,同时也是职业教育高质量发展中的重要理论成果。改革开放以来,我国大力推进职业教育高质量发展,至今我国已经建设成世界上最大规模的职业教育体系,至2022年年底,我国共有1 489所高职院校,招生人数达5 389 800人,专职教师达619 500人,其中建设了20多所专门的电力职业技术学院,培养了大批服务于电力行业的高素质技术技能型人才。进入中国特色社会主义新时代以来,特别是随着第四次工业革命(工业4.0)的到来,为了落实双碳政策,实现碳达峰和碳中和的预定目标,我国电力职业院校与电力行业企业等组织构建行业产教融合共同体,是实现中国式职业教育现代化的重要抓手。

行业产教融合共同体是新时代中国职业教育的最新理论成果,并且在《关于深化现代职业教育体系建设改革的意见》中明确提出,将“打造行业产教融合共同体”作为深化现代职业教育体系建设的“战略任务”,凸显出构建行业产教融合共同体的重要性。《关于深化现代职业教育体系建设改革的意见》还指出,行业产教融合共同体是学校、科研机构、上下游企业等共同参与的跨区域产教融合共同体。一方面,要实现多主体构建共同体,必须打通职业教育、行业企业及研究机构之间的行政壁垒,这就要发挥政府的资源统筹功能和作用,将行业、职业院校、企业等多元组织聚集起来,形成共同体的框架。同时,建设“中国式职业教育现代化”过程中,政府作为政策的发布者、资源的供给者及多主体的协调者,为了实现中国式职业教育现代化就必须要全面落实校企合作、产教融合,需要加强政策、资源、资金等办学元素的供给与调配,为构建行业产教融合共同体提供政策供给、资源供给和资金供给,以便保障职业院校可以按照国家经济社会发展需要培养高素质技术技能型人才,为共建“技能型社会”、实现“中国式职业教育现代化”提供人才资源和智力资源。另一方面,电力行业产教融合共同体是依托电力行业建设的多元共同体组织,行业特征与属性尤其明显,为此政府必须要从国家战略与民生福祉的角度出发,发挥政府治理优势,协同电力类职业院校、行业、企业等组织构建行业产教融合共同体,以此缩短产业与教育之间的距离,从“独立育人”向“协同育人”转型,进而加强电力类高素质技术技能型人才供给,以便为保障电力基础性设施正常运行、落实双碳政策等提供重要的育人平台。这是新时代背景下增强电力行业创新发展的重要手段,也是实现中国式职业教育现代化的重要抓手。

二、办好人民满意的职业教育的重要组成部分

党的十九大报告中强调,中国特色社会主义进入新时代,我国社会主要矛盾已经转化为人民日益增长的美好生活需要和不平衡不充分的发展之间的矛盾。党的二十大报告强调,高质量发展是全面建设社会主义现代化国家的首要任务。在高质量发展战略指引下,我国电力职业院校也进入以高质量发展为目标的深化改革期。经过高职院校内涵建设的洗礼,虽然我国电力类高职院校在产教融合方面取得了长足的进步和发展,但还是存在产教融合的组织体系不够健全、共同目标比较模糊、平台功能比较单一、机制实操性缺乏等一系列问题。这在客观上导致电力类职业院校发展无法满足人民群众对于优质职业院校需求之间的矛盾,不仅影响电力类高职院校的高质量发展,更影响电力类高素质技术技能型人才的培养。

办好人民满意的职业教育是我国政府的神圣责任和光荣使命。随着国家不断重视职业教育发展,发展和壮大职业教育不仅可以大大提升我国产业发展水平和质量,而且日益成为人民群众对于高质量教育期盼的重要内容。近些年,我国高度重视职业教育发展,在固有观念、政策支持、发展愿景等方面进行改革,全社会尊重人才、崇尚技术,大力弘扬劳模精神、劳动精神、工匠精神,力图改变以往"职业教育的学生是双差生""职业教育是二流教育""毕业就失业"等错误思想。2021年4月,在全国职业教育大会上创造性地提出了建设技能型社会的愿景,办好职业教育也成为全社会关注的重要内容,共筑技能型社会也成为我国政府所要打造的一种社会形态。我国学者认为,技能型社会的内涵实质主要体现在以下方面:技能型社会是我国职业教育发展的新理念,是社会发展的新形态,更是契合社会主义核心价值观的价值取向,从教育角度来看,技能型社会是我国职业教育发展的新理念,破解"劳心者治人,劳力者治于人""万般皆下品,唯有读书高"等观念的重要利器;从社会学的角度来看,技能型社会是一种崭新的社会形态,倡导全社会崇尚技术,弘扬劳模精神、工匠精神;从文化属性的角度来看,技能型社会是契合社会主义核心价值观的价值取向,是塑造劳动最光荣、劳动最崇高、劳动最伟大、劳动最美丽的社会风尚。为了办好人民满意的职业教育,我国政府提倡构建行业产教融合共同体,不仅引导职业教育政策未来的方向,而且发挥共同体统合社会资源、协同办学职业教育作用,彰显出职业教育的跨界性与多元化,增强我国职业院校发展的适应性,以便更好地提升我国职业院校办学的高质量发展,这些也是办好人民满意的职业教育、共建技能型社会的重要内容。

三、落实能源领域"放管服"改革的具体举措

党的十八大以来,我国能源主管部门根据党中央、国务院"简政放权、放管结合、优化服务"改革的统一安排与部署,紧紧围绕着"放管服"改革的战略部署和重点任务,深入推进能源领域的供给侧结构性改革,陆续颁布了一系列的能源领域审批制度和监管制度文件政策,强化由"单一管理"向"合作治理"转型,更好地发挥政府的服务职能及社会组织的作用,凸显出市场在资源配置方面的决定作用。从改革实践来看,虽然我国能源电力领域的"放管服"改革取得了一些积极进展,但改革中依然存在一些突出的问题和矛盾,"放管服"改革与经济社会发展的需要和市场主体的预期还存在一定的差距,进一步把能源电力领域"放管服"改革向纵深推进,全面激发市场活力和社会创造力,努力开创能源监管工作新局面,便成为新时代我国能源电力领域协同共治的重要之举。

在电力类职业院校领域,电力类职业院校牵头成立电力行业产教融合共同体,是落实能源电力领域"放管服"改革的具体举措。构建电力行业产教融合共同体是为了发挥多元治理主体办学资源的"聚集效应",在共同体框架内自主地发挥职能,更好地服务于电力职业院校和电力行业高质量发展,是新时代我国电力类职业院校发展的抓手。诚然,电力行业产教融合共同体是由多元治理主体所构成的,各治理主体在共同体内部可以充分配置优势资源、发挥各自治理优势、提升协同治理的科学性,赋能职业教育高质量发展。因此,"治理功能的发挥"及"社会理性责任"便是关键因素。其中,"治理功能的发挥"主要是在"放管服"改革背景下,职业院校、电力类企业、行业等可以按照组织发展的规划和价值取向,独立自主地发挥其治理职能,实现决策的自主权,这是共同体构建的基本性原

则。而“社会理性责任”则是指共同体内部各个治理主体在发挥其独立的功能后具有的一种理性认知与看法，也是康德实践理性的表现形式，被视为依据原则行动的一种自由意志能力，往往激励着共同体各个组织成员可以承担各自的责任与使命，以便可以使共同体内部的各个成员可以可持续性地合作，这是共同体构建的重要治理境界。所以，“治理功能的发挥”及“社会理性责任”分别指向“行动”与“责任”，代表着在“放管服”改革过程中共同体内部各个成员的职能发挥与责任承担。为此，行动与责任是两个密切相连的概念，没有行动也就没有责任，如果没有行动特性，也就没有行为的责任。

第二节　企业职能“专用性”需要建设共同体

从发生学的视角来看，校、企、行等多主体合作不是自动生成的，更不是以权利为主导下的合作，而是建立在以多主体利益切合领域为基础上的“多赢”合作。因为有合作就会有合作成本，只有合作收益大于合作成本，校、企、行等多主体才会自觉地通过合作谋求双赢。其中，企业是社会主义市场经济最为重要的实施主体，同时也是构建行业产教融合共同体及推进产教融合办学模式的重要参与者。诚然，职业院校与企业属于两类不同的社会组织，呈现出不同的利益取向、运行逻辑、治理结构。企业作为市场主体，主要以盈利为目的，以市场需求为导向，追求盈利和资源增值是其第一要务。而以往企业参与职业教育则是一种社会责任，政府无权强制企业参与到校企合作之中，校企双方无法实现深度合作。所以，面对电力行业转型升级、提质增效的时代背景，构建行业产教融合共同体要紧密对接企业的利益诉求与发展需求，不断地加强政府、职业院校、企业、行业等各治理主体之间的供给侧结构性改革，以便在共同体构建过程中使企业职能的专用性“得偿所愿”，所谓“专用性”就是指企业所需要的、适于企业所用的功能。在行业产教融合共同体中，企业的专用性体现出人才供给的专用性、技术供给的专用性及合作与竞争的专用性，以此作为企业高质量发展的内部动能。

一、人才“供给侧”与企业“需求侧”必然需求

从理论上讲，构建行业产教融合共同体是以需求为导向，以各治理主体利益诉求为基础而构建的平台。依托电力行业构建的行业产教融合共同体并不是滕尼斯笔下的血缘共同体、地缘共同体及精神共同体，也不是卢梭笔下简单的“契约精神”，而是社会性的行动共同体，社会性的共同体则要抛弃以血缘、族群、地域为纽带的天然性的分类标准，而以社会关系为纽带，以满足各方利益与发展的供需关系为立足点，具体包括共同理念、共同价值观、共同行为准则、共同职责分工、共同运行机制及共同反馈评价等内容。以往开展校企合作往往“不温不火”，甚至“形同虚设”，国内学者也普遍认为无法满足企业经济利益是导致校企合作无法深入开展的根源所在，但是我们也清晰地认识到单纯地依靠经济利益来维持的校企合作，往往会在经济利益纠纷下落下帷幕，因此构建行业共同体则是以行业的高质量发展为立意切入点，从行业资源的整体性与宏观性的角度去审视校企合作、校行合作等多元化合作的效果，使其具有时代的价值与意义。

以我国能源电力行业发展为基础的电力行业产教融合共同体，是政府、区域电力类职

业院校、电力行业、电力企业及其他电力组织主动结成的紧密的融合体,站在行业产教融合共同体角度(更侧重于宏观角度)合理分配行业内部优质资源并加以使用。随着我国电力企业高质量发展的不断推进,人才竞争也成为电力企业竞争的关键因素。从行业产教融合共同体来看,校、企、行等多方都应该是电力类专业人才的供求主体,当人才市场供不应求时,职业院校就倾向于选择拒绝行业企业参与而封闭办学;当人才市场供大于求时,职业院校就倾向于选择通过校企合作为人才培养体系赋能,以提升毕业生在人才市场上的竞争力。同样,电力企业如果不需要资源投入也能获取到企业所需要的高素质技术技能型人才时,就会避免由于校企合作而带来的成本风险。然而,随着第四次工业革命(工业 4.0)的到来,电力企业面临着数字化转型升级,人才无疑成为未来电力企业竞争的最为活跃的因素,因此校、企、行协同培育人才必须建立在人才培养"供"与"需"的基础上,加强人才"供给侧"与企业"需求侧"改革。

诚然,电力企业招收专业人才主要通过两种路径:一是从人才市场直接招聘,企业可以不涉足职业院校办学和人才培养,奉行"拿来主义";二是通过校、企、行等多主体合作联合培育人才,奉行"自己动手、丰衣足食"。前者侧重于当职业院校人才供给大于需求时,但是对于企业而言,未必能够招聘到符合企业文化、价值及岗位要求的员工,对于员工后期的成本投入或许会大一些,特别是在规模化、程序化生产及技术层级较低的企业,往往需要大量掌握通用性技能的员工,而通用性技能可以通过人才市场直接招聘,不需要企业专门投入或直接参与培养;后者则是近些年电力类职业院校采用的人才供给方式,使职业院校、行业、企业都成为人才培养的供给方,这样培养出来的高素质技术技能型人才更加符合行业特质和企业需求,这也是如今电力行业产教融合共同体的初心。特别是能源电力行业属于国家重点掌握和发展的领域,所需人才不仅需要具备通用性的技术技能,而且要重视专用性的技术技能,而专用性的技术技能则需要通过校、行、企等多方治理主体协同参与、共同培育才能实现。当然,无论是校企合作、校行合作,还是校、企、行合作等形式,都是经济社会发展对技术技能型人才的现实需求,对于能源电力行业而言,实践证明,校、企、行等多主体合作是电力行业产教融合共同体构建的基础。也就是说,行业产教融合共同体的构建并不是倡导单一组织的获利,而是倡导多主体协同发展、互利共赢、共同抵御市场风险,要想让行业产教融合共同体能够稳固、合理地发展,就必须要各治理主体在共同体内部获利。

二、产业结构转型与技术升级改造的迫切需求

近年来,随着中国式现代化理论研究与实践探索的不断深入,我国能源电力领域发生了深刻的变革。在理念方面,低碳、绿色等观念已经渗透到电力行业的各个环节,结构转型升级迫在眉睫,能源电力领域产业发展理念面临着变革;在技术方面,随着智能化、数字化等技术的不断发展,数字化转型升级已经成为电力产业高质量发展的重要抓手,为新时代电力产业发展指明了方向。因此,在经济结构、产业样态转型升级的背景下,电力类职业院校应该主动寻求与行业、龙头企业深度合作,同时也迫使行业企业从原来"被动式合作"向"主动式合作"转变。从利益动机来看,企业之所以主动寻求构建行业产教融合共同体,除自身人才需求及经济利益外,更多的则是依托共同体的平台资源整合能力及广阔

的合作契机。特别是第四次工业革命(工业4.0)已来临,企业高质量发展必须依靠技术创新及核心技术的专用性,而这往往彰显出技能形成的复杂性和独特性。其中,复杂性主要是指企业核心技术日益变得多学科技术交叉与融合,越来越需要科学家、高技术人员进行科学研究与开发,这就要求融汇多单位、多部门的技术人员跨学科、跨部门,甚至跨单位、跨领域开展研究;而独特性则是要求企业的核心技术在学科范畴内越来越细化,必须由专业化技术技能型的人才研发,同时企业内部也形成了独特的、独有的技术参数,这样才能够在竞争日益激烈的市场中生存。

首先,我们正处于第四次工业革命(工业4.0)时期,以智能化、数字化技术为核心技术的革命正在深刻地变革着生产关系和产业结构,不仅催生了一大批电力产业的新业态,同时也改变了电力产业的技术基础,使智能化、数字化重组了组织模式和商业形态,电力企业的设备、技术、标准也逐渐呈现出属于自身的专用性特征,这就需要电力企业加强技术研发和员工入职后培训,以便实现企业职能的“专用性”技术。然而,我国企业“专用性”的技术供给要求从业人员必须经历“个体在领域内有长时间(职业学校学习—职场实习—职场工作—基于工作的学习)、多场域(职业学校—企业工作场所—社会)的知识积累、社会化浸润和专业实践参与”等发展阶段,特别是在复杂性、独特性的技术要求背景下,产业结构转型与技术升级改造迫切需要多元治理主体参与到企业员工职后培训过程中,这样才能培养满足现代企业高质量发展所需的“专用性”技术员工。

其次,企业的发展为了降低内外部环境的不确定性变化而带来的潜在风险,也需要联合政府、职业院校、行业协会等组织参与构建行业产教融合共同体,并且通过以共同体内部所遵循的价值观为导向,以共同遵守的制度为保障,以便在契约精神的基础上形成多元主体之间深度合作。当然,这种企业的专用性技术技能不仅包括行业企业所需要的专业技术能力等“硬技能”,也应该包括企业价值观、文化观念、精神图腾等方面的“软技能”。前者通过共同体合作过程中技能培训或岗位实习就可以形成,在共同体内部高职院校向行业企业输送大量高素质技术技能型人才,为行业企业员工开展职业能力培训,以及行业企业技术创新与研发、技术服务与推广等提供支撑;而后者则需要在共同体构建过程中,通过学习、借鉴及自我“浸染”才可以养成。总之,我们可以看出,在产业结构转型与技术升级改造的背景下,企业的专用性是企业发展特有的属性,也是企业得以生存与发展的核心竞争力,因此依托行业产教融合共同体有助于企业从传统浅层次的依赖关系模式转向供需互嵌、文化相融、资源共享、协同发展,实现“多赢”。

三、从“竞争”到“合作”是企业高质量发展的必然选择

现代社会既是一个高度复杂的社会,又是一个充满不确定性的、迅速变革的社会。随着生产力在现代化进程中指数式增长,风险和潜在自我威胁的释放也会达到前所未有的高度。如今,企业与企业之间的竞争日益走向白热化,同时在竞争中也孕育着企业与企业、企业与学校、企业与行业之间的良性合作。以往校企合作往往是一对一、点对点的合作样态。但是,由于校企合作过程中校企之间双方产权不明晰,包括学生培养与就业场域分离,以及合作研发收益的非均衡分配等问题,导致利益联结机制弱化,校企合作无法产生应有的预期效果,最终陷入低效的陷阱。然而,构建行业产教融合共同体为校企、校行、

企行之间的合作提供了平台和保障,使多元主体之间的合作建立在共同体的契约精神下成为可能。当下,合作与竞争已经成为市场经济深入发展的两种关系性常态,构建电力行业产教融合共同体是在电力行业竞争日益加剧的背景下,电力企业之间及电力企业与其他组织之间的合作已经成为企业高质量发展的重要手段。

首先,在信息化社会,优质资源的获取逐步从“实在”向“云在”转移,促使电力企业提质增收需要高度重视优质资源合理配置、企业之间资源的配置以及深度合作,而不是资源的单方面投入与产出,从原来的“你死我活”的竞争状态走向“共生共长”的合作状态;其次,产业链上的技术融合性与交叉性不断加强,社会分工与合作成为企业高质量发展必须关注的内容。为此,企业参与到产业链的构建就必须加强与产业链上企业的合作,特别是新技术时代要求技术融合度不断加强,单个企业的日常生产、技术研发往往力不从心,为此要加强政府、企业、职业院校及行业等组织之间的合作,以便开展全产业链技术衔接,协同开展产业链构建。总之,竞争中孕育着合作已经成为电力行业不断发展的共识,校、企、行等组织可以在一个特定的制度空间和组织框架内形成一种竞争与合作交织的关系,进而构建电力行业产教融合共同体就是要建立价值观一致、行动同频的合作平台,使各个治理主体在共同体内部有序竞争、深度合作,协同参与到电力产业链条中的生产与研发中来。

第三节　学校育人“政治性”需要建设共同体

人类不是通过回忆,而是在历史中认识到他们自己的。追本溯源,我国职业教育萌芽发轫于古代时期,古有“伏羲氏之世。天下多兽,故教民以猎”(《尸子》)。经历了古代、近现代以及新中国职业教育的发展,我国职业教育取得了长足的发展和进步,逐渐从“数量增长”向“质量提升”转型。但是无论是古代朴素色彩职业教育,还是近现代职业教育,抑或是中华人民共和国成立以来的职业教育,学校育人都具备双重的属性:一是培养适合于生产、生活的高素质技术技能型人才,满足社会生产对于从业人才的需要,属于育人属性;二是培养统治者所需要的人才,即认同国家意志或阶级意志,进而为统治阶级服务的人,属于社会属性。正如德国学者卡尔·雅斯贝斯所言的“国家是使对所有人的持久教育得以进行的框架……真是通过学校教育,才产生出那些在一定的时候必须出来维护国家的人”。

一、学校育人是构建行业产教融合共同体的核心要义

学校具有天然的育人属性,这是学校发展过程中沉积下来的历史使命,同时也是学校政治属性的必然要求。党的十九大提出,深化产教融合、校企合作。其中,产教融合强调产业行业与职业教育的融合,而校企合作则是强调职业院校与企业的融合,分属两个层次的合作布局。近些年,我国电力类职业院校以“双高”计划作为建设目标,稳步推进“三教”改革及“创新团队”建设,坚守以培养高素质技术技能型电力人才为己任,进而为我国电力行业企业培养了大量具有低碳、绿色理念的高素质技术技能型人才,为我国电力企业实施“走出去”战略奉献了力量,实现高质量发展,这就离不开校、企、行等多主体深度合作。

我国能源电力系统属于战略资源部门,关乎着国家社会经济发展和国计民生。新时代,电力行业企业面临着国内外环境变化所带来的新挑战和新任务,同时也担负着电力产业高质量发展的历史责任和历史使命,这些变化必然带来电力技术技能型人才需求结构和规格的调整,建设高水平电力高职院校为电力产业的转型升级发展提供高质量的人才支撑和技术服务为当务之急,但是电力类职业院校以往的校企合作仅限于校企之间,出现校企合作低效、产教融合度不高等问题,表现为合作范围小、覆盖面窄、资源统筹有限,客观上导致职业院校专业定位、课程内容、课程体系及实训等与产业发展方向、岗位能力要求及先进设备等不对称,使人才培养质量无法满足企业实际岗位需求。因此,要以电力行业、电力职业院校等组织的需求为导向,坚持在校、企、行等多主体合作基础上,形成以育人为核心的行业产教融合共同体,以便破除职业院校与产业行业之间的羁绊,实现真正意义的产教融合。诚然,电力行业产教融合共同体实际上可以视为一个高质量育人的平台,要求校、企、行等主体将人才培养作为共同体构建的目的,并通过校企合作,校、行、企多方合作等多样化的形式,共建专业、课程、师资、平台、教学及实训基地,加强育人资源的汇集与增效、育人主体的协同与创新,在多主体合作行动的框架下履行共同体育人的契约,以便更好地发挥社会力量协同育人的功效。

二、职业教育类型需要构建行业产教融合共同体

《国家职业教育改革实施方案》首次提出了职业教育是一种“类型教育”。与普通教育相对比,我国职业教育不再是层次教育,而是类型教育。这表明职业教育作为独立学科的独立话语体系,为新时代我国职业教育高质量发展奠定了学理基础,意蕴着职业教育的类型在于政府统筹管理、行业企业协会等社会多元参与及专业特色鲜明,其类型本质在于跨界性、融合性与服务性。这就需要我们必须扎根于职业教育学科内容,挖掘职业教育的本质特征,构建行业产教融合共同体,从而更好地凸显出职业教育育人的类型特征。

所谓“类型”,是区别于其他事物最为本质的特征,职业教育的跨界性、融合性与服务性彰显出类型特征。其中,“跨界性”主要体现在任何职业院校办学都离不开全社会的积极参与,都需要政府、企业、行业等组织深入参与办学全过程。强调多元化的办学主体可以充分利用各自的办学资源优势,打通学校、行业、企业与社会之间的通道,避免出现职业院校办学陷入“闭门造车”“坐井观天”的行为陷阱之中。电力类职业院校是我国培养电力人才的专科类职业院校,长期以来我国电力类职业院校专业与产业、产业链的双向互动耦合,为我国一线电力企业输送了大量高素质技术技能型人才,并且通过校、企、行多元合作形成了众多电力行业技术标准、技术研发成果,成为校、企、行多主体深度合作“多赢”的典范。例如,中国特高压输电技术等核心技术,使我国在这个技术领域处于全球领先水平,让中国标准成为世界标准,这项技术的研发、试验与推广离不开政府、行业、企业、高校等单位协同参与。新时代,我国电力行业在新能源发电、储能、智慧能源服务等方面还需要加强技术攻关和创新,构建电力行业产教融合共同体,就是要发挥政府、职业院校、行业、企业等多元治理主体的比较优势和作用,协同做好电力产业育人工作,助力电力行业企业高质量发展,以便提升中国技术“走出去”,不断地提升国际能源领域中国产品、中国技术、中国标准的话语权和影响力,同时肩负着行业发展赋能、人民福祉、造福人民的责任。

“融合性”则是从微观角度出发，强调要正确处理职业院校与产业行业之间的辩证关系，是对接，是结合，还是融合？事实表明，我国职业教育必须走产教融合的发展之路，不仅是因为职业教育跨界性，也是职业教育学科属性的必然选择。相对于其他类型的教育而言，职业教育是与产业发展最为密切的学科，因此职业教育的融合性就是要彰显出多元主体参与到职业教育专业建设、课程建设、实训室建设、师资建设等中，将其主动融入产业发展过程中，并根据产业发展的实际情况，及时调整职业院校的办学方向，坚持按照产业链的发展逻辑重构职业院校内部构成要素，坚持专业群和课程群的引领作用，实现专业适时转型、课程紧密对接岗位、实训室设备与产业发展同步、师资能力提升，进而实现专业链、人才链、产业链紧密对接与融合。例如，广西电力类职业院校牵头成立行业产教融合共同体，就是以育人为核心，加强政府、职业院校、行业、企业等组织之间的融合，使政府资源统筹、政策供给赋能职业教育发展；职业院校提质培优、适应发展提升职业教育发展；行业企业资源供给、协同创新助力职业教育发展，多方主体协同发力提升电力类职业院校的适应性，以便培养大量适合于电力类企业的高素质技术技能型人才。

而“服务性”则是从微观角度出发，强调职业教育与社会的辩证关系，是索取，是奉献，还是服务？实践证明，我国职业教育应该立足于自身发展，履行服务社会的责任，这也是职业教育基本的职能之一。如上述所言，我国职业教育是与产业发展最为密切的教育类型，其人才培养的全过程必须立足于国家发展战略，紧密地对接产业结构升级转型、岗位能力需求，进而服务于区域社会经济发展。与此同时，我国大力推进能源绿色低碳转型，以建设新型电力系统为契机，促进新能源产业高质量发展，这就需要大量高素质技术技能型人才供给，因此由电力类职业院校牵头构建行业产教融合共同体，更好地发挥服务性的职能，以便凸显出职业教育的“类型化”特征。第一，电力行业企业绝大多数属于国有企业或国家控股的企业，肩负着我国电力系统核心技术的研发与保障民生任务，具有鲜明的国家意识行为。因此，行业产教融合共同体的建构必须以服务于国家发展战略为需求导向，坚持“专业链、产业链、人才链、创新链”的“四链”融合，培养符合社会发展要求的高水平技术技能创新型人才，同时还应该注重电力类职业院校与行业企业联合开发电力技术，服务区域电力行业发展，力争将最新的科研成果“变现”，提升“业内都认同”的吸引力，进而发挥参与组织的主动性与积极性。第二，电力行业属于民生产业，其服务对象涉及千家万户，关系到经济社会发展用电、人民日常生活用电，所以构建电力行业产教融合共同体既具有战略服务性的一面，也有民生服务性的一面。电力类职业院校牵头成立行业产教融合共同体的核心在于人才培养，因此要多元治理主体强强联合，同时要求立足于职业教育的类型和电力行业的特点，突出人才对接产业链的各个环节，以服务于终端技术为主，包括技术研发、技术服务、技术维修及技术操作等职业。

三、“双高计划”急需构建行业产教融合共同体

2019 年，国务院印发的《国家职业教育改革实施方案》明确指出，经过 5～10 年时间，职业教育基本完成由政府举办为主向政府统筹管理、社会多元办学的格局转变，由追求规模扩张向提高质量转变，由参照普通教育办学模式向企业社会参与、专业特色鲜明的类型教育

转变，大幅提升新时代职业教育现代化水平，为促进经济社会发展和提高国家竞争力提供优质人才资源支撑。由此突出了职业教育与普通教育地位同等重要，但存在着各自的差异性，同时强调了我国职业教育创新发展对于社会经济发展、产业结构调整具有重要的作用。更重要的是，进一步明确了要大力支持行业、企业等社会组织与职业院校深度合作、兴办职业教育，并给予落实产教融合型企业进行认证，并且制定了金融、财政、土地、信用及税收等组合式激励政策。可以说，《国家职业教育改革实施方案》细则的落地，将会使我国高职院校进入发展的快车道，特别是重视校、企、行多元治理主体的深度合作与融合，使更多的社会组织和社会资源参与到职业院校办学中，在客观上奠定了高职院校"治理共同体"的基础，使协同治理成为新时代我国高职院校实现治理现代化的重要选择。同年，《教育部 财政部关于实施中国特色高水平高职院校和专业建设计划的意见》（教职成〔2019〕5号）掀起了我国高职院校"双高计划"的历史序幕。这是国家为了进一步落实《国家职业教育改革实施方案》，引导高等职业教育由"层次教育"向"类型教育"转变，并引领一批新时代职业教育现代化改革发展，建设具有世界水平与中国特色的高等职业院校，深化专业群的高质量内涵建设，为促进区域经济社会发展及提高国家职业教育核心竞争力，进而培养高素质技术技能型人才，实现高质量、高水平发展。因此，"双高计划"中，多元治理体系是前提，专业高质量建设是重要内容。

首先，在类型教育背景下，我国高职院校"双高计划"被视为本科学校的"双一流"建设，受到国内高职院校的普遍重视。高职院校在推进"双高计划"过程中，不仅要关注办学规模、专业结构、人才培养质量等微观要素评价指标，还应该着眼于区域社会经济发展与产业结构调整转型下的职业院校宏观层面建设。同时要从制度层面上加强与类型教育相匹配的高职院校治理体系建设，并准确定位其承担的教育类型，根据其治理体系方面的建设要求，遵循高等教育特别是职业教育办学规律，融合高等教育特性和职业教育特征于一体，全方位、多层次地推进高职院校的治理体系建设。在"双高计划"建设推动下，高职院校治理体系建设越来越需要最大限度地汇集社会优质资源，发挥社会力量办好职业院校的内生动能，而多元治理主体参与职业院校办学的全过程也成为"双高"院校建设的重要内容。在这个治理框架中，政府是政治主体，具有政治资源与经济资本优势；职业院校是教育主体，具有教育场域与文化资本；社会企业组织是市场主体，具有技术资源与人力资本；学生团体是时代主体，具有创新资源与自生资本，他们共同构成了类型教育背景下高等职业教育的治理主体。因此，构建电力行业产教融合共同体必须加强政府、电力行业、电力职业院校、电力企业等多元治理主体的深度合作，在积极落实以国家碳达峰、碳中和"1+N"政策体系为指引，统筹优质的职业院校办学资源，构建现代职业院校治理体系，实现电力类职业院校与行业企业等参与组织的"多赢"。

其次，专业（群）高质量建设是落实"双高计划"的重要内容。职业院校专业具有统摄功效。从宏观来看，专业包括专业（方向）设置、课程、教学、实训、师资、教材以及校企合作等内容，每一个构成要素的整合形成了完整的生态链，呈现出联动性与整体性的关系。从微观来看，专业仅仅就是专业（方向）的设置，往往要根据产业、行业和企业的发展而变化，呈现出方向性和目标性的特征。专业建设是职业院校高质量发展的血液，专业群是"双高院校"建设的重要载体。在"双高计划"建设中，深化专业（群）建设需要多元治理主体以区域社会经济发展与产业转型升级为契机，秉承共生共长、协同发展的理念，共同建设专业(群)。然而，以往校企合作也很重视专业(群)的建设，但是往往重视“框架式合作”“宏观性合作”，校企合作无法将专业建设从“表面”深入“肌理”，所以效果并不明显。为此，在推进“双高计划”建设中，电力类职业院校牵头成立电力行业产教融合共同体，从行业发展与职业院校育人的角度出发，坚守以高质量育人作为初衷与使命，开展多方位的校、企、行多主体深度合作，通过协同共建专业(群)，加强专业(群)立体化的产教融合，使专业、课程、教学、实训、师资、教材等内容都加强多主体参与协同共建，稳步推进产与教全面融合，以便形成“地方离不开”“业内都认同”“国际可交流”的职业院校，提升“双高院校”的整体质量与水平。

第四节　行业组织“规范性”需要建设共同体

电力产业是关系国计民生的基础产业，电力供应和安全事关国家战略安全，事关经济社会发展的全局。近些年，我国高度重视经济增长方式的转型，有计划、有步骤地推进“绿色发展”，并对能源电力产业发展提出了“推动消费、供给、技术、体制革命”的指导思想，以及“节约、清洁、安全”的能源电力发展方针。作为能源体系重要组成部分的电力产业也正在按照国家能源发展战略，坚持清洁低碳、绿色发展、智能高效、创新发展等发展方向，电力产业将呈现电力生产低碳化、电源类型多样化、电力输送超高化、电网管理智能化、电能使用高效化等特征。基于此背景，我国电力类职业院校坚持校企合作、产教融合，牵头构建电力行业产教融合共同体，着力通过共同体的构建进一步加强校、企、行合作的规范性，助力电力行业企业、职业院校高质量发展。

一、确立行业组织应尽职责的需要

改革开放以来，我国一直在处理政府与市场之间的关系、计划经济与市场经济之间的关系，在客观上促使我国政府职能由原来的“微观管理”转变为“宏观调控”，成为深刻影响我国经济社会各方面改革的关键领域，并且形成了“有限政府、间接管理、宏观调控”的政府职能转变方向。因此，政府需要落实好“放管服”工作，将原来政府应该负责的职能转移到其他部门和组织。在经济领域，政府将微观的经济管理职能转移给行业协会商会，实现从部门管理向行业管理的转变，被一致认为是公共行政改革的根本方向，政府职能转变的这一思路从理论上为行业协会商会的发展奠定了基础。

在此基础上，为了加强电力行业公共行政改革的深入开展，电力行业主管政府部门将部分职能转移到相关的行业协会中来，既可以解决政府在职能转变过程中找到自身发展的定位问题，也可以解决政府职能委托、授权、转移对象(行业协会商会)的职能定位问题。例如，在宏观层面上，成立了全国电力行业企事业单位的联合组织、非营利的社会团体——中国电力企业联合会。在微观层面上，在联合会的指导下，近些年各省(自治区、直辖市)政府、职业院校等组织也成立了相关的行业组织，包括广西电力行业协会、云南省电力行业协会、内蒙古自治区电力行业协会等，以及中国—东盟能源电力职业教育集团、重庆市电力行业产教融合联盟等都是电力类职业院校主体参与形成的行业共同体组织。

这些共同体组织的建立有效地加强了电力行业企业与职业院校之间的联系，促进校、企、行等组织合作，由职业院校牵头成立的电力行业产教融合共同体，就是承担原来电力主管部门的一些职能，加强行业内部之间的交流与合作，更好地弥补政府在“放管服”部分职责和任务的治理盲区。例如，在宏观层面上，1988 年由国务院批准成立中国电力企业联合会，其主要任务是为电力企事业单位提供服务，并协助能源部门和电力部门加强行业管理。2021 年 4 月，中国电力企业联合会第七届理事会成立，共有 1 196 个会员单位，其中 315 个理事单位(其中：常务理事单位 51 个，包括 1 个理事长单位、19 个副理事长单位)，881 个普通会员单位，设立 17 个专业分会、2 个专业委员会，代管 11 个全国性专业协会，成为电力系统最大的协会组织。在微观层面上，广西电力职业技术学院协同政、企、行等整合各方优质资源，聚焦能源电力产业转型升级需求，开发一批校企培训资源包和培训课程，积极推进电工作业实操考试示范基地、电力技术实训基地的高质量建设，为国家“双碳”目标，中国—东盟能源电力产能合作、新型电力系统及地方经济发展提供优质的人才培养培训服务，共同打造能源电力行业产教融合共同体。

二、发挥行业组织桥梁和纽带的作用

1999 年，国家经济贸易委员会(现为国家发展和改革委员会)发布的《关于加快培育和发展工商领域协会的若干意见(试行)》便将行业协会等组织的职能界定为“企业与政府之间的桥梁和纽带”，其中“桥梁”和“纽带”便成为行业类组织自我认识的标准社会意象。2007 年，《国务院办公厅关于加快推进行业协会商会改革和发展的若干意见》(国办发〔2007〕36 号)中再一次明确提出了积极拓展行会协会的职能，即“桥梁”和“纽带”。其中，“桥梁”侧重于打通行业组织之间交流、合作的通道，为其更好地交流与合作“架桥铺路”，呈现出“路径”之义，是硬件支撑；而“纽带”则侧重于为行业组织之间交流、合作提供必要的平台，依托平台发挥其行业组织职能，呈现出“方法”之义，是软件支撑。此外，《关于深化现代职业教育体系建设改革的意见》提出，支持龙头企业和高水平高等学校、职业学校牵头，组建学校、科研机构、上下游企业等共同参与的跨区域产教融合共同体。以上体现了为了发挥行业组织独特的作用，构建行业产教融合共同体，发挥其“桥梁”和“纽带”的作用。

第一，落实国家对于能源电力行业的政策与主张，促进行业组织的高质量发展。2020 年 11 月印发的《中共中央关于制定国民经济和社会发展第十四个五年规划和二〇三五年远景目标的建议》提出，加快推动绿色低碳发展。强化绿色发展的法律和政策保障，发展绿色金融，支持绿色技术创新，推进清洁生产，发展环保产业，推进重点行业和重要领域绿色化改造。推动能源清洁低碳安全高效利用，发展绿色建筑，开展绿色生活创建活动。因此，行业产教融合共同体发挥其行业组织“上传下达”的政策功能，依托行业组织共同体的平台，一方面将国家“双碳”目标等政策贯彻落实到行业组织内部的各个治理主体，以便实现政策从“文本”到“实践”；另一方面，要将行业组织中的最新动态、行业发展数据等信息上报给电力政府主管部门，以便为下一步电力政策做论证，同时凭借年度公布的行业动态数据，指导行业组织及时调整发展方向。

第二,发挥行业组织内部各个治理主体功能,挖掘彼此交流与合作的潜力。为了推进行业组织高质量发展,构建电力行业产教融合共同体,发挥内部各个治理主体功能,为彼此搭建交流与合作的"桥梁"与"纽带"便成为行业组织发展的应然选择。政府部门依托自身治理优势,为行业、企业、职业院校搭建产教融合服务平台,并在政策、资金、资源等方面予以支持;电力类职业院校依托教学优势、技术优势及人才培养的优势,担负着教学供给、技术供给和人才供给的任务,以便更好地发挥职业院校赋能行业发展的优势;企业则凭借实践资源、生产优势和办学资源,可以为职业院校提供实习、实训岗位、技术咨询以及先进的设备等;行业组织凭借行业地位发挥组织协调、资源配置、决策咨询以及定期发布行业有关数据的功能,助力企业、职业院校的合作。因此,构建并依托行业产教融合共同体,就是要将政府、职业院校、行业、企业等组织汇集在平台上,一方面,发挥各自的治理优势,以培养符合地方产业发展需要的职业人才为主旨,构建以职业院校为主体、企业积极参与、行业组织扶持、各级政府支持的多元主体参与的职业人才培养系统;另一方面,推动电力行业和企业高质量发展,提供人力资源支撑和技术转移供给,促进电力行业、企业在竞争力方面占据优势。

第三,发挥行业组织在职业院校高质量发展过程中的作用。对于职业院校而言,构建行业产教融合共同体是拉近行业企业与职业院校现实需求,为实现专业与产业对接、课程内容与职业标准对接、教学过程与生产过程对接牵线搭桥,以促进职业教育校企行合作的良性运转,行业组织发挥着"中介作用",构建共同体平台、汇集优质资源、牵头合作项目,推动校企合作、产教融合从理论到实践的落地。

三、调节共同体内部各组织之间的"群己关系"

共同体的不断壮大与发展离不开发展模式,发展模式是在共同体发展过程中正确处理好内部各组织之间关系的基础上形成的常态化的运行模式。一般共同体的发展模式,即从一个中心向不同方向放射出多条直线,那么这个中心本身就意味着全体的统一,它们共同汇集在同一个地方,那么它们也就在更大程度上履行了自己的自然使命,不论向内还是向外的行动,全体必然会要求它们相互帮助、共同活动。以往行业组织属于非营利的社会团体法人,没有政府强制性的治理权限,同时也像职业院校、企业等实体单位,在实践中往往被视为"中介机构",客观上其职能往往被弱化,加之我国行业组织存在着主体单一、制度不健全及后天培育和各种配套机制没有跟上等问题,行业协会的各项功能没有充分发挥,影响行业组织开展工作。

我国电力行业组织起步比较晚,现在已经发展成为政府电力主管部门和实体单位(企业、职业院校)之间的"桥梁",既可以协助政府实施能源电力方针政策,又可通过行业优势将行业企业发展的各种信息反馈给政府,为政府政策制定和决策实施提供借鉴;既可以为电力职业院校提供服务,又可对办学实体进行监督、评估,其作用不可低估。但是,共同体内部各组织职能、价值观、利益观存在差异性,如何调节共同体内部各组织之间的"群己关系",便成为行业产教融合共同体发展模式得以运行的保障。

第一,以"共赢"为价值理念,拓宽校、企、行多元主体深度合作。"共赢"是现代社会经济与商业活动的核心理念,是以平等的交往主体间的契约共识与互利合作为前提条件,同时也是处理人与人之间，校、企、行之间关系的一种公正态度。为此，构建行业产教融合共同体必须以各方的利益诉求为基础形成“七个共同”，即共同目标、共同价值、共同组织、共同建设、共同管理、共同分享、共同分担，以便形成矩阵化的行业产教融合共同体发展模式。

第二，以“机制”为运行保障，协调校、企、行多元主体之间的关系。以行业组织为依托构建行业产教融合共同体，是协调政府与行业、行业与学校、企业与学校、行业与企业之间关系，促进工学结合、产教合作的重要“纽带”与“桥梁”。凭借行业组织分担政府职能的功能，开展校、企、行深度合作，承担着制定和完善国家及行业标准、技术规范，参与行业质量认证和监管等重任，并且对本行业的经济发展态势、企业的经营状况和市场需求等进行全面的掌握和监控，为企业和学校等单位提供行业最新发展状况和市场需求预测等方面的信息，引导企业与职业院校的发展方向。但是，共同体内部各个治理组织往往基于“利己主义”而产生矛盾与冲突，影响到共同体的稳定性。因此，要构建行业产教融合共同体运行机制，特别是要以尊重各个组织的利益为基础，需要在平衡各利益相关者的关系中发挥作用，客观地处理好政府、行业、职业院校等参与组织之间的矛盾。

第四章　实践审视：行业产教融合共同体的现状与困境

第一节　产教融合生态供需不匹配与运行机制不顺畅

产教融合生态是产教各要素协同互动发展的生存关系和状态，良好的产教融合生态是实现产教融合发展的重要前提和基础，产教融合运行机制是促进产教融合生态优化的重要保障。构建产教融合共同体，是推进产教融合向更高层次、更广领域发展的重要举措。但综观各高职院校的产教融合实践，现阶段普遍存在产教融合生态不够优化、供需不够匹配与运行机制不够顺畅等问题。

一、产教融合生态供需不匹配

（一）产教融合生态体系建设不完善

生态原本是生物学名词，指的是生物在一定的自然环境下生存和发展的状态，它既包括该自然环境内各类生物的生存状态，也包括各类生物之间以及生物和环境之间环环相扣的互动关系。产教融合的生存和发展状态与自然生态有众多相似之处，产教融合也可以被理解为一种社会生态。在主体类型上，产教融合涉及政府、学校、行业组织、企业等不同性质的主体；在构成要素上，产教融合囊括了政策、行政、教育、科研、专业服务、生产经营等诸多元素。与产教融合紧密相关的不同主体之间、主体和要素之间、不同要素之间相互联系、相互作用，共同形成了一个复杂庞大的生态系统。然而，在当前的产教融合生态体系中，主体间的协同联动阻塞迟滞，要素间的协调互动分离不合的现象十分普遍，凸显出产教融合生态脆弱单一、体系建设乏力的现状，具体表现如下：一是基于产教融合的区域生态环境尚未形成。有的地方政府进行社会经济建设的理念落后，没有深刻认识到教育、产业、经济、社会之间的紧密联系，在产业发展规划上没有树立产教一体化的发展理念，在教育发展上没有树立大职教理念，统筹职业教育与产业行业联动发展不足，单一的职业院校和企业又缺乏推动区域产教融合生态环境建设的力量，导致产教融合区域生态环境难以形成。二是基于产教融合的产业生态环境基础薄弱。产业生产实践是职业教育专业建设的根本依据，当前国内大部分地方的产业生产并未与职业教育专业建设有效结合起来，没有充分发挥出专业建设与产业生产相互促进的协同效应。三是基于产教融合的人才培养生态环境仍需优化。在国家大力推进和深化产教融合的背景下，各地的职业院校与行业企业广泛开展了人才培养合作，但大多数人才培养项目仍局限于定向培养、顶岗实习等浅层次、短期性的合作上，人才培养生态环境建设仍需加快推进和落实。

（二）职教端与产业端的供需不匹配

可以说，职业教育供给端与产业需求端匹配不足仍是我国职业教育发展过程中普遍存在的一个"老大难"问题，主要体现在以下三方面：一是技术技能型人才培养供需匹配程度不足。为产业、行业发展输送技术技能型人才、促进行业产业高质量发展是职业教育的基本社会职能和重要使命，但当前职业教育培养的人才未能充分满足企事业单位的用人需求。在自动化、数字化和智能化设备大规模应用于企业生产实践的背景下，企业更需要高素质复合型、创新型技术技能型人才，而现阶段我国职业教育培养的高端技术技能型人才明显偏少、质量偏低，中低端技术技能型人才供给偏多，技术技能型人才供给与就业市场的人才需求存在结构性偏差。二是教育教学内容供需不够匹配。随着社会经济发展形势的加速变化，新业态、新岗位和新职业不断地增多，这在客观上要求职业教育加快专业更新，培养更多拥有新技术、新技能的人才，而职业教育专业目录更新迟缓，跟不上社会用人需求的变化，专业教学内容滞后，无法及时满足社会经济变化对技术技能型人才的新需求。不仅如此，在传统生产领域，新技术、新材料和新工艺的推广应用也呈加速状态，职业教育理应及时调整对应专业的教学内容，但很多职业院校都难以做到教学内容与岗位标准的同步对接。三是社会服务供需不够匹配。现代社会经济体系是一个复杂多元、变化迅速的系统，企业要准确应对风云莫测的市场变化，就需要包括职业院校在内的专业机构提供品牌建设、管理咨询、产品设计、技术攻关、市场营销等一系列专业服务。但由于我国大多数职业院校与市场、行业疏离，难以为企业提供优质的专业服务，因此为企业创造价值的能力偏弱。

（三）企业参与职业教育积极性不高

产教融合需要教育供给侧和产业需求侧两端发力、动力平衡，整体推进深度融合发展。但长期以来，行业、企业积极性不高导致需求端乏力的问题一直难以解决。校企合而不深、合而不融成为普遍现象，部分院校的合作甚至只停留在签订协议层面，企业参与不足，更谈不上深度融合。当然，从发达国家的经验和学理层面来看，人力资源的能力和素质是推动产业和企业发展的核心要素，只有拥有一大批高素质的技术技能型人才，才能增强产业企业发展的动力、活力和竞争力。但长期以来由于我国企业大多是从事中低端的劳动密集型产业，其技术含量不高，所需员工无须经过职业院校培养、培训，也能较快适应工作需要，因此对职业教育与产业发展的互动关系认识不足。另外，几乎所有企业都是以获得经济利益作为其所有活动的价值导向，而参与职业教育很难直接获得相应的经济利益，因此职业院校开展校企合作普遍存在"校热企冷"的现象。

二、产教融合组织功能不健全

（一）产教融合组织形态碎片化

组织是把人、财、物、信息等构成要素在一定时间和空间范围内合理配置，促成各要素协作并有效发挥作用的动态过程，它能使动态组织活动中有效合作的协作关系相对固定下来，形成相应的结构和模式，是产教融合共同体发展的重要组成部分和存在形态。生产上的高效与工作关系中人际关系的和谐至善是衡量组织形态的主要指标，组织形态是产教融合共同体发展和成熟的重要载体。职业教育产教融合共同体已经从政府的计划调控分化为具有自身运行特点又相互作用的多元复杂系统，产教融合共同体的组织结构多元化是其组织复杂的重要原因。政府、学校、企业、非政府性社会组织和学生（家长）等构成了职业教育产教融合组织形态的基本单位,他们在职业教育产教融合发展过程中具有影响教育公共决策、凝聚参与主体多元诉求、动员社会参与及培养人才、服务职业教育和经济社会的重要作用。产教融合管理体制缺少组织机构的系统设计,未达到有序、可持续发展状态,行业企业和职业院校大多未成立产教融合的专门管理机构,职业教育产教融合共同体各参与主体缺乏互动与协作的纽带,法律法规没有对行业企业参与产教融合的强制性规定。随着市场经济的发展,很多行业的管理部门多作为民间组织,地位职能弱化、管理力量薄弱,难以履行行业管理的职责,在产教融合方面更难有所作为。职业教育产教融合组织形态出现碎片化的原因如下:一是职业教育产教融合共同体组织的建立和发展因主体的异质性,致使主体缺乏发展职业教育产教融合的主动性和自觉性;二是职业教育产教融合组织发展处于无序状态,主要原因是统一、完善的实施规范尚不健全,缺乏有效的激励机制和发展章程等;三是职业教育产教融合共同体是涉及多个代理主体的组织和协作机构,参与主体存在利益博弈、缺位、越位等不良现象,缺乏有效的协同机制;四是职业教育产教融合共同体的参与主体权限和角色定位也不够清晰;五是职业教育产教融合共同体缺乏有效的组织创新。组织管理和组织创新的深度是推动组织发展和判断其成熟与否的标准。但目前,在职业教育校企合作、产教融合中,组织管理和组织创新的深度普遍不足,导致目前产教融合呈现局部化、碎片化、浅表化和短期化特征,未能实现深度落实和可持续发展。

(二)行业协会功能缺失

行业组织在产教融合中发挥着产业和教育两端之间的中介作用,在产教融合中理应既是“桥梁”和“纽带”,又是“领航员”和“监督员”。但是,从实际情况看,并非如此。很多行业协会直接从政府相关机构转变而来,经过多年发展仍难以摆脱行政路径依赖,对政府具有较强的依附性和依赖性,自主发展能力较弱,自身面临生存危机,存在变相行政化、职能模糊、“异化”风险等问题,有的甚至成为“僵尸协会”。由于行业协会存在这些自身内在问题,加上政府赋权机制不明晰等缘由,其在职业教育与产业融合发展中虽然有角色定位、功能义务,但权责不对等、赋权不明晰,造成其角色定位冲突、可有可无、无足轻重的尴尬地位。而高职教育和产业又属于性质不同的组织类型,在隶属关系、组织架构、组织文化、管理模式、价值追求等方面都有明显的异质化特征,要有效地融合发展,亟待行业组织发挥“桥梁”和“纽带”作用。但现实中,由于政府还没有充分清晰地赋予其在产教融合发展中具体的跨界整合、协调、引导、联合、评价、标准制定、监督等权利,这就使得高职教育与产业融合发展的有效度受到影响,也在一定程度上导致高职教育人才培养供给侧和产业需求侧在结构、质量、水平上无法完全适应,“两张皮”问题仍然存在。

三、产教融合运行机制不顺畅

(一)缺乏刚性法规,产教融合难以保障

近年来,国家虽然出台了《国务院关于加快发展现代职业教育的决定》(国发〔2014〕19号)、《国务院办公厅关于深化产教融合的若干意见》(国办发〔2017〕95号)、《职业学校校企合作促进办法》等一系列关于深化产教融合方面的政策文件,鼓励和支持高职院校与企业进行合作,推动产教融合,国务院颁发的《国家职业教育改革实施方案》再次强

调促进产教融合校企“双元”育人，但这些政策文件主要以意见和办法为主，其主要功能也只是从宏观层面对产教融合发展提出原则性和指导性要求。由于没有上升到法律层面，对推进产教融合发展缺乏刚性法规和能够落地实施的具体办法与操作细则，参与产教融合各方的权利和义务难以保障，高职院校拥有的政策工具缺乏法律层面的操作性。审计等政府部门还要对学校办学等方面运用规范行政机构的方式进行考核，在一定程度上限制了学校法人对集团（联盟）化办学的深入开展，导致产教融合较多地停留在表层，难以进一步深入下去。究其原因，主要在于体制机制的约束，现有体制限制了校企合作中利益相关者的利益诉求和分配，在很大程度上束缚了学校开展产教融合、校企合作的积极性和创造性。产教融合是双方乃至多方的融合，而职教集团（联盟）的组成单位大多是独立法人，有各自不同的组织性质和利益诉求。对学校来说，作为高职教育产教融合的关键一方，其办学性质更大程度上属“公”，办学过程中所需的教育经费都来自国家财政拨款，而参与校企合作的企业是不能直接从学校获得相应经费补偿的。同时，校企合作还牵涉股权分配、人事交流、国有资产管理三大关键问题。相关政策文件缺乏操作层面行之有效的规定，缺乏有效实施的法律制度保障，并且对于人事交流、国有资产管理更是少有提及。此类问题得不到有效解决，校企合作只能停留在表面的“契约式”阶段，无法向深入的“法人型”阶段转换，导致职教集团（联盟）办学过程中校企只是各取所需，组织结构松散，机制无法长期深入实施。此外，在产教融合共同体建设中指导、监督、管理、协调方面存在缺位的现象，未能起到对学校、行业组织、企业参与产教融合共同体的组织和引导作用，校企合作运行机制存在不适应外部环境变化的现象。

（二）共享机制不健全，产教融合发展力度不强

根据有关学者的研究，目前不少高职院校在促进成果和资源共享的机制方面还是不够健全，影响了产教融合发展的强度。高职产教融合的共建、共享机制是指多元主体间共享合作成果及共有资源的相对稳定的分配方式和配置方法。由于共享机制的不健全，高职产教融合中的共享层次和深度不够，利益相关方参与动力不足，投入资源相对偏少，导致产教两端长期处于关系松散、融合水平不高的状态。第一，没有形成稳定的投入产出体系，无法保障预期收益的有效达成和合理分配。高职产教融合参与方包括政府、行业、企业、院校等，其中院校和企业是主体。政府在产教融合中的投入主要是政策供给，行业的投入主要是信息和组织协调，高职院校的投入主要是场地、设备和人力资源。各参与方投入之后，产出的可共享资源分配却具有很大的不确定性。例如，培养的人才和产出的科技成果，难以稳定地保证规格和质量，分配具有随机性和流动性。第二，缺乏共享资源建设的长效安排，更多的是关注眼前利益的短期行为。一些地方政府和体制内的行业组织受任期、认识、权力等因素制约，往往更注重眼前的政绩和社会影响，对高职产教融合的长期发展缺乏耐心和投入。企业行为主要基于成本收益的考量，社会责任感难以激发其持续的参与动力，而深度的产教融合要产出高质量的可共享创新资源和成果，需要企业持续投入大量的资金成本。但作为多数高职院校主要合作对象的中小微企业一般无力承担，也不愿意承担，他们往往更加注重短期利益，以获取廉价的实习劳动力和稳定的毕业生为主要诉求。第三，没有建立实体化运作载体作为共享的依托，难以实现产教两端的一体化推进。当前，高职院校与企业的合作主要靠领导关系对接，靠契约形式落实。高职院校由于受办学自主权有限、顾虑国有资产流失风险等因素的制约,企业由于受教育市场准入规则、交易规则、退出机制和投入回报机制不健全等因素的影响,大多未能共建产权清晰的产教融合实体化运作载体,导致产教两端一体化开发应用、成果转化的产业化链条不健全,推进产教融合混合所有制改革也一直停留在探讨阶段。

(三)激励机制不到位,产教融合发展深度不足

有关调查研究表明,目前我国高职教育与产业的融合发展大多还是以浅层次的面上合作为主,产业的优质资源要素还没有全方位、全过程对接高职教育发展和人才培养的过程元素,产业链、创新链、教育链、人才链还没有达到有机衔接的程度。究其原因,一是缺乏科学、统一的产教融合绩效考核标准。产教融合缺乏明确目标和标准的引领,各产教融合主体对其产教融合的考核评估尚处于“各自为政”状况。二是缺乏具体的激励细则。国家虽然出台了包括企业税收减免等多项产教融合政策,对行业企业参与产教融合发展提出政策性资金奖励、财税政策优惠减免、金融扶持政策倾斜、社会荣誉表彰等方面的指导性意见措施,但对具体的激励内容和幅度等规定不明确,难以落地落实,企业的利益无法获得保障。三是未建立第三方评价机构。约束机制缺位,对高职院校和行业企业双方参与产教融合缺乏硬性约束,基本上属于软性引导性的约束,产教双方参与产教融合主要是自觉自愿行为,有随意性和随机性,“人情化合作”烙印明显,随着双方负责人的变动而变化,影响产教融合发展的持续性和深度化。因此,产教双方参与产教融合的内生动力不足、积极性不高,影响了产教融合发展的持续性和深化度。

第二节　产教融合模式不清晰与资源不对等

一、产教融合模式不清晰

新时期构建职业教育产教融合共同体,要求深化职业教育改革,转变传统办学和育人模式,打造更具有开放性、多元性、社会性的人才培养体系。但就职业教育的办学现状而言,基于产教融合的人才培养体系仍不健全,职业教育人才培养体系开放性不足,未能充分发挥出企业的育人主体作用。产教融合模式是实现产教融合“融什么”“怎么融”等内容、要素、载体、路径、方法的总和,是体现产教融合深度、广度及成效的关键要素。产教资源是实现产教融合的重要基础和依托。但有关调查研究发现,目前各高职院校仍不同程度地存在产教融合模式不够清晰、产教两端资源不对等问题,制约了产教融合的深入推进。

(一)人才培养目标不清晰

《国务院办公厅关于深化产教融合的若干意见》(国办发〔2017〕95号)特别强调,统筹职业教育与区域产业发展布局是产教融合的一个重要发展目标。但目前从整体来看,部分职业院校人才培养模式未能跟上地方经济结构调整的步伐,专业人才培养的目标定位不够清晰,语言描述模糊。以财务管理专业为例,大部分职业院校对该专业人才培养目标大多采用“具备良好职业素养”“掌握企业会计操作流程”“可在集团公司、银行等单位从事财务管理的人才”等语句描述,人才培养目标定位没有与市场需求高度结合,过于空泛且难以实现。与此同时，大部分职业院校人才培养目标在培养规格上区分度较低。当前，职业院校培养的人才在知识能力与职业素质等方面的要求趋向统一，倾向于理论型人才培养。因此，部分学生只重视专业理论学习，不够关注专业技能的提高。另外，职业院校过度强调能力本位，忽视学生创业精神与创新能力的培养，不利于提高学生的综合素质，这也是当前职业院校人才培养目标定位中的突出问题。

（二）专业结构与产业需求失衡

根据有关研究，由于受多种因素的影响，目前仍有不少高职院校的专业结构、人才规格与地方产业结构存在不平衡状态，教育链、人才链、专业链与区域产业链、技术链等发展不协调。高职教育供给与地方产业需求存在结构性矛盾，突出表现为院校专业结构同质化比较普遍。一方面，相当部分高职院校多趋向于走“大而全”的办学路径，综合性高职院校遍地开花；另一方面，即使是专门化学校也存在同质化现象，这种专业设置同质化发展难以满足当地产业高质量发展的需要，也是对教育资源的极大浪费，而且导致高职院校间的恶性竞争，最终只有少量的高水平高职院校或高水平专业群能与当地的大型企业或行业获得稳定的合作发展机会，多数高职院校只能与行业或一般性企业处于松散的产教融合状态，在优质产教融合企业相对较少的情况下，同类专业高职院校间竞争极其激烈。与此同时，专业发展前瞻性欠缺、高水平专业积累不足、专业品牌意识不强等问题也限制着高职院校的办学水平，影响着高职院校对行业企业参与合作的积极性，专业结构失调导致产教融合长期处于松散状态。

（三）课程内容滞后于职业标准

当前，不少职业院校在专业课程体系建设方面仍存在缺乏系统性的问题，部分课程内容重复、滞后。与此同时，相同或相似的课程内容在不同课程中反复讲授，加之学生真正动手操作的机会较少，多数是被动地学习理论知识，降低了学生的学习兴趣。在高职学生中，部分学生是从中职学校升学而来的，而当前部分高职院校课程内容与中职学校课程内容重复，这些重复的课程内容浪费了这类学生的学习时间。在专业实训课程体系方面，我国大部分中职学校在专业实训教学上投入了较多的精力与时间，目的是提高学生的技能水平，促进学生就业。但当这部分学生进入高职院校学习后，往往需要花费较多的时间用于理论学习，从而对实践课程的学习造成了一定的影响。同时，实习教学环节设置也不够科学，而且大多数中职学校与高职院校的专业实训课大多在校内进行，学生上岗操作的机会较少，实训课程教学体系仍有待完善。除此之外，当前大部分职业院校课程内容与职业标准对接不够，这进一步影响了职业院校的人才培养质量。职业教育课程内容体系与行业标准对接不紧，不仅影响了技术技能型人才的培养效果，而且也阻碍了职业教育的长远发展。

（四）产教融合模式单一

要实现产教融合这一目标，关键在于“如何使产业与职业教育两者融合为一”。然而，由于产教融合模式中校企主体在利益出发点、内部结构及运行机制等方面存在着不对称性，因此产教融合还没有达到理想的状态。一方面，产教融合模式单一化，忽视教育功能和社会功能相融合。现有的产教融合模式集中在技术研发合作模式和实体共建合作模式上，过于强调经济利益在校企之间的分配权重，而忽视职业教育的教育属性，即使是产教融合视域下的人才培养合作模式也存在着唯企业依附论的误区,将人才培养片面地理解为服务企业岗位的技术需要。这种唯企业需要的人才培养模式实质上是一种片面的"技术融合"论,而非以育人为核心的全方面融合,背离职业教育的初衷,制约人的全面发展。另一方面,在合作内容上不够深入,不够系统化与具体化。职业教育产教融合模式重在以育人为核心的结构性融合,既包括管理、机制、体系等管理结构之间的融合,也包括专业与行业、课程与岗位、设备与资源、师资培养与技术培训、技术研发与技术变革等内容结构的全方位融合。然而,现实中产教融合体系中出现了系统混乱、合作模糊等问题,导致内容结构上的不对称,致使产教融合内在结构的错位和不对称。其中,系统混乱集中体现在融合过程中缺乏顶层设计和运行机制,导致融合的无序、杂乱;而合作模糊则集中体现在融合指标不具体、过于抽象,导致融合浮于表面、可操作性不强。

二、产教两端资源不对等

实现职业教育端与产业端的资源整合是产教融合的重要内容,也是深化校企合作的现实基础。但由于产教资源共享机制不畅通等因素,产教资源难以融合。

(一)产教资源共享机制不畅通

产教深度融合迫切需要校企促进优势资源的整合共享与优化配置,通过统一协调的、自觉的整体行动进行优势互补,形成共同育人的紧密组织。但目前高职教育与产业之间的资源共享机制主要是基于项目合作框架协议的一种契约式安排,还没有建立基于深度信任、功能优势互补、全方位对接、协同发展的制度性、长效性资源共享形式和组织形态。因此,高职院校的资源优势与企业的资源优势在合作共享中发挥不充分,对接不畅通,限制了高职教育与产业融合发展的广度。资源依赖理论认为,组织是一个开放的系统,没有任何组织赖以生存和发展的资源能够自给自足。通常这些资源组织自己不能生产,必须与周围环境进行互动,才能达到生存目的。基于资源互通角度,高职院校与企业本质上分属于不同的社会组织,价值取向各异,两者合作的目的在于互补性资源的共享。职业院校与企业本就是一个基于资源互补的链式战略联盟,职业院校能从企业中获得资金、场地、先进的技术技能、设施设备等硬件资源,企业能从职业院校获得人力资本、科研支持、技术服务等软件资源。基于此,产教融合的基本形式与质量保障就体现在教育资源与产业资源的高度整合,资源是否互通与共享决定了产教融合成效的高低。但审视当下职业教育的产教融合,由于缺乏资源互通配套的政策机制,因此校企资源共享受限。这一点在师资力量的整合优化方面尤其明显,如工程技术人员和能工巧匠如何走进职业院校充实"双师型"教师教学创新团队,由于缺乏政府刚性的约束或机制推动,很难达到利益与风险共享、共担的理想效果。

(二)产教资源共享不对称

从理论上分析,职业院校拥有技术资源、人才资源、科研资源、专业服务资源等优势资源,企业拥有市场资源、岗位资源、生产资源、资本资源等优势资源,实现双方优势资源的整合和互换应该是一件难度不大且互利双赢的事情。但由于校企在理念和认识上存在因沟通衔接不畅形成的诸多误区,高职教育与产业之间的人才、知识、信息、技术、工艺流程、管理、品牌等"软资源"与设施、设备、场地、产品、平台等"硬资源"之间共享互通的程度既不全面,也不够畅通,资源的双向流通在空间横向和时间纵向上都共享不足。例如,职业院校为企业培养适销对路的技术技能型人才一向被视为校企合作得以实现的重要基础,企业也确实有储备技术技能型人才资源的现实需求。然而,很多职业院校囿于办学实力和教育质量,可能无法培养出令企业满意的后备人才。即便职业院校有能力培养出足够优秀的技术技能型人才,但其毕业生的就业去向又受个人意愿、父母意见、薪资待遇、工作环境等诸多不可控因素的影响,有可能根本无法为企业所用。再如,企业拥有的技术熟练的工人和生产线能够帮助职业院校开展学生实习实训,这通常也被认为是职业院校有必要与企业开展合作育人的重要原因。但实际情况是,现代企业的生产过程是高度专业化和片段化的,技术熟练的工人所掌握的技术往往只适用于产品生产的某一个环节,具有很强的片面性,可能无法满足职校学生全面掌握某一项技术或技能的实训教学要求。职业教育端与产业端所拥有的资源本就在数量和质量上参差不齐,加之种种现实因素的制约,常常使得产教融合、校企合作过程中的资源整合变得困难重重。

第三节　服务产业能力不强与国际合作程度不高

一、产教融合行业服务能力不强

服务行业产业发展是高职教育的重要职能,也是高职教育深化产教融合的关键前提。但当前,作为产教融合供给侧的高职院校共享资源和能力明显不足,与产业需求侧的期待和要求还有一定的差距,对企业的吸引力和影响力不强。

(一)共享资源与研发能力不足

高职教育的师资科研能力还不能很好地解决行业企业的技术难题,科技研发能力、管理咨询水平和科研成果转化率还不高,教师与行业企业人员合作研发新产品、新工艺的数量不多,已经成为制约高职院校深化产教融合的“老毛病”。由于高职院校办学历史积淀普遍薄弱,作为其主要收入来源的生均拨款长期以来较低,硬件资源条件的现代化、先进性水平并不高。生师比不达标、“双师素质”教师比例和高级职称教师比例过低等问题依然存在。高职院校现有的教师队伍不仅专业能力与水平不能适应产业升级、技术发展的要求,支撑高水平技术技能型人才培养的能力不足,而且还存在严重的缺编等问题。《2021 中国高等职业教育质量年度报告》发布的数据显示,2021 年仍有 200 多所院校专任教师到编率不足 80%,部分院校生师比超过 30∶1,既难以有效保障专业教学质量,也制约科技研发和社会服务的能力和水平。根据对各高职院校质量年度报告“服务贡献表”的综合分析,2021 年全国有近 70%的院校社会服务收入不到 100 万元,其中横向技术服务到款额为 0 元的占比将近 40%。技术服务能力总体欠缺的现实,成为高职教育与产业发展有机衔接、深度融合的最大短板。

(二)产教融合平台服务内容薄弱

当前多数产教融合平台在建设过程中,都只是简单地将产业与教育相加,并未充分考虑到“融合”,部分职业院校与企业将产教融合平台看作是一个简简单单的资源共享平台,对产教融合平台内涵的认识严重不足。一些职业院校更考虑自身利益,想从产教融合平台获取资源,将自身放到了产教融合平台建设的主导地位,认为企业只是起到辅助作用,缺乏对企业的支持与服务,导致一些企业逐渐丧失参与产教融合平台建设的热情,产教融合平台难以持续纵深发展。产教融合平台建设是为了满足企业与职业院校双方的利益需求,也就是满足企业的用人需求,以及职业院校培养学生、提升职业教育能力的需求。但是,从当前产教融合平台建设状况来看,双方需求都未得到充分满足,多数职业院校想从产教融合平台中获取人才培养所需资源,缺乏对企业发展需求的考量,缺乏对企业的服务与协同,这就造成了产教融合平台对产业发展与人才之间关系的忽视,职业院校人才培养不能与时俱进,不能满足企业发展的需求,最终造成产教融合平台服务功能不能充分发挥出来。

(三)技术技能型人才流动不畅

高端技术技能型人才共享是提升高职院校产教融合行业服务能力的重要基础。但现实是职业院校与企业之间尚未形成良性的人才流动机制。在校企合作育人中,职业院校专业教师和企业实习实训导师共同承担着育人职责,那么作为实习实训导师的企业技术人员理应参与到职业院校人才培养计划和方案的制订过程中来,如此才能保障实践教学环节的质量。但在当前的职业教育体系中,企业技术人员缺乏参与职业院校人才培养工作的途径和机制。企业高级管理人员、技术人员、能工巧匠到高职院校兼职参与专业建设、实践教学、人才培养的数量、比例、时间等普遍偏少,主要还是局限于业余的项目研讨、讲座报告等形式。再加上师生数量较多,除假期和周末外,教学资源普遍紧张,可共享的时间有限,对企业的贡献度和吸引力不大。

(四)人才培养质量与产业需求有差距

高职院校培养的技术技能型人才质量和层次与产业迈向中高端的发展需求有差距。由于生源质量、师资水平、办学条件等客观因素的制约,在高职院校为产业体系源源不断地输送大批技术技能型人才、做出重要贡献的同时,不可否认的是其人才培养的目标、定位、规格及毕业生的职业素养、技术技能水平等还未能很好地满足产业转型升级和创新发展的需求。其毕业生的技术技能水平与企业的需求还有较大差距,特别是职业素养、工匠精神方面差距明显。根据有关学者对部分区域的调查,企业对在职的职业院校毕业生的整体满意度一项,选择非常满意的占比不足20%,而选择一般和不满意的比例却占将近30%。

二、产教融合国际化程度不高

(一)国际化办学理念滞后,配套政策不足

《教育部 财政部关于实施中国特色高水平高职学校和专业建设计划的意见》(教职成〔2019〕5号)对提升高职教育国际化水平提出了明确要求。随着“一带一路”倡议受到沿线越来越多国家的支持与参与,跨国产教融合校企合作正面临新的环境和形势。许多高职院校逐渐意识到在办学过程中加强国际化建设的重要性,积极拓展国际合作渠道,在服务中国企业“走出去”方面发挥了积极作用。但也存在国际化办学理念滞后和配套政策不足的问题。一是理念滞后。部分院校对经济社会发展形势认识不足,对开展国际合作认识存在误区,认为开展国际合作是极少数院校的“专利”而不是发展大趋势,职业院校的国际化、开放性程度不足。面对跨国、跨境产业链、供应链融合发展对人才培养的新要求，目前部分职业院校的办学理念相对滞后和单一，产教融合国际化办学理念较为欠缺，跨国院校合作双方如何开展人才共享、资源共享、技术共享、文化互补，如何开展行业产业职业培训及跨国技术服务、科研成果转化等一系列问题迫切需要解决。二是配套政策不足。实施跨国产教融合校企合作缺乏系统的政策体系支持，相关配套政策滞后，无法为职业院校的跨国产教融合和国际化人才培养提供全方位的政策支撑。一方面，大多数高职院校培养的学生对于理解与沟通跨国文化等国际化综合素养没有进行良好的培育，大多数选择被动式的国际化发展。另一方面，近些年来许多高职院校在校内建立了部分国际化的工作机构，但在学校层面里，没有制订相关的保障措施，尚未完善相关国际化发展策略、规划与国际化工作机制，很难把产教融合国际化发展融入实际的工作中。

（二）跨国产教融合共同体建设创新不足

构建跨国产教融合共同体是实现产教融合国际化的重要依托，但从整体来看，目前许多高职院校存在跨国产教融合共同体建设创新驱动不足的问题。一是开展国际合作办学的高职院校偏少。根据有关学者对部分区域高职院校国际化合作办学情况的调查研究，开展实质性国际化合作办学的高职院校占比不足10%，而且与东盟国家的合作居多、各自为战居多，合作方式大多依赖政府推动来实现，主动拓展合作途径、合作项目的较少，“基层创新”不足。对经济发展新模式、新业态、新技术探索对接不足，还没有真正形成通过跨国产教融合驱动技术技能型人才培养的职业教育创新。二是企业在跨国产教融合共同体中的主体地位没有真正确立。一方面，由于不同国家教育政策差异、职业教育水平不同、职业教育体制机制不同，在一定程度上抑制了职教联盟协同创新活力。另一方面，跨国产教融合共同体是产业行业和教育资源的有机结合，跨国产教融合共同体的建设从构建到审批、成立、发展再到政策调整，周期较为漫长，而现阶段跨国产教融合共同体建设的重点仍局限于高职学校的学生留学、文化交流、职业教育培训等领域，在探索服务区域经济发展路径、建立人才培养国际化标准等方面仍然存在不足，制约了职教联盟协同创新作用的发挥。

（三）产教融合国际化层次低

目前大多数高职学校的国际合作主要还是停留在签订合作协议、互派留学生、师生互访等低端层次上。在教师出国培养方面，因自身综合素养限制，所去国家不多且落后，基本没有太多双向互动。在交换生培育方面，许多学生的家庭条件不允许学生出国交流很长时间，在开展形式上大多以项目培训、体验式的夏令营等短期出国交流形式为主，大部分学生没有远赴海外长时间居住学习的机会，缺乏特色化与主题性的项目培训。在引进海外教师方面，与国外高校及企业的合作模式缺乏创新性，大多数高职院校聘请的国外教师大都是语言类专业的教师，相关专业性较强的外教聘请比例极低，海外人才与归国博士的引进及政策力度不够大。在留学生方面，由于家庭环境影响，大部分学生只能参与一些短期留学培训，无法有效地获取高质量的专业技术培训。在产教融合国际化水平提升方面的课程设置不够明确，缺乏针对性的人才培养策略，校内的课程内容和专业设置与企业所需求的综合型复合专业技术人才素质不能完全契合。而且，存在人才供给与企业战略需求、国内外市场环境、当地政策等不匹配情况，部分项目在合作过程中出现的人才培养质量不达标、规划项目未落实、合作效益不显著、跨国协调不顺畅等问题比较突出。

（四）国际化师资力量薄弱

在“一带一路”背景之下所开展的产教融合国际化教学改革当中，高职院校的教师起着重要性的作用，并且对于教师的教学素养要求也更高，这样才能够培养出高素质的国际化技术技能型人才。然而，高职院校的师资力量比较薄弱，缺乏优秀的教师团队，虽然目前的高职院校大部分教师都是研究生，具有比较扎实的理论知识，但是对于有关国家的贸易规则、经济文化、法律法规等方面的知识以及外语能力等还是比较欠缺，跨文化交流方面的实力不足，影响了产教融合国际化的深入推进。

（五）产教融合国际化质量评价亟待完善

目前，在我国的职业教育对外开放过程中，已有不少高职院校实践了多种职业教育产教融合国际化的合作方式和模式。如广西农业职业技术大学与老挝、越南、印尼、缅甸等国家合作共建现代农业科技示范基地，输出农业技术和教育技术；柳州城市职业技术学院与柬埔寨国家技术培训学院共建“中国—柬埔寨联合实训基地”，与老挝甘蒙省职业技术学院等共建“中国—老挝鲁班工坊”；广西机电职业技术学院搭建“一带一路”暨金砖国家技能发展和职业技能标准的国际合作平台等。这些合作项目输出了中国的职业技术和教育服务，带动了“一带一路”沿线国家互学互鉴、合作共赢。构建科学严谨的职业教育产教融合国际化发展质量监测指标体系，成为提升产教融合国际化水平的前提。

第五章　困境突破：构建行业产教融合共同体的对策研究

行业产教融合共同体是行业产教关系发展到高级阶段的产物，是产教融合不断深化的必然结果。新时期构建行业产教融合共同体不仅是顺应职业教育客观规律和时代发展的集中体现，也是支撑产教融合迈向更高水平的重大举措。推进产教融合共同体建设工作，应在把握其建设要素的基础上，针对产教融合共同体建设过程中存在的问题，不断探索和创新产教融合共同体的建设路径。

第一节　产教融合共同体构建的逻辑思路

与传统意义上的工学结合、产教结合相比，产教融合共同体是职业教育产教融合在更高层次、更大范围上的整合和贯通，是教育与产业的战略性联盟。构建产教融合共同体能够将职业教育供给端与产业需求端融为一体，打造横跨教育与产业两大领域的现代教育体系。而要构建产教融合共同体，必须先明确其建设的逻辑思路。

一、产教融合共同体构建的落脚点：人才培养和技术服务

从改革开放初期国家在职业教育发展政策中明确提倡工学结合，到近年来国家要求职业教育深化产教融合、校企合作，培养适应产业发展需要的技术技能型人才始终是产教融合的政策主线。《国务院办公厅关于深化产教融合的若干意见》（国办发〔2017〕95号）把“促进人才培养供给侧和产业需求侧结构要素全方位融合，培养大批高素质创新人才和技术技能型人才”作为全面深化产教融合的指导思想，将“校企协同，合作育人”作为全面深化产教融合的原则和目标。《国家职业教育改革实施方案》明确指出，要促进产教融合、校企“双元”育人。由此可见，培养高素质技术技能型人才是国家赋予职业教育产教融合的重大使命，是产教融合实践的根本任务。因此，新时期构建产教融合共同体的目的就是更好实现校企共同培养适应产业需求的技术技能型人才。为此，首先应严格将培养高素质技术技能型人才作为落脚点。以产教融合的方式培养高素质技术技能型人才，要紧密遵循两方面的逻辑：一方面，培养的技术技能型人才与产业需求相适应。促进人才培养供给侧和产业需求侧结构要素全方位融合是深化产教融合的重要指导思想，表明基于产教融合的人才培养必须高度关注人才对产业需求的适应性。产教融合既是确保技术技能型人才培养与产业需求相适应的逻辑思路，也是实现技术技能型人才培养与产业需求相适应的实践路径。另一方面，要严格贯彻落实校企共同培养的教育方案。国家在新时期职业教育改革任务中，把促进产教融合、校企“双元”育人并列提出，说明深入推进校企共同培养人才是深化产教融合的重要指向。校企共同培养人才既不是以学校为主，也不是以企业为主，而是双方主体共同发挥育人主体作用，实现全方位“双元”育人。其次，通

过构建产教融合共同体,整合各方优质资源,建立技术开发与应用创新研究中心,围绕企业关键技术问题进行联合攻关,为企业提供技术服务。

二、产教融合共同体构建的支撑点:资源共建共享

从国家政策层面来看,促进教育领域与产业领域的资源共建共享是深化产教融合的基本要求。《国务院关于加快发展现代职业教育的决定》(国发〔2014〕19号)明确要求推动职业院校与行业企业共建技术工艺和产品开发中心、实验实训平台、技能大师工作室等;《国务院办公厅关于深化产教融合的若干意见》(国办发〔2017〕95号)鼓励职业教育通过引企驻校、引校进企、校企一体等方式,吸引优势企业与学校共建共享生产性实训基地,支持职业院校加强校企合作,共建共享技术技能实训设施;《国家职业教育改革实施方案》要求职业院校健全专业教学资源库,建立校企共建共享平台的资源认证标准和交易机制,进一步扩大优质资源覆盖面。从现实实践层面来看,促进教育与产业资源共建共享也是职业院校和企业建立产教融合共同体的客观需要。在学校方面,各级政府的政策支持、办学场地的空间资源、把产业需求转化成教育标准的能力、充沛的技术技能型人才等都是高职院校所拥有的,能够为企业创造巨大价值的优势资源。在企业方面,雄厚的资金和生产资源、敏锐把握市场需求的信息资源、前沿的生产技术和工艺、产品的设计和研发能力、企业文化资源等则是职业院校培养高素质创新型技术技能型人才非常需要的资源。职业院校与行业企业之间优势资源的互补性,以及由此带来的潜在互利价值,正是产教融合共同体构建的重要逻辑基础和支撑点。

三、产教融合共同体构建的突破点:多方深度融合

高职教育产教融合是多元主体共同参与、跨界整合的复杂过程,是促进教育链、人才链与产业链、创新链有机衔接,最终形成高职教育和产业统筹融合、良性互动发展格局的系统工程。现代系统理论强调,系统是事物存在的方式,其基本特征是整体性、关联性、等级结构性、动态平衡性和时序性等,在与外部环境的物质、能量和信息的交换中,需要针对环境的实际情况做出反应、调整和选择,使内部子系统潜在的发展能力充分释放出来。高职教育产教融合是一个开放的生态系统,符合系统的基本特征,作为系统主体构成部分的高职院校和产业融合发展的相关方进行信息、资源、技术、技能、人员等的交换和交流,并根据高职教育发展趋势的变迁和产业发展环境及规律的变化进行相应的动态调整。这样,产教融合系统相关子系统的潜能才能不断得到释放,作用才能充分发挥出来。因此,推进高职产教融合发展,必须树立开放的、系统的思维,不能在高职教育体系内部孤立地谋划发展和合作,要与区域经济和产业发展同步规划,系统化构建目标一致、优势互补、功能衔接、紧密有序的产教融合格局。因此,要真正实现职业教育产教深度融合,必须突出"融"字,只有职业院校和企业实现了全方位、深层次的相互融入、连为一体,产教融合才能真正发挥出应有的作用和价值,创造出更大的社会效益和经济效益。为此,构建职业教育产教融合共同体,应将加强多方深度融合作为核心突破口,充分聚合各方的利益诉求,以"利益和愿景融合"作为"产教融合"的基础,把产教融合贯穿于主体发展的全环节和全过程。一方面,要加强教育与产业的多方深度融合。各级地方政府应当把产教融合发展

纳入社会经济发展规划,促进区域职业教育立足本地支柱产业、优势产业升级需求以及特定产业转型需求开展技术技能型人才培养,以产业链为依据建立链式专业群,创新人才培养模式,改革教材教法,使产业标准进专业,生产方式进课堂,持续推进教学与生产的融合。另一方面,要加强学校与企业的多方深度融合。职业院校和企业要建立产学研共同体,在生产、教学、科研等各个方面达成深度合作关系。通过建立产学研共同体,校企可以共建共享集生产经营、人才培养于一体的生产性实训平台,实现生产和教学"两不误"。依托产学研共同体,职业院校可以承接企业的服务需求以及技术攻关需求项目,在提升学生技术技能实操水平的同时,逐步形成特色化科研优势,主动向社会输出高技术含量的专业服务。

第二节　健全长效运行机制,优化产教融合生态

从主体行为动机的角度剖析,"共享难"是影响高职产教融合和各参与主体动力的重要因素,是制约高职产教融合推进成效的关键瓶颈。因此,要切实推进产教深度融合,首先必须破解"共享难"困境,通过健全产教融合长效运行机制,不断优化产教融合的生态系统。

一、健全产教融合长效运行机制

(一)探索产教有机衔接机制

综观德国、日本等发达国家的产教融合,其共同点都是专业教育与产业需求无缝衔接。要实现高职教育与产业的融合发展,必须融合高职教育供给侧和产业需求侧结构要素,强调技术链和创新链、人才链和创新链的对接与耦合,健全产教有机衔接机制,有利于全面对接产教结构要素,夯实融合发展密度。一是专业体系与产业链衔接。专业体系紧密对接行业技术链和创新链,专业设置和动态调整要依据产业的升级发展、技术的更新迭代、创新的深入等,专业建设内容涵括技术链和创新链的要素。二是课程与生产管理过程衔接。校企共建课程体系,引入行业企业技术技能资源,使其符合行业产业发展、技术进步和社会转型要求,体现技术研发和生产过程要素的协同发展。三是实训体系与生产实际衔接。与优势企业携手共建共享生产性实训基地,强化基于生产过程和解决实际问题的实训实践教学,共同培养满足行业企业实际需求的技术技能型人才。四是教师与企业人力资源衔接。高职院校注重教师服务区域发展的应用研究和技术创新能力的提升,行业企业增进人力资源对高等职业教育规律的了解,双方健全"共聘共用"制度,促进双方人才基于相近层次水平和共同事业目标的长效合作。五是校园文化与产业文化衔接。高职院校校园文化对接产业优秀文化,建设产业场景式教学场域,融入优秀产业文化要素,潜移默化地发挥育人功能,培养接地气的产业人才。通过这些具有产教结构要素的实质性有机衔接,夯实全方位融合发展的紧密程度。

(二)优化产教资源共享机制

高职教育与产业融合发展的资源共享机制是指利益相关方和参与方,特别是校企双主体之间,将各自拥有的优势资源与功能深度协同与集成,实现资源有效流动和功能互

补。优化高职教育与产业融合发展的资源共享机制,有利于集聚政、行、企、校多方资源,拓展融合发展的广度,打破各自领域资源的封闭性,进行多方双向开放共享,提升资源集约化使用的效能,避免资源浪费,节省运营成本。高职教育与产业要素资源共享务必注重发挥市场配置资源的基础性作用,明确双方各自拥有的"软资源"和"硬资源"相关要素共享的成本和效益分担分配方式,加强资源共享的能力建设和平台建设。第一,加快推进高职教育"放管服"改革,给予高职院校非基本公共教育资源的自主配置权,提升高职院校资源的质量水平和建设能力。第二,加强产教融合师资队伍建设,提高教师的科技研发能力和解决实际技术问题的能力。第三,支持行业企业技术和管理人才到高职院校兼职,继续深入推进产业导师制度,鼓励将企业技术、信息、文化等要素带入高职教育的专业、课程、课堂中去。第四,打造产教融合资源共享信息服务平台,运用大数据、云计算等信息技术,建设市场化、专业化、开放共享的政行企校信息服务平台,向产教融合发展相关主体提供精准化信息发布、检索、推荐和相关增值服务。第五,加强产教融合技术技能实训基地建设,集聚相关方的人才、技术、管理、资金等资源优势,持续同步更新设备设施,进行平台共建共享。

(三)建立行业赋权机制

行业组织在推进产教融合发展中具有合作指导、信息供给、协调沟通、对接供需等独特的中介桥梁和纽带作用,但由于种种原因,目前行业组织在产教融合发展中发挥的作用十分有限。政府主管部门应通过对行业组织的"放管服"改革,对其在产教融合发展中的角色确权赋能,建立相应的职责和权力清单,进行产教融合职能衔接,并通过信息公开创新监管方式,通过规范监督提升服务标准等措施,完善其对应职能的财政补贴和收费等利益补偿机制,充分发挥行业组织的应有职能和独特作用。具体来讲,通过对行业赋权的制度性安排,一方面,行业要积极融入高职院校治理结构中,加入高职院校理事会,参与其产教融合发展的制度决策和项目安排等。另一方面,行业协会要利用自身由相关相近产业的企业成员构成的组织优势,集合产业现状大数据、发展趋势、企业诉求、行业标准等信息和知识优势,提供专业化服务,减少"信息不对称",降低"交易成本",积极引导企业对接高职教育的相关结构要素,促进产教紧密联结、精准耦合,增强融合发展效果。

(四)完善激励约束机制

激励约束机制包括激励和约束两个子机制,正向激励、反向约束两个方向集中同向发力,共同激发高职教育与产业的内生动力,促进两者深度融合发展。从完善正向激励来看,一是完善政策供给和措施配套。把深化产教融合作为落实结构性减税政策和推进降成本、补短板的重要举措,国家层面已有明确要求,现在的重点是省、市层面要出台落实落地的细则和法规,把政策要求和导向落到实处,这也是产教双方期盼和呼吁多年的心声。二是优化高职教育拨款机制。高职教育拨款机制对高职院校办学最具实质导向性,要完善"学生数总体拨款+竞争性项目经费"拨款方式,将产教融合的绩效评价、适应社会需求评价等作为重要拨款依据,发挥基础性导向作用,激发高职教育进行产教融合发展的根本动力。三是加大"产教融合型企业"建设推进力度。通过政策引导、项目资金奖励等,推进产教全方位全要素对接的"产教融合型企业"建设。四是鼓励行业企业力量举办和参与高等职业教育。通过购买服务、委托管理等方式积极探索行业企业举办和参与高等职业教育的途径。五是激发高职院校科研人员和企业技术人员参与产教融合的主动性和积极性。保障校企科研人员依法取得的科技成果转化奖励不受绩效工资基数和总量限制。六是加大奖励和宣传力度。评选省、市两级政府性产教融合贡献奖和年度影响力人物等，对积极参与产教融合并做出积极贡献的单位和个人从精神和物质上给予奖励，同时对积极参与产教融合并做出积极贡献的单位和个人的事迹大力宣传，形成深化产教融合的良好社会氛围。从反向约束来看，主要是要建立问责机制，对弄虚作假骗取财税金融用地等优惠的单位和个人进行追责，对产教融合规划、政策不落实、不作为的部门进行通报问责等，从而激发各产教融合主体的内生动力，提升融合发展深度。

（五）健全外部保障机制

高职教育与产业融合发展中长期存在“两张皮”和“校热产冷”问题，关键在于产教自身根本属性的诸多差异，融合之间存在结构性障碍和道德风险，亟待通过健全外部保障机制，突破结构性障碍风险。一是健全产教融合法律法规，确立产教融合的法律地位和责任。国家层面应加快制定《产教融合促进法》，配套修定其他法律等；省级层面加快制定出台产教融合、校企合作相关法规条例，而非相关意见和办法。要从法律的权威性体现产教融合的强制性，明确界定产教融合各方主体的法定义务和权利，有机整合高职教育的公益属性和产业相关方的利益属性诉求。二是各省、市切实落实同步规划产教融合与经济社会发展，统筹职业教育与区域发展布局。三是健全社会第三方评价，营造产教融合的积极氛围。健全产教融合效能评价体系，强化评价结果运用。引导社会积极支持产教融合发展，宣扬肯定产教融合的发展成绩和典型事例。四是建立健全高职院校理事会制度，积极推进体现产教融合发展的学校治理结构改革。引导政府部门、行业、企业、科研机构等多方参与内部治理，在教育教学改革、人才培养全过程中融入产业优质元素。五是健全利益分享和风险分担机制，消除产教融合相关方参与的后顾之忧。产教合作产生的相关效益按照项目，根据投入和贡献比例进行分配，保证各方合理利益共享。

二、优化产教融合生态环境

新一轮科技革命和产业变革，要求现代化职业教育体系和产业体系构建开放创新复合多元的生态系统。高职产教融合生态系统是一个基于多元主体要素的空间分布、能量流动和资源循环的生态系统，具体来说，它是多元主体之间合作所形成的资源共享和循环的功能单位，可将其视为在一定区域和产业范围内，主要在企业与院校之间及其发展生存的社会环境中，通过资源的交流共享、内生升华、转化应用而相互影响、作用的有机整体。产教融合共同体涉及政、校、企等多元主体参与和政策、资金、文化、管理等多要素协同作用，这些元素共同构成了产教融合共同体存在形态和发展方向的生态环境。新时期构建职业教育产教融合共同体，必须从全局着眼，系统解决产教融合生态脆弱单一、体系性不强等问题。

（一）以共赢共享目标为指向，激活行业产教融合动力系统

美国社会心理学家库尔特・勒温的场动力理论认为，主体行为产生的决定因素是内部需要。这一理论启发我们，从内生性角度研究企业参与产教融合的内在动因与切实需求，更符合企业行为逻辑与参与过程的内在必然性，也是破解企业参与产教融合动力不足

难题的逻辑起点。产教融合是加速汇聚产业转型升级的核心要素、加快建设科技和人才引领的现代化产业体系的关键机制。从国家战略的宏观视角来审视，高职教育与产业协同发展，以共赢共享目标指引为方向，能够化解高职教育闭门培养技术技能型人才不适应市场需求和产业增强核心竞争力但急缺高技能型人才支撑的困境，同时整合双方的科技研发人才和技术技能积累资源，发挥协同效应，为产业体系的整体优化和向全球产业链中高端迈进汇聚动能。这既能促进高职产教融合发展目标的实现，也能彰显高职教育和产业这两类主体存在的社会价值和意义。无论从高职教育的创新发展来看，还是从产业转型升级实现创新驱动发展的角度来讲，开展协同创新都是融合教育供给侧和产业需求侧动力要素的理想选择。高职教育与行业、企业协同创新，将创新要素融入产业链，把高职院校科研人才的创新能力、创新成果以及培养人才的技术应用能力、产品开发能力转化为产业发展的现实推动力，与产业自身的创新能力、创新要素相结合，可以形成促进产业转型升级和创新发展的驱动力。行业、企业与高职教育协同创新，将创新要素和需求要素融入教育链，把产业最新发展趋势、动态信息、技术进步、工艺流程改造、产品研发、人才需求等转化为高职教育的创新资源和动力，双向整合、互相激励、协同推进，形成以创新为核心的价值链，既可以有效解决各自发展中的难题，又可以增强产教融合的内生动力。

（二）以共用共享能力建设为基础，打造高质量资源生态供应链

能量流动和物质循环是生态系统的基本内在特征。同样，作为高职产教融合生态系统的主体功能单位，人才培养供给侧的高职院校和产业需求侧的企业之间合作形成资源共享循环也是系统的基本内在要求。然而，高职院校共享资源和能力不足是导致产教融合层次和水平不高的根本症结所在。因此，优化高职产教融合生态系统，首先就要树立开放系统思维，以产业需求为引领，以共用共享能力建设为基础，打造高质量产教融合资源供应链生态。一是要大幅度提升高职院校教师的科技研发和管理创新能力，为行业、企业提供高水平的科技人才和智力资源。要强化“双师”队伍建设，坚持引培并举，在强化现有教师的学历提升、技术研发能力培养的同时，尽可能地提供有吸引力的待遇条件，从行业、企业引进科技研发能力突出的技术技能骨干和经验丰富的管理骨干到高职院校任职，充实师资队伍，整体提升高职教育师资实力；要提升教师为行业、企业提供技术攻关和创新研发服务、引领技术前沿发展的能力，促进高水平科技科研成果的转化和产出，形成创新能力和创新要素供应链，支撑产业高端化发展。二是要提高教育供给侧和产业需求侧的要素整合能力和协同育人能力，促进校企共同制订人才培养方案，共同开展人才培养实践，切实培养一批高素质的应用型、创新型、研发型技术技能型人才，形成人才供应链。三是要提高高职院校硬件资源建设层次、质量和水平，与企业共用共享。高职院校要通过提升自身“造血”功能，多渠道筹措办学经费，按照系统设计、标准提高、功能提升的原则，对接产业新要求，及时对现有设施设备、实训场地、教室、场馆等可共用共享的硬件资源进行升级改造，形成硬件资源供应链。四是与行业领先企业协同开发智能化、数字化的先进技术标准课程资源库、培训资源库和职业标准体系，与行业、企业职工学习培训共用共享，形成学习培训资源供应链。通过创新能力和创新要素供应链、人才供应链、硬件资源供应链、学习培训资源供应链的系统整合和有机融通，形成高质量高职资源生态供应链。

（三）以共治共享机制优化为关键，构建深度融合的产教共生系统

从生态学的视角来看，基于互益性是生态系统内共生主体和谐共存、恒久服务的必然要求。高职产教深度融合也是一个共生系统，能否形成各集聚主体间的互益共生生态与共治共享机制密切相关。从现实情况来看，一方面，高职教育经过21世纪以来的规模化发展，为我国高等教育迈入普及化做出了重要贡献；另一方面，高职教育供给的扩大，也加剧了产教供需两侧的结构性矛盾。总体来说，在高职产教融合系统中，高职教育的发展滞后于产业技术和模式创新的迅猛发展，长期以来，高职院校一直处于“跟跑”阶段，产教两端处于“点对点松散合作”状态。因此，迫切需要以产教融合打破高职教育的封闭式办学格局，形成服务发展、开门办学、开放共建、协同创新的办学模式，以共治共享机制优化为关键，构建深度融合的产教共生系统，使高职院校与产业体系从“跟跑”到“并跑”，再到“抱团跑”，为产业体系实现创新驱动发展和转型升级迈向全球价值链中高端提供有力支撑。首先，要完善共同治理机制。高职院校要建立健全由行业、企业作为重要主导的理事会，共同决策发展规划、专业设置、师资建设、人才培养、创新研发、成果转化、社会培训服务等重要事项，与产业发展体系协同目标、协同资源、协同共享，建立以行业企业为主导、校企人才资源为支撑、产业关键核心技术攻关为中心任务的产教融合发展机制。其次，在共治共享机制有效运行的基础上，强化产教共生系统创新要素、人才要素、资源要素的集聚合力和增值效应。通过高职院校办学模式的改革创新和办学核心要素的重新组合，以及企业的产品研发、管理流程再造等，校企以共生思维形成价值共同体，将产教共生系统内的信息、数据、知识、技术、人才、课程、产品和服务等打造成与区域产业体系有机衔接的创新资源供应链，共同创造更大的社会价值、经济价值，不断提升可持续发展的核心竞争力，增加融合发展的红利和共生发展的效益。

（四）以共建共享价值导向为核心，创新产教融合实体化载体建设

综观高职院校产教融合、校企合作的实践探索，目前主要有“低、中、高”三个层次：低水平的合作是“点对点”参与模式，如企业为学校提供实习实训场所，学校承担企业的研发项目等；中等水平的合作是“面对面”的项目渗透模式，如引企入教、校企互聘、订单培养、现代学徒制等，主要围绕人才培养形成合作域；高水平的合作是“一体化”融合模式，如共建产教融合平台、混合所有制办学实体等。其中，高水平的“一体化”融合模式是高职产教深度融合发展的方向，这种模式下可建立集聚人才培养、技术转让、项目牵引、研发合作等功能多元复合的市场化运行载体，是合作层次最高、最为紧密的长期模式，也是企业可获得稳定预期利益的一种共建共享模式，最能激活企业参与产教融合的动力。高职院校要在共享理念指导下跨界整合，联合利益相关方，融合教育供给侧和产业需求侧资源要素，以共建共享价值导向为核心，进行协同建设，不断提高和升级产教融合校企合作的层次和水平。高职教育系统拥有相对完善的教育教学体系、“双师型”师资人才、教育培训设施设备场地、大批量技术技能型人才供给、应用型科技成果等资源，产业系统拥有先进敏捷的生产经营管理体系、与市场同步的最新设施设备、符合市场需求的产品工艺、高水平管理和技术人才等。这两者在共同目标追求下集聚双方各自拥有的优势资源，同时融入信息、知识、文化等软要素，协同建设共享、共用的设备持续更新、技术技能持续积累、管理理念水平持续改进的产教融合实训基地、资源互通平台、混合所有制产业学院等。通过这些实体化、市场化、专业化的产教融合载体建设，将产教的多元主体、多维要素、多重环节进行链式融合，集合人工智能、数字化技术形成创新生态，实现优势互补、功能整合、整体优化，共同提高生产要素聚合效率和效益，将高层次的产教融合打造成为经济高质量发展的新引擎。

（五）以共存共享政策协同为重点，整体优化共性制度供给环境

制度既是导向，也是规约，是产教融合两端的指挥棒和驱动力。深化和优化高职产教融合生态系统，要以共存、共享政策协同为重点，加快产教融合微观层面的关键共享制度供给，整体优化共享制度供给环境，为政府、行业、企业、学校、研究机构等多元主体深度参与产教融合创新实践，加快从低、中层次的校企合作走向高层次的一体化融合发展提供坚实的共性制度保障。一方面，以制度创新、共存共享为导向，实现产教融合制度体系的具体化，突破政策落地“最后一公里”的壁垒和障碍。以理性务实的态度和协同共享的发展理念为指引，统筹国家层面和地方层面的政策对接，厘清制度盲区和无法落实的根源性问题，建立正面和负面清单制度，定期梳理发布“财政+金融+税务+土地”组合式激励政策和优惠措施清单及问题清单，强化产教融合制度体系的落实、落地。另一方面，在产教融合型城市、产教融合型行业、产教融合型企业试点实践的基础上，探索建立基于共存、共享发展导向的产教融合生态评价体系。评价体系要分类设定，体现导向性、多元性、创新性、科学性和客观性。评价结果要纳入政策反馈和更新，作为地方政府、行业、企业和高职院校综合发展考核依据的一部分，强化督促落实和优化改进。此外，还可以借鉴德国的协调性生产体制经验，优化产教融合共存共享政策的协同实施，减少多元主体的趋利有限理性和市场环境的不确定性、复杂性的影响，形成有序有效的制度执行环境和市场环境。产教融合的多元主体很难自发产生共存、共享行为，这就需要政府和行业组织的协调和引导，规避市场失灵、政策失灵现象和政策激励下的逆向选择、道德风险，促进制度环境的整体优化和制度导向效应的持续强化。

第三节　以共同愿景为引领，搭建产教深度融合平台

一、凝聚产教融合共同愿景

从命运共同体的视角来看，产教融合就是要使产业部门和职业教育部门形成相互依存、相互促进、共同发展的共生关系。产业部门和职业教育部门拥有共同的愿景、利益和文化，是产教融合共同体的基本要求和特征，产教融合共同体能够实现产业部门与教育部门两个组织的一体化，企业积极深度参与是关键。以往行业、企业之所以在产教融合过程中不愿意发挥主体作用，根本在于其未能与高职院校就共同愿景达成一致。因此，要真正实现产教深度融合，除出台相关的法律法规，明确企业参与职业教育的激励政策和强制性规定外，还要深入挖掘产业部门与职业教育部门的共同愿景。共同愿景指的是被产教融合多元主体所接受和认同的长远目标和宏伟蓝图，是产教融合多元主体持续行动的内在动力，是建立在共同目标、价值观和使命感相一致基础上的远大理想。共同愿景既是各主体深度参与产教融合的基础，也是产教融合最深远的目标与最持久的动力。随着产业转

型升级，企业的利益诉求已经从单纯地依靠人力资本获得经济利益，转变为更加注重通过技术改进、工艺变革、产品研发、职工培训、社会声誉提升等方式获得长远发展。但多数职业院校在产教融合中依然只聚焦于为企业培养技术技能型人才这一点上，技术研发、产品开放、咨询服务、成果转化等社会服务职能未能充分发挥，开展社会培训与技术服务的比例也不高。高职院校这种单向式的服务，缺乏对利益共同体的关照和思考，自然也不能获得行业企业的认同。为此，职业院校需要不断跟上企业变革的步伐，不断挖掘潜力、提升能力，找准学校在产教融合命运共同体中的价值，明确自身在产教融合中的角色和定位，通过加强科技开发与科研成果转化等途径，利用高职院校的科研平台和科研团队，为企业提供智力支撑，帮助企业解决部分技术难题等。在这一过程中，高职院校科研团队也提升了科研能力和水平，增强了科研转化的积极性，实现经济效益、社会效益和教育效益的共同提升，以此强化校企对共同目标的认同，形成内化的共识，最终达成共同战略与一致的行动意向。

二、搭建产教融合共同体平台

搭建具有校企平等话语权的产教融合平台，是实现产与教真"融"、真"合"的关键。平台通过整合不同参与主体的资源，可以有效实现信息资源对接共享，达成少数高职院校或企业无法达成的目的，有利于统筹协调和服务地方经济。平台可以依托互联网大数据技术建立，包括产教融合沟通协作平台、资源共建共享平台、实习实训平台、信息服务平台、科研成果转化平台等。深化产教融合促进教育链、人才链与产业链、创新链有机衔接，政府、院校、行业和企业要打造产教对接、人才供需、技术服务的产教融合创新长效机制。不仅要解决政府、学校和企业之间存在的利益诉求冲突，更要发挥地方政府、企业、学校、行业协会各方面的优势和作用。在完善体制机制有效促进深化产教融合的基础上，通过面向市场，服务产业，形成产业、行业、企业、职业、专业"五业联动"。构建战略共同体、治理共同体、育人共同体、利益共同体和文化共同体是产教多元合作主体之间形成命运共同体，从而建立共同愿景，实现多元互动，强化感情纽带的有效路径。

（一）构建产教融合战略共同体

战略共同体是平台。新产业、新业态、新技术和新模式层出不穷的新经济时代，对职业教育提出了新要求，促使高职院校必须遵循开放办学的基本思路。为了更好地把握科技与产业技术需求，面向未来产业需求提前布局专业，高职院校除对自身进行各个层面的系统性变革外，还必须与政府、产业等组织形成战略共同体，才能快速提高应对产业技术变革的竞争地位。产教融合战略共同体就是政府、高校、行业、企业、研究机构等基于统一的战略意图达成一致的战略目标，有效协同多方力量而形成的新型跨界战略协同组织。战略共同体处于产教融合命运共同体的基础层次，为命运共同体与经济社会互动搭建了战略平台，政校行企多方主体应对各种外界环境的变化，产生适应性机制，并不断适时调整内部主体之间的战略。战略共同体要基于战略共识和信任关系，以战略目标规划为前提，才能建立起快速的战略反应机制、共享的战略协同机制和创新发展的支持机制。

（二）构建产教融合治理共同体

治理共同体是手段。推动管理向治理转变是高职教育的转型探索之路，也是实现教育治理能力现代化的内在要求。产教融合命运共同体,也同样面临治理能力现代化的问题。在产教融合命运共同体中,多元主体都拥有自己的利益视角、主观认知和行动逻辑,必将面临矛盾、冲突等诸多问题。如何实现权力在不同主体之间的分配和平衡,以切实规范权力运行和形成合力,才能充分发挥多元利益相关者在产教融合命运共同体的作用,是构建治理共同体要深入思考和解决的现实问题。治理共同体是指多元治理主体拥有一致的治理理念,遵守统一的治理行动,治理目标为实现产教融合治理现代化。它是一种复杂的有机治理集合。通过构建治理共同体,克服传统明显的"单中心主体"弊端,增加社会力量的参与与融入,实现政行企等多元主体的合作共治转向。治理共同体将多元治理主体的意志情感相统一,建立起集体的价值信仰、认同感和制度规范,将其内化为外在行为,通过转变治理模式来协调集体行动,最终实现产教融合治理效能的最大化。

(三)构建产教融合育人共同体

育人共同体是目标。教育系统实行以育人为目标的发展策略。学校是一个培养人才的组织,这是学校区别于其他组织的重要特征。因此,产教融合的目的既是为了更好地为产业服务,也是为了提升高职院校人才培养质量,从而实现高职教育的育人目标。为了形成更加多样化和个性化的人才培养模式,培养出具有跨界整合、创新创业能力的复合型人才,高职院校要充分挖掘产业组织在技术技能型人才培养和人才资源开发中的资源优势基础上,与之进一步形成育人共同体。所谓产教融合育人共同体,指的是依托政行校企合作平台和合作项目的有效运行,依据科学的人才培养规律和规范的合作育人制度,由政府、学校、行业、企业等多元主体组成的学习共同体和实践共同体。育人共同体的建设,需要充分发挥政行校企的优势资源,建立起合理的合作育人规划和有效的合作育人机制,才能实现理论知识和实践技能的相互融通与跨学科知识的交叉融合,培养出满足社会所需的高质量专业技术技能型人才。育人共同体是对传统人才培养模式的创新,通过高职院校教学与企业生产两种场域的切换,促进学生将学习世界和工作世界有效连接。一方面,有利于促进理论知识和实践技能相结合,满足人才培养与社会需求有效对接和学生职业化的内在需求;另一方面,有利于转变教师"纸上谈兵"的教学方式,培养有实践经验支撑的双师型教师,在产教协同育人中获得专业成长,以适应产业需求侧的变化。

(四)构建产教融合利益共同体

利益共同体是物质纽带。根据利益相关者理论,利益相关者对组织的发展影响巨大。在产教融合命运共同体内,考虑多元主体的利益诉求和满足方式,是使其获得可持续发展和繁荣不息的重要保障。高职院校在产教融合实施过程中,既要积极关注学校自身发展和人才培养,还要充分考虑相关合作主体的利益诉求,关注如何趋利避害与和谐共存,努力实现双赢或多赢的目标。利益共同体明确了利益相关者在办学和协同育人中的权利义务,通过规章制度、协议等促使政府、高校、行业、企业、研究机构在利益追求方面实现最大化和共赢。寻找多元主体的利益契合点,形成以利益资本为纽带的良性稳定和可持续的互动状态,并进一步构建起全体成员共建、共享的"利益共同体"。

(五)构建产教融合文化共同体

文化共同体是精神纽带。文化是一种维系多元主体的核心纽带,涉及价值观、意识形态、组织制度等各类精神生活。文化共同体使产教融合各主体主观上相互认同,并且产生一种亲密感和集体归属感。维系共同体内部成员关系的纽带一般可分为三类，即利益、制度和文化。产教融合命运共同体是共同体演化进程中的高级阶段，除通过物质利益诉求和组织治理制度进行联结外，还必须有伦理、情感等文化上的精神维系。因此，文化共同体指的是社会文化、学校文化和企业文化等相互融通，在求同存异的基础上形成共同文化，充分发挥共同文化的价值整合与结构整合功能，从而共享文化价值理念，推动个体与组织的可持续发展。只有形成了产教融合文化共同体，才能使产教融合真正具有凝聚力、生命力和创造力。

第四节　创新育人模式，推动专业链与产业链融合发展

一、对接区域产业需求，优化专业结构

高等职业教育产教融合是一个逐步发展的过程，高等职业院校集群发展需要保持教育系统内部结构之间的动态平衡，高等职业院校集群与产业集群之间的融合也需要实现动态平衡，这种动态平衡体现在专业结构与岗位结构、专业规模与产业需求数量之间的平衡。区域产业及产业集群是各学科、专业的汇集地，也是各专业人才的集聚区。高职院校要认真对照所在区域的主导产业、新兴产业、职业教育办学环境，分析自身办学基础与专业特色，进行专业结构调整，促进专业供给与产业需求的动态平衡；将产业契合度作为专业设置和评价的指标，围绕区域产业发展，增设与区域产业相关度高的特色专业。高等职业教育与区域产业融合发展首先要落实专业建设与区域产业的融合，专业结构布局与区域产业融合要坚持全面服务产业发展的功用主义标准和服务学生发展的人本主义标准的统一，设计总体框架，从高等职业教育专业的人才培养规模、结构和质量与区域产业的人才需求结构的匹配程度来衡量专业布局的合理性。区域高等职业教育与产业集群的专业融合可以是多所高职院校集群模式，也可以是高职院校构建区域性高职教育专业联盟，在与产业集群融合发展的框架内考虑专业结构上的宏观整合，各高职院校专业结构与产业集群错位融合与对接，在发挥高职院校各自优势的基础上实现专业融合，从专业供给总量是否能满足区域产业需求、专业结构优化是否符合产业发展的战略需要、专业人才培养质量是否达到科技发展和产业创新的标准及要求来衡量专业的融合度，推进高职教育专业布局的动态优化。高职院校根据自身资源优势，结合产业集群技术升级趋势、集群核心业务的战略发展、产业革命的新挑战，与产业集群联盟开发和建设新的专业，使高职教育紧跟产业发展趋势。

二、优化课程教学生态，促进产教融合共长

（一）建立“四新”课程教学内容体系

课程是开展教育教学活动的依据，是实现人才培养目标的直接载体和关键要素。课程教学内容是构成高职课程教学新生态的基础，也是催化人才成长的重要基因，课程教学内容的性质和质量决定人才培养的类型层次和规格质量。由于高职教育是服务学生就业和职业发展的教育，高职课程教学肩负着培养学生就业所需的职业能力和素质的功能，优

质的高职课程内容应及时紧跟行业产业技术发展和知识更迭的需要,及时将行业产业的新技术、新工艺、新标准和新要求等“四新”元素融入课程内容体系。为此,在学校层面应成立课程建设指导委员会,系统推进和指导学校课程教学改革,并建立由课程负责人、职业教育专家、企业技术骨干组成的课程建设团队,构建课程建设动态调整和优化机制。每完成一轮课程教学周期都应开展至少一次课程内容优化调研活动,定期对课程内容进行不断优化和升级,校企共同编写紧跟产业技术发展的活页式教材。同时,应对接新时代全人教育、终生教育的要求,突出立德树人的课程教学核心功能和价值追求,更加注重和加强思想道德教育课程、法律法规教育课程以及创新创业教育、劳动教育、思维与工作方法教育、人文素养教育、艺术教育等课程体系建设,尤其要强化课程思政建设,注重融入对学生“家国情怀”和“工匠品质”的培养,形成有利于促进人才成长的教学内容基础生态,满足课程教学生态主体所需的各种养分,以确保人才培养的规格品质和正确方向。

(二)搭建“六化”课程教学平台

课程教学平台是高职课程教学生态的有机组成部分,其功能主要是为课程教学提供物理支持。高职教育的实践性、职业性和应用性等特征决定了其课程教学应依托相应的平台。可以说,在信息技术飞速发展并与职业教育教学融合不断加深的背景下,搭建课程教学平台是高职院校实现高质量和高效率教学的重要基础。加强与行业、企业以及有关教育服务机构的合作,聚合各方利益诉求,聚集各方优势资源,搭建具有“六化”功能的课程教学平台,即课程教学内容项目化、教学资源可视化、教学手段仿真化、教学方式混合化、学习场域泛在化和评价方法过程化。为此,要充分利用信息技术、互联网+等现代教育技术,按照实用性、多样性、简约性、形象性和趣味性的原则,重点针对课程教学中“进不去、看不见、摸不着、难理解”的内容进行可视化、模块化和结构化建设,使之成为能够满足新时代学生自主学习、泛在学习和终身学习需要的“进得去、看得见、摸得着、能学会”的教学资源,形成有利于学生随时随地在课程教学平台进行相关知识学习和技能的反复操作训练的教育生态系统。

(三)完善满足“四个学习”需要的课程教学环境

课程教学环境是指能够满足学生、学员自主学习、泛在学习、远程学习和全天候学习等“四个学习”需要的环境。随着国家终身学习体系的构建和高等教育大众化的普及以及高职的扩招,学习对象多元化、差异化带来学习需求的多样化、个性化等将是高职教育的新常态。完善满足“四个学习”需要的课程教学环境是适应以上新常态要求的有效措施。为此,应依托信息技术和互联网技术等现代教育技术构建的技术环境以及相关技术覆盖下的空间环境,包括在线学习课程平台、有线/无线网络基础设施、数字化智能监控反馈管理系统等要素。根据教育生态环境具有的系统性、自然性、协调性和融合性等特征,坚持学校主导、企业协同、多元建设、融合互通、开放共享的原则,加强与有关企业合作,加大投入力度,形成“教学应用全覆盖、学习应用全覆盖、数字校园建设全覆盖”的“三全”课程教学环境,满足学生和学员时时可学、处处可用的个性化、自主化、灵活化学习的需要。

(四)健全“四个”课程教学建设机制

课程教学新生态是一个复杂的有机系统,要确保课程教学新生态有序良性互动发展,必须健全和完善相应的制度和机制。为此,一是建立课程教学生态建设研究机制。建立课程教学新生态建设研究中心，以此为平台组建一支高水平的专门化、专业化研究团队，围绕课程教学新生态建设的实质、目标、标准、要素和机制等关键问题进行系统深入研究。同时，采用立项方式对课程教学新生态建设的有关问题进行专项研究，以便为教育行政管理部门和高职院校顶层规划、系统设计课程教学新生态建设提供依据。二是建立人才需求调研机制。课程教学新生态建设的根本是育好人才、育全人才，社会发展需求、人才内生要求是人才培养的目标，也是课程教学新生态建设的方向。因此，高职院校应制度化地建立人才需求调研机制，定期对行业产业发展及其人才需求的规模和规格质量进行调研，以此为基点不断调整和优化课程教学新生态各要素。三是建立人人育人机制。教育生态系统最重要的特征是育全人、全育人，即学校的所有工作都应围绕培育人的全面发展而进行全要素育人、全员育人、全方位育人和全过程育人，形成人人育人、处处育人、时时育人的教育生态环境。充分挖掘和发挥各部门及教职员工在育人工作中的各自优势、潜能和作用，实施"四对接"工程，即校级领导对接二级学院、中层干部对接专业、党员对接班级、教职员工对接宿舍学生，明确职责，强化激励考核，每年开展"双全"（育全人、全育人）育人案例和育人楷模评选，同时，每个专业要聘请一名以上优秀校友或劳模、能工巧匠担任工匠品质和能力培育导师。四是建立文化育人机制。文化对人的影响是深刻的，要增强教育生态的育人功能，必须加强对文化育人体系的设计，围绕立德树人根本目标，聚焦家国情怀培养和工匠品质培育，以营造良好的教风学风为基础，增强文化育人的针对性和实效性。

三、创新人才培养模式，确保产教两端的供需匹配

（一）推行"项目化+混合式"教学模式

项目化教学侧重于教学内容的改革，混合式教学侧重于教学手段方法的改革。"项目化+混合式"教学模式是最能体现高职教育特点的教学模式，也是最能有效提升高职教育教学效率和质量的教学模式。

1. 项目化教学

项目化教学是基于建构主义学习理论、杜威的实用主义教育理论和情境学习理论而形成的一种教学模式，也是近年来在我国职业教育领域中大力推崇的一种教学模式。这种教学模式实质上是一种以职业实践活动为主导的、理论与实践有机结合的"做中学"教学模式，这一模式在教学过程中突出以学生为主体，以素质为核心，以能力为本位，以职业活动为主线，以典型工作任务（项目）为载体，通过理论与实践的有机结合来组织教学。其目的是使学习者融入任务的完成过程之中，让其积极地进行探索与发现，自主地进行知识的整合与建构。在项目研究过程中，学生能够更深刻地理解任务的主要技术要求、工作原理和操作程序等。

（1）在课程目标的确定上，应做到"三个明确"。职业教育是以培养学生的职业能力和素养为根本的，这就要求项目化教学的课程目标必须以职业岗位能力和素质需求为依据。为此，第一，在课程目标设计的思路上，必须做到"三个明确"，即明确该课程是支撑专业职业岗位中的哪些工作任务，明确完成职业岗位的这些工作任务需要哪些能力和素质，明确这些能力和素质应通过哪些最优化（或最典型）的工作任务或项目（教学内容）来

进行训练和培养。第二,在课程目标设计的过程中,必须做到“两个参与”,即岗位工作任务及其能力和素养要求的调研必须有相应岗位的企业技术人员参与,课程项目任务(教学内容)选择的论证和设计必须有相关企业专家参与。第三,在课程体系的构建上,必须从学科体系向工作体系转变,课程开发必须从工作任务分析入手,进行项目导向课程开发。第四,在课程能力目标的表述上,必须做到“三化”,即具体化、可实施化、可检验化,并通过课程的整体设计和单元设计实现课程的教学目标。同时,项目任务所承载的知识要与课程原有学科所需的知识体系相吻合。能力和素质目标训练应体现认知规律、工作过程和职业成长的渐进性,并与岗位职业标准相衔接。

(2)在项目任务的选择和组织上,必须具备“四性”。项目选择是项目化教学的关键环节,它影响着项目化教学效果的优劣,甚至决定着项目化教学的成败。项目选择和设计得好,有利于激发学生的学习兴趣,有利于教学活动的组织开展。为此,教学项目应具备“四性”。一是典型性。用来做项目化教学的项目应来自职业岗位的项目或工作任务,但有相当部分的岗位工作项目由于其过程的长久性、问题的偶发性和操作的复杂性等原因,很难直接把它作为教学项目。因此,必须经过典型化处理,抽象出典型的工作过程,使其既体现岗位工作项目或任务,又有利于学生在有限的时间、地点范围和认知程度上来完成。项目的名称应该是岗位工作的某一个项目或任务的名称,而不是课程的章节名称。二是完整性。选择的项目应能覆盖职业岗位有关工作任务的完整过程,结果应该有可以检验的物化成果。同时,项目要能覆盖原课程必需的学科知识理论体系。三是实用性。要求所选的项目具有实际应用价值,是学生今后职业岗位所要做的工作任务或与其今后岗位工作任务有直接联系的项目。四是渐进性。要求项目之间的组织安排要符合学生学习由感性到理性、由简单到复杂、由浅入深和由易到难的认知规律,要体现岗位工作由低到高的发展和成长过程。

(3)在教学情景设计上,必须体现“四个融合”。项目化教学要求教学情景应尽可能与实际工作环境相契合。为此,在教学情景的设计上,应体现“四个融合”,即教学环境与实际工作环境相融合、学习纪律要求与企业工作管理制度相融合、学生角色与企业员工身份相融合、教师角色与企业经理身份相融合。同时,把班级学生编排为若干个数量适当的项目小组或部门人员,建立绩效考核和职务晋升机制,实行竞聘上岗制度,以此促进项目小组之间、项目小组成员之间的竞争,形成积极奋进、力争上游的工作氛围。

(4)在教学过程中,必须坚持“两个围绕”。项目化教学是以能力为本位的教学,是以学生为主体的教学,因此在教学过程中,必须始终围绕提高学生职业能力这条主线来开展教学,必须始终围绕学生这个主体来组织教学。教师在项目化教学过程中是导演的角色,发挥指导、咨询和督促作用。为此,在教学中,教师应放手引导学生自主学习。项目化教学的步骤如下:布置项目任务→学习咨询→制订方案→实施方案→成果汇报→点评归纳→修改完善。其中,“学习咨询”“制订方案”“实施方案”等三个环节一般安排在课外由学生自主完成,这样可以使学生有比较充裕的时间收集查阅有关资料、实地调研、咨询教师、制订方案、完成项目,从而提高项目质量。而“成果汇报”“点评归纳”等环节一般应安排在课内完成。这样不仅可以提高课堂教学效率,而且还为学生提供一个互相学习、互相借鉴的机会,也有利于培养学生的表达能力。学生在进行“成果汇报”时,不仅要汇报成果或作品有什么特色优点，符合什么条件要求等，而且还要汇报完成成果的思路、措施等，有利于引导学生发现和总结工作的规律和经验。在“点评归纳”环节上，教师应避免越组代庖、包办代替，应引导学生自主地去发现问题和解决问题，教师要善于“画龙点睛”，在关键之处把学生没有发现的且完成这个项目最有技术含量或难度最大的问题提出来，引导学生解决，在此基础上，教师应注意引导学生把这些零散的关于做好该项目或任务的有关程序、规则、原理、要求、经验等知识进行系统化和结构化梳理归纳。

(5)在考核评价上，必须突出“二性三化”。考核评价既是检验学生学习成效的重要手段，也是培养学生学习习惯和引导学生探索学习方法的指挥棒。项目化教学是强调学生的自我学习和自我评价，注重培养学生学习习惯和学习方法的教学模式，是注重在实践中学习的教学模式，因此在考核评价上，必须突出过程性、多元性和具体化、标准化、可操作化的“二性三化”要求。过程性就是不仅要对学生完成项目任务的结果情况进行考核评价，而且要注重对其完成项目任务过程的表现情况进行考核评价，包括学习工作的态度、出勤纪律、完成项目内容数量和质量等方面的内容。多元性就是考核评价的内容应多元化，比如在考核的内容上，应包括理论知识点的考核、实践技能应用的考核和学习态度、责任心、敬业精神等方面的考核；在考核的主体上，应包括自我评价、小组考核、教师考核、企业技术人员考核等；在考核的方式上，应包括过程考核与结果考核结合、理论考核与实践考核结合、课内考核与课外考核结合等。具体化就是对每一项学习内容、每一个学习环节都要有具体的评分细则，既有完成项目任务情况的考核，也有工作态度和纪律的考核；标准化就是要尽可能按照行业、企业的标准来进行量化考核，与企业的工作标准相吻合；可操作化就是既要考核全面到位，又要简便，易操作、可操作。

2. 混合式教学

混合式教学模式是指将线上与线下教学相结合的教学模式，该模式是随着信息化技术和互联网技术的发展探索并形成的一种新的教学模式。综合有关学者的研究和解释，线上线下混合式教学模式是以行为主义和建构主义学习理论等为指导，借助现代教育技术、互联网技术和信息技术等多种技术手段对教学资源进行优化组织、整合、呈现和运用，将传统面对面的课堂教学、实践实操教学与网络在线教学进行深度融合，以寻求两者优势互补，从而实现最佳教学效率和效果的一种教学模式。这种教学模式突破了传统教学的时空限制，既可发挥教师组织、引导、启发、监控教学过程的主导作用，又能充分体现学生作为学习过程主体的主动性、积极性与创造性，学生可以根据自身实际和需要随时随地进行自由、自主的学习，因而在当前教育界得到广泛推行和应用。作为以培养生产一线的高素质技术技能型人才为主要任务的高职院校，由于其教学目标的职业性、教学内容的应用性、教学对象的差异性和教学方式的开放性等特点，混合式教学模式的适用性更强。

(1)课程平台功能应用应突出“三性”。基于课程平台功能的混合性特点，在课程平台功能的应用上应突出“三性”。简便性是指课程平台栏目或项目的设计应简洁明了，便于学生操作登录和学习。若过于复杂烦琐，就会影响学生学习的情绪和积极性，甚至使学生产生逆反心理；连贯性是指学习的内容、学习方式以及学习结果的测试和测试结果的生成统计和反馈等资源和功能的编排和设计应该是连贯的、逐层相扣的，这样才有利于学生进行连贯性学习，提高学习效率，也便于学生了解结果、发现问题并及时纠错；系统性包括学生学习管理系统、教师教学管理系统、教务监管系统,应充分利用这些系统,及时将有关数据信息进行反馈或通报,以达到督促和激励的目的。

(2)线上资源建设应突出“四化”。线上资源建设是开展混合式教学重要的基础性工作,也是混合式教学的重要环节和组成部分。显然,没有线上教学资源就无法开展混合式教学,同样,线上教学资源的优劣也直接影响混合式教学质量的高低和效果的好坏。根据线上资源的混合性特点,混合式教学线上资源建设总的原则要求是有助于提高学生的兴趣,促进学生对有关知识、原理的理解、掌握和应用。为此,线上资源建设应突出“四化”。一是资源类型要多样化。既要有任务性资源,又要有知识性和方法性资源;既要有测试性资源,又要有案例性和成果性资源;既要有静态性资源,又要有动态性资源;既要有平面资源,又要有立体可视化资源。使各种资源优势互补,通过多维度资源刺激学生的多种感官,以此激发学生的思维。二是资源的形态应形象化。对于学生难以理解的抽象原理、结构、步骤等知识要尽可能多地应用视频和动画等形象化、可视化手段进行介绍和说明。三是项目或任务的导入应趣味化。知识的学习往往是枯燥的、乏味的,尤其是在缺乏师生面对面情感交流的课程教学平台上进行学习,因此要激发学生对枯燥乏味知识学习的兴趣,在课程平台资源的建设中,尤其是在教学内容导入的设计上应精心设计,突出趣味性,尽可能通过相关职业岗位发生的有关问题、有关故事、有关的神奇现象等去导入学习的内容,这样才能使学生产生好奇心和探究欲望,才能激发其学习积极性和主动性。四是资源的内容应精练化。课程平台资源的内容应本着“惜墨如金”的原则,呈现在平台的教学内容应该是单元教学中最重要、最核心、最精华和最关键的内容,而不是将教材的所有内容原封不动地照搬照套上去。要让学生花最少的时间获得最多、最有价值、最宝贵的知识和能力。

(3)线上教学应突出“四性”。线上教学是混合式教学的基础性环节,也是混合式教学的重要组成部分。要有效实现线上教学的功能目标,应突出“四性”。一是任务性。即在线上教学的过程中,教师要尽可能让学生带着问题或任务去学习,为解决问题和完成任务而学习,通过学习才能更好、更快、更准确、更高效地解决问题和完成任务,把解决问题和完成任务与学习知识紧密结合起来,才能增强学生学习的针对性和目的性。而不应该孤立、简单、静止地教授和学习知识,否则学生难以理解学习有关知识有何用、在何处用、怎么用等,学生若感觉不到知识的价值和作用,其学习的积极性、主动性势必受到影响,学习的效率和效果就会弱化。二是互动性。虽然线上教学强调学生要自主学习,但不是不要教师的及时督促和指导。相反,线上教学更需要教师随时随地关注学生的学习动态和进展情况,发现问题应及时通过互动的方式恰当地启发和引导学生去解决,学生通过问题的解决,不断产生获得感,从而不断增强其学习动力和信心。同时,教与学、师与生的互动使学生觉得线上学习虽然不是课堂但胜似课堂,始终有教师在伴随着自己的学习、在关心着自己的学习、在指导着自己的学习,觉得自己是被老师重视的,从而产生“皮格马利翁”效应。三是探究性。当前影响高职学生学习兴趣和积极性的原因是多方面的,但教师所传授的知识浅层化、平淡化、形式化也是一个主要原因。其实,有不少知识是学生一看就明白的,有的教师反而把这些简单的知识复杂化。因此,要避免这种状况,在线上教学中,教师不仅要教授工作对象的有关结构、原理、操作的步骤、规程和方法等知识,更要发现工作对象还存在的问题、缺陷或不足等，从而引导学生去探究、去解决，只有这样才能更加有效地激发学生学习的欲望。四是激励性。学生学习的动力来自需要，来自能做到，来自能成功。因此，教师在线上教学时，应充分利用课程平台资源多样性特点，根据不同能力和智力类型的学生设计个性化的、不同类型的项目或任务让相关学生去选择学习，使每个学生都有收获、都有进步、都摘到“苹果”。对于取得进步和收获的学生，教师应通过平台系统进行及时肯定和表扬。

（4）线下课堂教学应突出“五度”。一是教学内容应突出衔接度。即线下课堂教学内容的选择和设计应根据线上教学内容和学生的学习情况来确定，也就是说线下课堂教学是线上教学的延伸和拓展，线上教学是线下教学的基础和依据。线下教学重点应是通过让学生完成相关工作任务或解决相关实际问题来检验其线上学习有关知识和理论的掌握情况，难点应是引导学生克服和解决完成工作任务过程中存在的问题，线上与线下的教学内容应紧密衔接。二是教学方法的恰当度。线下课堂教学方法的选择应根据教学内容特点和学生的认知能力和水平来确定。一般来说，学习原理性、方法性等方面的知识，可采用练习法、讨论法、案例法等教学方法。而学习结构性、程序性和操作性等方面的知识，则可采用项目化教学法、现场教学法等方法。三是问题探究的深刻度。线下课堂教学最忌讳的是浅层化、表面化和简单化，为此，要尽可能指出相关工作中发生的各种情况和问题，不仅让学生了解问题的类型，而且还能分析出这些问题产生的根源，并能找出最佳的解决方法。四是学生参与的广泛度。混合式教学大多采用小组团队的形式进行学习，在进行小组学习汇报和展示的过程中，大多是由小组优秀成员作为代表进行汇报的，这样容易让一些学习自觉性不够高的学生被边缘化，不利于所有学生的发展和进步。因此，在小组汇报展示的过程中，教师应尽可能采用抽签的方式，让每个学生都充分参与、充分准备，才能让每个学生都共同进步，避免学生在学习上“一枝独秀”。五是教学过程的完整度。一个单元的教学应该是一个闭环的完整流程，包括问题任务的提出、任务方案的制订、方案的实施、成果的展示、任务成果的点评、延伸拓展训练、总结归纳、生成相应的知识、布置新的工作任务等环节。

（5）考核评价应突出“四化”。一是评价工具智能化。教师应充分运用数据驱动的评估方式，收集和分析学生在网络学习中的生生互动、生师互动、与网络文本互动等数据信息情况，利用 LOCO-Analyst、Socrato 等专用工具，评估影响学生学习成功的因素。教师还可使用音频工具（如 Voice Thread、Audacity 等）或视频工具（如 iMove、Webcam、Dropcam 等）评估学生表现，并及时反馈给学生，提高评价的效率和准确度。二是评价内容多样化。教师应利用传感技术和学习分析技术，进行智能化定位、识别、跟踪、记录学习者在灵活学习空间和时间的学习数据，比如，记录学习者的呼吸、心率、面部表情甚至是脑电波等数据，还可利用视线跟踪技术检测学生的学习投入度，对学习过程信息全记录全量化，科学测量和解读学生在学习过程中难以捕捉的隐性学习力度，预测预判潜在问题和隐患，为教学决策提供依据。三是评价主体多元化。课程平台评价系统虽然可以自动对学生学习的投入时间、测试的完成量等进行统计评价，但难以区别团队项目所承担的任务和完成的质量效果，因此还必须通过自评、小组评、教师评、师傅评等多维度、多主体评价，才能使评价全面客观真实。四是评价过程动态化。评价的目的是促进学生学好知识、练好技术，不断超越自我、不断攀登新的高峰,因此对学生的评价应采取过程化、动态化的方式,对学生学习的过程也要进行评价,而且允许学生多次动态测试,直至满意。

(二)实行“八步双线”教学法

课程教学法是施教者根据课程性质和教学规律以及学生的学习特点而采用的相对稳定的教学方式方法,也是课程教学生态系统中将培养主体与有关教学资源环境等要素进行链接,促进其成长成才、发展进步的手段和方式。可以说,课程教学方法的优劣决定着培育对象成长的速度和状态。因此,要优化课程教学生态,必须不断探索和创新与各教学要素适配的课程教学方法。比如,广西电力职业技术学院根据电力技术课程特点和学生实际,经过多年探索与实践,形成了“八步双线”的教学模式,有效提升了课程教学效率和质量。“八步”是按照“需求确认—教学设计—场景选择—资源组织—技术适配—教学实施—数据采集—评估反馈”八个步骤进行针对性、差异化和灵活化组织教学;“双线”是指依托信息技术、“互联网+”等现代教育技术开展线上线下混合式教学。该模式的特点是能有效整合教学过程中的人、活动、场景、资源、技术与数据等要素,通过“学习空间+场景创设”“岗位实操+直播教学”“双师导学+自主探究”等组合方式开展分组、协作、开放等多种教学。依托在线学习云平台,重构以学习者为中心的课程教学微生态,推动教学微生态的持续进化,以达到因材施教、个性化学习、自适应学习的高效学习目的,有效满足新时代学习对象多样化、学习内容选择化、学习地点泛在化和学习方式灵活化等需要。如在“变电站综合自动化”课程教学中,为解决学生无法进入实际变电站认知和操作的难题,教师利用信息技术重构课程,创新应用教学资源,优化教学过程。在理论学习阶段,用微课等数字化资源支持教与学;在实践阶段,应用变电站虚拟仿真系统训练学生技能;在考核阶段,利用教学中形成的过程性和结果性数据进行多元多维评价和实时反馈。

第五节　坚持育训有机结合,创新国际交流与合作机制

一、育训结合,提升社会服务能力

职业教育作为一种类型教育,服务行业产业转型升级和经济社会发展是其重要职能,坚持育训结合是体现其类型教育特点的一项重要举措。《国家职业教育改革实施方案》(简称职教20条)强调,落实职业院校实施学历教育与培训并举的职责,按照育训结合、长短结合、内外结合的要求,面向在校学生和全体社会成员开展职业培训。2020年,中共中央、国务院印发的《深化新时代教育评价改革总体方案》提出,要重点评价职业学校德技并修、产教融合、校企合作、育训结合等情况。由此可见,育训结合是新时代国家对职业教育改革发展的新要求,也是高职院校提升社会服务能力的有效举措。高职院校应不断积极探索和创新育训结合的有效途径,以育强训,以训促育,育训互动,通过深化育训结合赋能自身发展的动力、活力和实力。

(一)育训结合的时代价值

1.育训结合是学历与能力“双提升”的有效手段

职教20条提出的“学历证书+若干职业技能等级证书”制度试点,简称“1+X”证书制

度，就是为了有效完善中国特色职业教育与培训体系的重要举措之一，体现了中国特色职业教育发展模式的基本内涵。关于“1+X” 证书制度，“1”与“X”二者缺一不可。“1”是指学历证书，是对学习者完成规定学习课程并通过考核后所颁发的学历教育文凭，突出的是学校的育人过程和学生的成长过程。通过一段时间的培养，学习者逐步养成良好的自控能力、学习习惯和品德修养，为可持续发展奠定基础。“X”是指职业技能等级证书，其获得与行业实践能力紧密相关，强调的是通过培训使学习者获得直接从事具体工作所需的知识和技能。通过不断学习和接受培训，学习者能够随着经济社会的进步、标准规范的更新、技术技能的迭代而拓展岗位涵盖领域或提升技术能力。通过“1”与“X”的衔接，即职业学校教育和职业培训的有效结合，可以有效提升技术技能型人才的学历水平和专业能力水平。

2. 育训结合是职业资格证书与学历证书资历互认的必经之路

目前，我国职业资格证书与学历教育证书之间缺乏学习成果认定、积累与转换机制。在我国，职业资格证书由人力资源和社会保障部门主管，且具有较高的市场或行业认可度，部分职业资格证书甚至与城市落户等政策挂钩，或者已建立了较为完善的与职业资格证书相配套的补贴政策，人们参与职业资格证书培训与考试的积极性较高，但也面临整个职业资格证书认证体系的重构问题。职业技能等级证书由教育部门主管，由职业院校与培训评价组织联合试点实施，但部分试点证书的行业或市场认可度偏低，部分专业匹配证书尚有空缺现象，且院校试点积极性不强，配套支撑条件不足，“岗课赛证”仍需要进一步融合。学历证书隶属于教育部门主管，顶层设计中多元化的教育与再教育体系尚未完善，相对封闭的教育管理系统要融合丰富且快速变化的职业培训体系，就必须通过育训结合，逐步完善内部质量控制、评价体系与质量保障体系，以有效实现内容衔接、制度衔接及评价衔接。

3. 育训结合是增强高职教育社会服务能力的重要举措

作为高素质技术技能型人才培养的重要举措，育训结合强调学历证书与职业资格证书并重、技能训练与技德养成并举、理论学习与实践应用并行、职前教育与职后培训并施。育训结合不仅重视学生的专业技能训练，更加注重学生职业操守、工匠精神等方面的教育，将教育与实训结合，既能使学习者获得直接就业技能，也能使其获得理论知识，真正培养符合现代化素质教育理念的人才，实现学生全面发展，提升学生的理论水平和实践能力。而且，育训结合将职前学历教育与职后培训有机结合起来，为学生和学员终身能力的提高提供了重要支撑。因此，育训结合有利于培养适应新时代产业需要的德高技强的高素质技术技能复合型人才，有利于构建职前教育和职后培训有机衔接的终身教育体系，促进人的全面发展和产业的转型升级。

（二）积极探索育训结合的载体与途径

育训结合是新时代国家对职业教育进一步提高服务产业高质量发展能力而提出的新措施和新要求。高职院校应牢牢把握新机遇，积极探索育训结合的载体和途径，比如可以通过打造高水平技术技能人才培养和技术服务高地，为育训结合提供新平台。

1. 完善“双元化”组织与机制，为技术技能人才培养高地提供保障

组织与机制是打造技术技能人才培养高地的重要基础和保障，组织与机制的完善和

优化与否影响着技术技能人才培养高地建设质量和水平的高低，要筑牢技术技能人才培养高地，必须完善其组织与机制建设。为此，应聚焦相关行业产业对高素质技术技能人才培养的需要，以相关职教集团为依托，以专业建设指导委员会为主导，以高水平专业群为单元，深化校企合作，对原有传统单一的人才培养组织形态进行重组，建立校企“双元化”共建技术技能人才培养高地的组织与机制，形成校企合作共同体。

在组织上，首先，应成立“双元化”技术技能人才高地建设促进委员会，该促进委员会应由学校、企业以及政府有关规划部门负责人组成，全面负责组织领导、统筹协调技术技能人才培养高地建设的各项工作。其次，应依托学校职教研究所，建立技术技能人才培养高地建设研究与指导团队，负责技术技能人才培养高地建设目标、标准、要素和路径等关键问题的研究，为开展技术技能人才培养高地建设提供依据和指导。最后，应组建技术技能人才培养高地建设的具体职能部门，包括教学部、实践实训部、产教融合部、技术开发与应用服务部和培训部等，具体履行技术技能人才培养高地建设和人才培养的有关职能，并对高地的建设内容要素进行分解归类，明确建设要素、目标和标准，落实建设部门和人员以及时间进度等要求。

在机制上，一是要建立产业发展与人才需求动态跟踪机制，加强对产业发展趋势、技术升级特点和人才规格质量新要求的调研，为制订高素质技术技能人才培养方案提供依据；二是要建立高素质技术技能人才培养方案制订论证机制，组织职业教育专家、行业企业技术专家等对人才培养方案进行充分论证，增强人才培养方案的针对性、科学性和可行性；三是要建立有关激励制度，比如，可每年组织开展“十佳工匠雏鹰”“百强技术服务能手”“千名勤学勤劳标兵”“十百千英才”评选活动。同时，对创新技术技能人才培养高地建设和人才培养路径、模式、手段等方面取得显著成效的部门和人员给予奖励。

2. 打造“四个支点”，为技术技能人才高地提供支撑

根据“双高计划”建设内容要求，打造技术技能人才培养高地的目的和功能，就是为适应行业产业转型升级发展需要，培养培训高素质技术技能复合型人才。要实现高地高素质技术技能复合型人才培养的目标功能，应把握构成高素质技术技能复合型人才的内核要素。新时代背景下，有思想硬度、有技艺强度、有意志坚度和有发展锐度的“四有”人才是行业产业高质量发展对其人力资源素养提出的新要求，也是高素质技术技能复合型人才内核要素。为此，可通过重点打造“四个支点”来培养，即打造思政教育支点，修炼技术技能人才培养的思想硬度；打造职业核心技能培养支点，磨炼技术技能复合型人才培养技艺强度；打造劳动育人支点，锤炼技术技能人才培养意志坚度；打造“双创力”培养支点，淬炼技术技能人才发展锐度。因此，一是应建立健全校企双主体和全员全程、全方位育人以及优化思政教育内容、强化思政教育队伍、活化思政教育方式、实化思政教育考核的“双元三全四化”思政教育体系和机制，增强思政教育的针对性和实效性。二是构建对接高端产业、产业高端、产业升级、技术迭代、岗位群需求，融入产业新技术、新工艺、新规范和新标准的“五对接四融入”专业群和专业课程体系，深化产教融合，创新“1+X”现代学徒制培养模式，实施精准高效培养。三是探索具有职业教育特色的劳动教育与思政教育相结合、与中华传统美德培养相结合、与技能训练相结合、与日常生活相结合的“四结合”校企协同劳动教育模式，强化学生的劳动观念、劳动品质、劳动能力和劳动习惯的培

养。四是搭建以问题为导向、以项目为载体、以名师大师为指导的“问题+项目+双师”的技术技能双创人才培养平台，在实践中培养学生的创新、创业精神和能力。

3. 打造“一高两强”的教学创新团队，为技术技能人才高地提供动能

高水平结构化教学创新团队是构成技术技能人才培养高地的基石和主体。2019年1月，国务院印发的《国家职业教育改革实施方案》提出多措并举打造双师型教师队伍，探索组建高水平、结构化教师教学创新团队，教师分工协作进行模块化教学。同年5月，教育部印发的《全国职业院校教师教学创新团队建设方案》提出未来3年要建设360个满足职业教育和培训实际需要的高水平、结构化的国家级团队。这些要求已经成为指导新时期职业教育师资队伍建设的方向和目标。可以说，思想素质高、教学能力强和社会服务能力强的“一高两强”是新时代技术技能人才培养高地对专业教学创新团队的新要求。为此，在团队的政治思想建设上，要强化师德师风建设，把团队的思想政治教育和促进职业道德品质提升摆在首位，突出为人师表和立德树人的价值功能。在团队成员的构成上，应按照不为所有、但为所用的原则，建立由校、企、院（职教研究院）的名师、大师和专家组成的结构化教学团队，使其充分发挥各自优势，形成最佳组合体。在团队的培养方式上，应以项目为载体，以深化产教融合为模式，以校企双向互动交流为形态，实行分类、分层、分项的针对性和个性化培养，从而实现教学团队建设的多元化、层次化和特色化发展。在团队建设管理上，建立校级教学团队、省部级教学团队和国家级教学团队的“三级”动态目标考核激励机制，使每个团队和成员都获得进步和提高。

4. 搭建“六化”综合服务平台，为技术技能人才高地提供载体

培养高素质技术技能人才和开展社会服务，是打造技术技能人才培养高地的主要任务和功能，平台是实现其任务和功能的主要依托和载体。这里的平台是指教学、培训和科研“三位一体”的综合服务平台。为此，平台建设应突出“六化”特征要求。一是在平台的建设组织上，实行“双元化”管理，即由校企双主体构成组织管理体系，协同对平台进行规划、建设和管理。二是在平台资源的投入和使用上，要体现共享化需求，即平台要对接和吸纳产业的最新技术、最新工艺、最新流程、最新标准，并融入企业优质人力资源和最新设备，按照共建共享的原则进行建设和使用。三是在平台资源的形态上，要体现立体化需要，即按工作过程与学习过程有机结合所形成的多种形态教学资源，每个教学单元都应包括项目或任务清单，项目或任务的目标或标准、步骤和方法，展示隐蔽结构或抽象原理的动画视频，能让学习者触类旁通的案例等资源，满足学习者自主化、个性化学习需要。四是在平台的实训功能设计上，要满足仿真化操作需要，即能有效解决有关专业真实岗位实训中，因有关设备的昂贵性、风险性等因素，导致学习者只能看不能动，核心技能难以形成的问题。五是在平台的教学方式上，要满足混合化教学需要，即要适应新时代高职教育对象多元化、差异化和自主化的学习需要，实行线上线下混合教学，提升实训效率和质量。六是在平台项目的开发上，要体现实用化，即以平台为依托开展的项目研究要以企业实际需要为目的，深入企业，了解其生产过程中在技术应用和优化等方面存在的不足和问题，将问题变成课题，开展立项和攻关，帮助企业解决实际问题。

5. 探索“双线六步”教学模式，为技术技能人才高地提供手段

教学模式是技术技能人才培养高地实现其人才培养目标而选择的路径、方法和手段

等方面要素的总和。不断创新和优化适应高职教育教学特点和规律的教学模式，是技术技能人才培养高地提高人才培养效率和质量的重要手段。为此，应根据行业产业的发展趋势和技术特点以及职业教育的规律，不断探索和优化技术技能人才培养高地的教学模式。在互联网技术和信息技术与职业教育深度融合的背景下，技术技能人才培养高地可采用“双线六步”的教学模式进行教学，即依托“互联网+”信息技术，采用线上线下的双线混合教学方式，按照“明—做—学—教—用—评”的“六步”组织教学。“明”是指教师每教一项技能，都要以项目或任务的方式，首先让学生明白该项技能在哪个职业岗位、在什么情况下应用，有什么作用和意义；“做”就是让学生做教师设计的教学化职业岗位典型工作任务；“学”就是让学生为完成做的任务，自己先去学习有关知识和理论，让学生掌握有关原理、方法和路径；“教”是教师发现学生在做和学的过程中存在的问题和不足后有针对性地教（指导）；“用”是指让学生运用已掌握的知识和技能解决难度更大的项目任务，以此促进学生能力的螺旋式提升；“评”是指采用过程评价与终结评价相结合、学校教师评价与企业师傅评价相结合等多元立体的评价方式对学生进行考评。

6. 提高职业培训质量，促进中小企业的技术技能积累

产业技术更新换代较快，要求企业员工及时更新知识结构和提高技术水平，掌握产业发展的前沿技术。然而以市场需求为导向，与产业发展相匹配的职业教育和培训体系还不够完善，难以支撑产业转型升级。举办高质量职业培训，能促进中小企业技术技能积累。高职院校可以凭借人才培养的师资、场地、教学资源等优势，与企业、社会培训机构合作培养产业需要的人才。高职院校不仅能为企业的新入职员工开展岗位资格培训、入职培训，缩短新进员工的岗位适应周期和提高其职业能力，还能围绕在职员工的多样化需求开展中短期培训和继续教育进修等服务。

二、创新机制，提升产教融合国际化水平

（一）以命运共同体为导向，强化产教融合国际化办学发展理念

“一带一路”高质量发展及中国—东盟自由贸易区经济全球化进程加快，深化中国与东盟的产能合作，加快构建面向东盟的跨国产业链、供应链，电力、汽车、电子、旅游、经贸等产业产能合作需要大量的技术技能型人才作为支撑，产教融合国际化办学已成为职业院校人才培养、社会服务、国际合作创新和发展的关键性影响因素，职业院校产教融合国际化办学成效成为新时代职业教育人才培养质量的重要指标。在构建更为紧密的中国—东盟命运共同体背景下，民族地区职业院校更需要强化产教融合国际化办学发展理念，明确产教融合国际化是人才培养和专业建设的重要抓手，通过凝聚办学共识，扩大产教融合国际化办学渠道；深化内涵，建设创新产教融合国际化人才培养模式；坚持引育并举，打造产教融合国际化师资团队；立足国际特色，开发产教融合国际化课程；强化文化引领，建设产教融合国际化校园环境，才能形成产教融合国际化的建设机制和运行模式。

（二）以服务产业链为导向，推进跨国产教融合共同体一体化建设

当前，以跨国产教融合和国际化人才培养为特征的职业教育发展趋势日益凸显。同时，随着跨国产业链和供应链的广度不断加大、复杂性不断提高，单个职业院校牵头构建的跨国产教融合共同体无法在日益激烈的区域市场竞争中完成国际化人才培养的全过

程，而构建多校、多国、多企业协同共建跨国产教融合共同体，则有利于共同体各成员结合实际情况优化产业和教育资源配置、提高产教融合效率、规避跨国合作风险。跨国产教融合共同体的参与者主要由职业院校、企业和政府机构等构成，各成员有着各自的利益目标和价值追求。协调好各成员之间的关系，建立稳定的合作机制，才能推动各成员在协同过程中形成创新合力。跨国产教融合共同体一体化建设，不仅能够为企业进行跨界合作、跨国合作、创新发展提供平台，而且是增强职业教育适应性，立足新发展阶段，围绕产业升级和国家战略新需求，向更高水平更高质量迈进的关键步骤。跨国产教融合共同体一体化建设需要以互惠共赢为价值导向，以体制机制创新为合作保障，紧紧围绕产业链关键环节，增强产教供需对接的精准性，加快一体化联动要素建设，引导企业项目、产业布局、人才培养、区域院校、教育资源等产教融合要素突破空间的限制，在时间和空间上实现高效协同，做到跨国人才培养一体化、跨国技术创新一体化、跨国成果转化一体化、跨国技术培训一体化、跨国创新创业一体化、跨国产教实践基地一体化，最终实现跨国产教融合共同体一体化建设与发展。

（三）以完善教育链为导向，制定权责清晰的产教融合国际化政策

当前我国职业教育进入高质量发展阶段，2021 年国务院印发的《关于推动现代职业教育高质量发展的意见》提出健全多元办学格局；2022 年新修订的《中华人民共和国职业教育法》进一步提升了职业教育的法律地位，也对校企合作、产教融合等内容提供了规范化指引，为研究制订职业教育产教融合国际化方案提供了法律依据。职业教育产教融合国际化，涉及多部门、多行业、多领域、多院校，要实现产教融合国际化高质量发展，需要有一系列配套的具体政策措施。在政府层面，要进行顶层设计与规划，将职业教育产教融合国际化发展列入经济社会发展规划，建设一批跨国产教融合示范园区，打造一批跨国产教融合标杆行业，认定一批跨国产教融合示范项目，培育一批跨国产教融合知名企业。对获得认证的跨国产教融合型企业给予“金融+财政+土地+信用”组合式政策激励。尤其要把促进企业参与产教融合国际化发展作为制定产业发展规划和产业激励政策的重要内容，将参与校企合作、产教融合的情况纳入企业社会责任报告。在职业院校层面，要做好产教融合国际化发展规划，依托产业园区、龙头企业，建设集产、学、研、创、赛于一体的产教融合专业化高水平实训基地。结合院校实际及专业服务产业情况，组建服务重大战略的区域性、行业性跨国职教联盟（集团）或专业联盟。职业院校研究制定《产教融合国际化管理办法》《产教融合国际化考核办法》《产教融合国际化实习实训管理办法》《校企共建产教融合国际化实训基地管理办法》等管理制度，促进产教融合国际化有法可依、有章可循、有序开展。在企业层面，要建立健全企业发展规划和运作机制体系，把产教融合国际化发展作为企业升级发展的战略规划，深度参与职业院校专业建设、人才培养方案制订、教材开发、师资培训、质量评价等，培养符合企业国际化发展需求的技术技能型人才。

（四）以完善标准链为导向，构建产教融合国际化质量评价体系

相对于国内校企合作、产教融合项目，跨国产教融合项目具有涉及面广、时空跨越大、协同推进复杂、考核周期长等特征，构建一套科学高效的职业教育产教融合国际化质量评价体系，有利于项目合作规范化、科学化。首先，职业教育产教融合国际化质量评价体系的前提是建立项目合作标准，即根据跨国产教融合项目面向的产业链对高技能人才的需求,在符合国家职业教育标准的基础上,职业院校与合作企业共同研制专业标准、课程标准、教学标准、实训标准,重点是推进企业行业最新技术标准转化为教育教学标准,依据标准共同制订人才培养方案、共同开发课程资源、共同建设实训条件。其次,职业教育产教融合国际化质量评价体系的核心是以人才培养高质量与企业发展高效益为导向,重点将人才培养和发展效益 2 个质量控制点作为核心监测的一级指标。在培养高质量人才方面,以院校资金投入、共建专业、开发人才培养方案、培训“双师”师资、编制教材、学生创新创业、开发并被国(境)外采用的专业教学标准数、开发并被国(境)外采用的课程标准数、国(境)外技能大赛获奖数量等 9 个质量控制点作为核心监测的二级指标。在企业发展高效益方面,以企业资金投入、开发产品数量、科研成果转化、攻克工艺数量、人力资源提升、直接经济效益、服务社会发展等 7 个质量控制点作为核心监测的二级指标。上述 16 个二级指标均需要结合产教融合项目实际情况制订一定数量的三级指标,编制更加全面、具体、合理的绩效目标,突出指标的可测量性和定量性,形成“可量化、可审核、可监测、可调整、可评价”的质量考评体系。最后,职业教育产教融合国际化质量评价体系的保障是校企双方共同开展质量监控。双方严格落实绩效目标质量监督要求,严格按质量标准开展合作,通过对专业教学、企业实训、毕业设计等核心环节进行全过程监测,保证跨国产教融合项目始终在双方制订的质量标准范围内运行,从而保证跨国产教融合项目的可持续发展。

下篇　实践探索篇

第六章　对接篇：产教供需平台对接，产教融合机制对接

【导言】

搭建具有校企平等话语权的产教融合平台，是实现产与教真“融”、真“合”的关键。平台通过整合不同参与主体的资源，可以有效实现信息资源对接共享，达成少数高职院校或企业无法达成的目的，有利于统筹协调和服务地方经济。平台可以依托互联网大数据技术，包括产教融合沟通协作平台、资源共建共享平台、实习实训平台、信息服务平台、科研成果转化平台等。立足产教供需平台，打造产教对接、人才供需、技术服务的产教融合创新长效机制，深化产教融合促进教育链、人才链与产业链、创新链有机衔接。在完善体制机制有效促进深化产教融合的基础上，通过面向市场，服务产业，形成产业、行业、企业、职业、专业“五业联动”。围绕产教对接这个主题，本章选取广西电力职业技术学院八个产教融合典型案例，以期向读者呈现广西电力职业技术学院建立基于行业产教融合共同体的示范性校企互惠合作制度机制，提供打造中国—东盟能源电力职业教育集团、广西职业院校创新创业教育联盟、自治区示范性新能源产业学院等产教融合平台的经验和做法。

案例一　打造校企共建共享平台，推动能源电力职教协同发展

——中国—东盟能源电力职业教育集团创新发展纪实

摘要：中国—东盟能源电力职业教育集团立足行业办学特色，通过专业、师资、实训基地的共建、共培、共享来整合行业、中高职、企业等多方产教资源，主动融入服务国家战略、地方社会经济发展，取得了首批国家级职业教育教师教学创新团队、全国唯一1个国家级职业教育电力类示范性虚拟仿真实训基地培育项目、1个电力行业职业能力评价基地等70多项国家级教育教学改革成果，支撑学校成为全国唯一电力类国家优质专科高职院校。

关键词：集团化办学；产教融合；创新实践

一、实施背景

为共同服务区域全面经济伙伴关系协定(RCEP),共同服务中国—东盟能源电力产能合作,共同服务“西部陆海新通道”能源合作走廊建设,开展协同办学,实现区域内教育和经济优势互补、资源共享,满足中国—东盟区域经济建设和社会发展对高素质技术技能型人才的需求,广西电力职业技术学院联合电力类中高职院校、企业、行业协会、科研机构等按平等原则组建中国—东盟能源电力职业教育集团,旨在充分发挥群体优势,优化校企资源,实现组合效应、互补效应和规模效应,增强能源电力国际职业教育综合实力,打造能源电力国际职业教育品牌,更好地服务于广西经济发展、服务中国及东盟国家的能源电力行业。

二、主要做法

(一)健全“三级育人”体系,强化集团校企合作的载体功能

1.集团目标定位清晰

集团立足能源电力行业,以立德树人为根本,以服务发展为宗旨,以促进就业为导向。为职业院校、行业企业、科研机构等实现资源共享、优势互补、合作发展提供有力平台。探索电力职业教育人才多样化成长渠道,深入推进校企协同育人,全面打造高素质技能人才培养高地和技术创新服务高地,进一步服务地方经济发展,促进技术技能积累与创新,同步推进电力职业教育与地方经济社会协调发展。

2.集团组织架构完善

集团实行理事会制,下设秘书处、专业建设工作委员会、就业与创业工作委员会和职业培训与技术服务工作委员会。理事会作为集团最高权力机构,负责制订和修改集团章程、年度工作方案等;秘书处负责集团的统筹、协调管理等日常工作;各工作委员会职责明确,权责清晰,分别由学校、企业人员担任负责人。下设广西职业院校创新创业教育联盟和碳达峰碳中和产教融合联盟,负责创新创业和双碳专项服务。在二级学院层面,成立8个产教联盟,参与专业人才培养全过程。

3.集团制度体系完备

集团制定了章程,对集团性质、目标、任务以及成员单位的权、责、利进行了清晰界定;配套制定了《中国—东盟能源电力职业教育集团考核激励制度》《中国—东盟能源电力职业教育集团运行经费使用管理办法》等规章制度,形成了完善的集团运行动力机制、政策机制、保障机制与退出机制,为集团各成员单位在专业对接产业、服务转型升级、提高职业教育水平等方面做好了顶层设计。中国—东盟能源电力职业教育集团体系设计图见图6-1。

(二)借力平台资源,推进集团人才培养模式创新

1.联合共建产业学院

与集团内合作企业成立智能电力产业学院、新能源产业学院、北斗产业学院、中关村智酷产业学院、运动控制产业学院、数字贸易产业学院、智慧建造产业学院、新能源智能汽

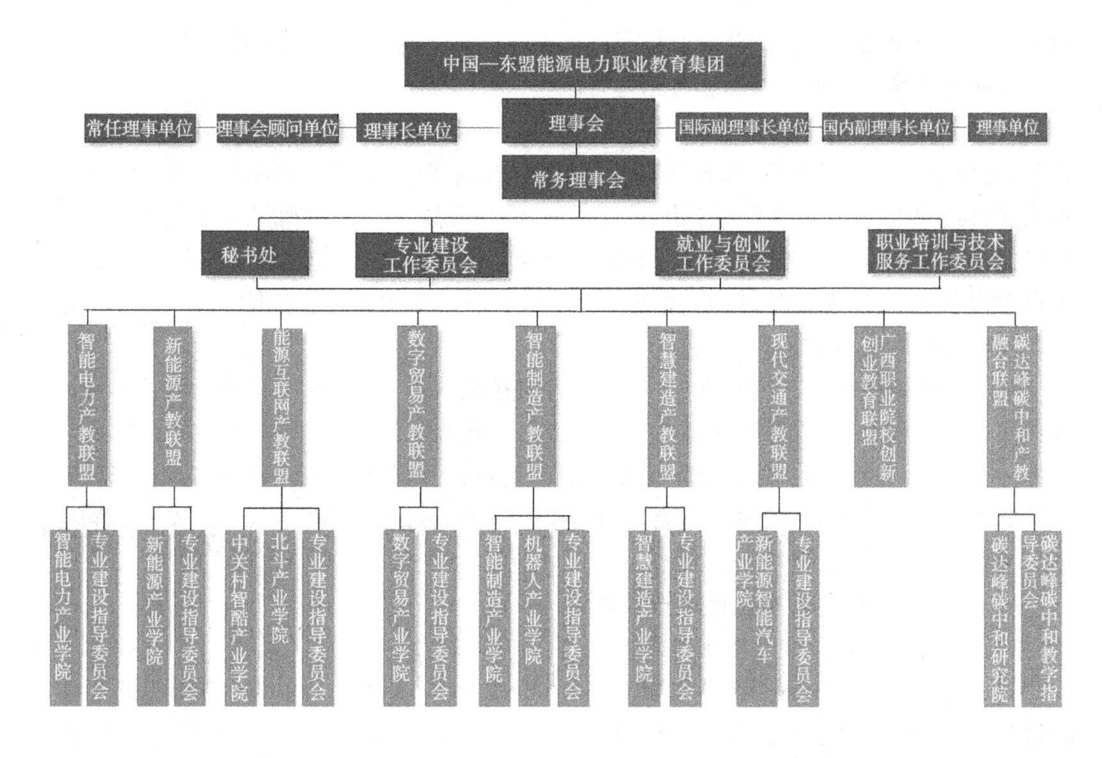

图 6-1　中国—东盟能源电力职业教育集团体系设计图

车产业学院等 8 个产业学院，全面启动以产业学院为载体的新型产教融合、校企合作体制机制改革。校企共同构筑“八桂能源电力”人才培养高地，服务地方经济社会发展，促进教育链、人才链与产业链、创新链有机衔接，取得明显成效。新能源产业学院成功入选首批自治区级示范性产业学院。

2. 联合共建优质专业资源

通过双元化“三对接”人才培养模式探索，集团成员单位间积极合作，在教学资源上，强化对接产业需求，优化专业课程体系；对接岗位关键技术发展需要，优化专业课程内容、标准与教学环节；对接新电力系统生产过程和方式的变化，优化教学组织步骤和形态，及时将能源电力产业新技术、新工艺、新材料、新方法融入专业课程教学体系，建成 4 个国家级骨干专业、2 个国家级学徒制试点专业、2 个国家级产教融合专业合作试点专业、6 个省级示范特色专业。建成“建—造—发—输—变—配—用—管”全电力产业链的专业体系。

3. 联合共建“双师型”教学团队

集团促进企业讲师和学校专业讲师的互换，打通专业教师深入企业进行现场学习的交流渠道。在校教师在讲解知识过程中，将岗位的工作过程和课堂教学很好地结合起来，有利于学生对知识更好的掌握。企业人员到学校任教，能够理论结合实际工作，学生学习的兴趣更加浓厚，提高学生的专业实践能力。学校教师为企业技术人员开展理论培训，提高从业人员的理论知识水平，形成有效的师资互动机制，真正实现校企资源共享。教师进入企业更好地了解岗位需要，为更好地培养学生奠定基础，企业人员在任教期间也能全方位了解学生情况，制订符合实际的培养计划，便于毕业生更快地进入工作状态。

4. 联合共建高水平产教融合实训基地

通过与集团成员共建南网超高压、百色百矿、来宾电厂等多家产教融合实训基地，探索“双主体、双课堂、双课程、双教师”的教学模式，使教学与生产紧密精准对接，不断引进真实项目到课堂，由企业和学院共同设计课程，学校教师和企业导师共同教授学生，在学校设立以理论教学为主的课堂，在企业设立以真实项目为主的课堂，逐步实现学生在真实项目中边学边做、边做边学，培养、训练适合企业要求的职业素质和技能。

5. 联合培养高水平技术技能型人才

集团积极承接社会、企业、学校、学生等各类技能大赛，以高水平技能大赛为载体，提升集团向心凝聚力，促进集团办学水平提升。在技能大赛的引领下，集团成员更新职业教育理念，深化职业教育教学改革，将技能大赛的先进技术融入课程内容，将大赛训练方法与教学方法相结合，提升教师业务能力和学生职业技能，企业在参与承办赛事的过程中也提升了自身品牌效应，获得优秀人才。

(三)依托平台优势，立足区域产业发展

1. 广泛开展培训与技能鉴定服务

聚焦新型电力系统高端产业发展对高端技术技能型人才的培养培训需求，服务地方经济社会高质量发展，坚持育训结合工作思路，与中国电力企业联合会、广西电网有限责任公司、广西壮族自治区应急管理厅等单位合作共建全国电力行业职业能力评价基地等技术技能培训(鉴定)平台，合作开展社会培训服务，提升了学校社会培训服务能力。

2. 广泛开展科研与技术服务

聚焦服务发展需求，依托集团，与西安热工研究院有限公司、广西水利电力建设集团有限公司等行业企业共建协同创新中心，合作开展技术服务，提升了学校技术研发、标准研制、成果转化、培训鉴定等技术创新服务能力。

(四)深化平台价值，服务创新创业

1. 搭建创新创业平台

学校与集团成员北京中关村智酷双创人才服务股份有限公司牵头组建广西职业院校创新创业教育联盟，推动广西职业院校深化创新创业教育改革向纵深发展，大力推行“需求导向、园校协同、校企融合、精益育人”双创教育教学体系建设与应用，培养一大批“敢闯会创”的八桂工匠、创新能手、创业生力军，为建设新时代中国特色社会主义壮美广西提供优质人力资源保障。

2. 建设创新创业示范基地

集团与中关村软件园等园区形成紧密的合作关系，充分发挥示范引领作用，深化创新创业教育，优化创新创业生态，为实现大学生创新引领创业、创业带动就业、乡村振兴计划做出新贡献，近年来被评为自治区级创新创业学院建设单位、第三批自治区“大众创业 万众创新”示范基地、广西高校大学生创新创业典型示范基地。

3. 开展创新创业项目培育孵化

集团邀请成员单位到校开展创新创业讲座30余场，组织遴选创新创业培育孵化项目近千个,近年来创新创业大赛获奖近200项。

(五)挖掘平台潜力,实现中国职业教育标准输出

1. 成立“中老电力丝路学院”

充分挖掘集团成员的办学特色和专业优势,结合企业国际化市场拓展,与中国能源建设集团云南省电力设计院有限公司联合成立海外办学点,聚焦能源电力大类特色专业,开发输出学历教育、非学历教育、定制培训、专业课程和专业标准。集团高校伴随企业“走出去”服务“一带一路”建设,积极推进“中文+职业技能”项目。

2. 开展能源电力主题国际化培训

集团面向东盟国家学员举办了五期“能源电力”主题国际化培训,由资深教师全英文授课,累计培训量近千人每日,国际学员反响热烈。

3. 输出能源电力专业教学标准

集团牵头单位发电厂及电力系统专业获得TVET UK国际资格认证证书,“高电压技术”等6门国际课程获得SEAMEO TED国际官方认证,开发的国际化课程及培训资源包被广西壮族自治区教育厅认定为面向东盟自治区级国际化职业教育资源,成功入选中非职业教育联盟、中非(重庆)职业教育联盟开展的第二批“坦桑尼亚国家职业标准开发项目”3项职业标准立项建设单位。

三、成果成效

(一)合作平台:“点对点”变“面对面”

中国—东盟能源电力职业教育集团在多方力量的支持下,建立了长期依存的合作关系,实现社会、企业、学校、学生等多方共赢。集团成员单位的合作领域更加宽广,拓展了校企合作的深度和广度,真正做到优势互补,达到共同发展。

(二)合作途径:“单通道”变“多通道”

中国—东盟能源电力职业教育集团的成立改变了原来单一的合作途径,形成专家共商专业发展,集团成员职工培训、社会培训,企业文化入校园,师生深入企业等多种合作途径,实现校企深入融合。

(三)专业建设:“单专业”变“专业链”

在中国—东盟能源电力职业教育集团的推动下,学校对接区域经济发展,充分分析产业链内部联结和对接关系,整合学校相关专业,聚焦能源产业链、创新链,形成对接产业的教育链,培养的学生更符合企业需求。

(四)课程建设:“学院派”变“实用派”

由中国—东盟能源电力职业教育集团牵头,在充分调研市场需求的基础上,整合原有以理论为主的课程体系,体现了职业教育课程操作性、实用性的原则。通过整合的能源电力类课程内容,更加符合学生就业需求。

(五)师资队伍:“学者型”变“双师型”

中国—东盟能源电力职业教育集团“双师型”教师比例为80.5%,教师积极参与各类学习培训,校企共建教材、共建课程,与企业深入开展课题研究、教科研活动等,获得了首批国家级职业教育教师教学创新团队和国家级课程思政教学名师(团队)称号,建成了12个大师名匠工作室和10个“双师型”教师培养培训基地。

四、经验总结

通过专业、师资、实训基地的共建、共培、共享来整合汇聚行业、中高职、企业等多方产教资源,组建中国—东盟能源电力职业教育集团产教融合发展平台,打造“电亮共享”品牌,为国家“双碳”目标、中国—东盟能源电力产能合作、新型电力系统及地方经济社会发展提供了有力支持。当然,在进一步产教融合的过程中,集团还有许多问题需要思考,如建立专业动态调整机制、适应产业发展需求、整合课程内容、尝试混合所有制等,有待集团在实践过程中进一步探索。

五、推广应用

(一)集团建设经验获广泛认可

集团建设的典型案例——《探索“五度”路径 共筑电力职教“五化”高地》于2022年在《中国教育报》上刊发并向全国同行推广。2022年,中国—东盟职业教育国际论坛暨特色合作项目成果展在贵阳举办,“中国—东盟能源电力职业教育集团项目”成功入选中国教育国际交流协会第五批“中国—东盟高职院校特色合作项目成果”。广西电力职业技术学院相关负责人代表职教集团,以主旨演讲形式向国内外同行分享了项目建设的经验与成果。

(二)集团化办学成效显著

2022年中国—东盟能源电力职业教育集团大会暨碳达峰碳中和产教融合论坛成功举办,明确了中国—东盟能源电力职教集团承载促进能源电力新型低碳人才培养高质量发展的重要使命。集团将不断深化产教融合校企合作,扎实推进互鉴、互融、开放共享,积极融入和服务西部陆海新通道建设,努力将职教集团办成国家级示范性的职教集团,充分发挥集团强大的资源优势与能源电力办学特色,为中国—东盟能源电力行业企业培养复合型、创新型的高素质技术技能型人才。

(三)集团社会培训服务能力辐射全国

中国—东盟能源电力职业教育集团充分发挥专业优势资源,积极开展多项社会服务工作。广西电力职业技术学院电力行业职业能力评价基地被评为2022年度电力行业技能人才评价机构(四星)。作为广西电网公司职业技能等级认定实操考试考点,为企业职工提供多个工种中级工及高级工职业技能等级认定实操考试工作;作为自治区级电工作业实操考试示范基地,同时承担特种作业授课教师、考评员的培训考核工作,以及制订相应类别的地方标准、编写培训教材、制作线上课件、建立考试标准等工作,为地方服务,为产业服务。集团的社会影响力不断地扩大,自治区内外多所高校和企业到校调研学习。

案例二　打造双创教育生态，赋能创新型工匠培养

——广西职业院校创新创业教育联盟发展纪实

摘要：广西职业院校创新创业教育联盟整合职业院校创新创业教育优质资源，构建多主体共同参与、协同推进的创新创业教育生态系统，形成多元主体协同合力，共同培养创新型技能工匠，为技能型社会及中国式现代化建设贡献智慧力量。

关键词：双创教育生态；创新创业教育联盟；创新型工匠

一、实施背景

创新是一个民族进步的灵魂，是一个国家兴旺发达的不竭动力。党的二十大报告指出，必须坚持“创新是第一动力”，坚持创新在我国现代化建设全局中的核心地位。我国在深入实施创新驱动发展战略、全面建设中国式现代化强国的伟大事业中，迫切需要一大批创新型高素质技术技能型人才作为支撑。广西电力职业技术学院作为广西高水平高职学校和广西首批深化创新创业教育改革示范高校，率先与北京中关村智酷双创人才服务股份有限公司一起，牵头组建广西职业院校创新创业教育联盟（见图 6-2），搭建职业教育创新创业教育公益平台，集聚院校、政府、行业协会、企业、园区、商会等海内外创新创业教育优质资源与要素，全力支持广西多所职业院校深化创新创业教育改革，打造广西职业教育创新创业共同体，赋能创新型技能工匠培养，服务我国技能型社会及中国式现代化建设。

图 6-2　校企双主体共同牵头成立广西职业院校创新创业教育联盟

二、主要做法

（一）理论指导，构建职业院校创新创业教育联盟生态系统

从教育生态学视角审视职业院校创新创业教育，运用生态理论整体联动思维和系统

平衡思维指导构建职业院校创新创业教育联盟生态系统，并将其分为宏观、中观和微观3个系统（见图6-3）。其中，宏观系统是指创新创业教育的生态环境，包括政策环境、文化环境、市场环境、金融环境、教育环境、技术环境、经济环境等；中观系统即参与创新创业的各方主体，包括政府、职业院校、行业企业、创业园区、孵化器等主要参与者；微观系统是职业院校创新创业教育联盟生态系统的核心层，汇集了中观系统及宏观系统在相互作用、相互影响下形成的创新创业资源要素，如课程体系、实践体系等，通过教师、方法、资源的共同作用实现学生的成长成才。宏观系统、中观系统和微观系统彼此融合、相辅相成、相互促进，共同构成职业院校创新创业教育联盟生态系统，推动职业院校创新创业教育工作有效开展。

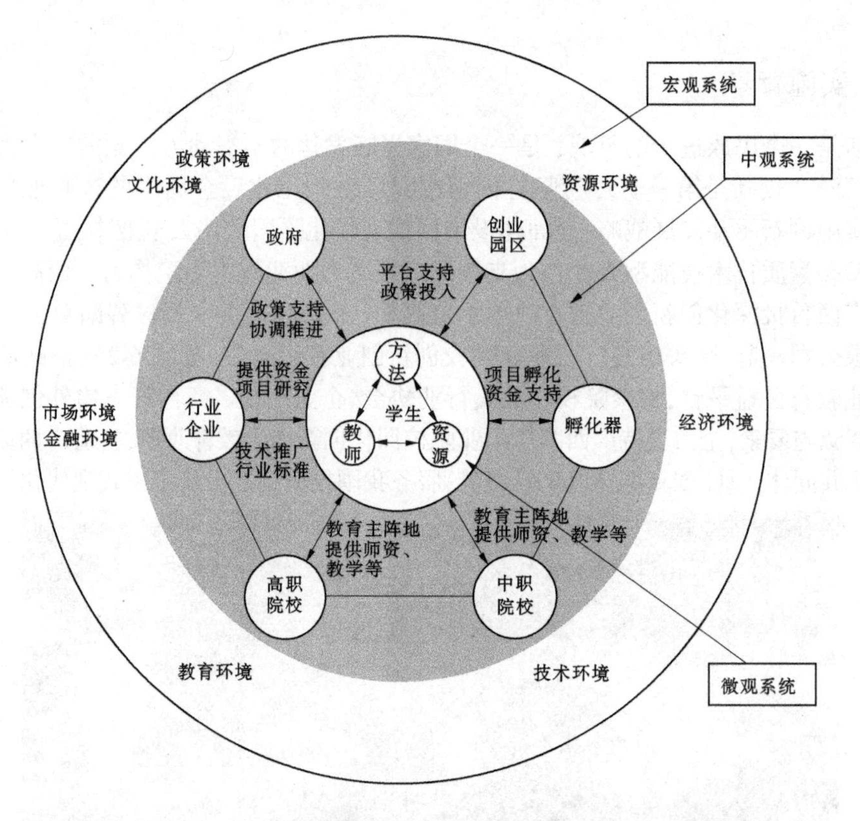

图6-3　职业院校创新创业教育联盟生态系统结构

（二）多元协同，架构广西职业院校创新创业教育联盟组织体系

广西职业院校创新创业教育联盟汇集了中盟科技园等37家企业、南宁职业技术学院等25所高职院校和广西理工职业技术学校等14所中职院校，并通过联盟大会选举产生理事长单位2家、副理事长单位38家、理事单位36家，理事长2名、副理事长21名、秘书长2名、副秘书长18名。联盟实行单位会员制，设立理事会、理事长会议和秘书处，理事会为联盟最高组织机构，负责制订联盟章程，研讨联盟发展规划，审议联盟年度工作报告和工作计划，具有审批新成员的加入、终止成员的资格。理事会下设“双创”教育资源建设专委会、“双创”项目建设与实践孵化专委会、职业院校“双创”大赛专委会、“双创”师

资建设专委会、"双创"职教研究专委会、企业资源开发专委会。理事长会议是理事会的常设决策机构，由理事长召集并主持，秘书处是理事会的常设办事机构，接受理事会领导，负责协调联盟成员单位、管理联盟平台与日常事务等工作。

（三）夯实保障，建立广西职业院校创新创业教育联盟协同运行机制

（1）建立重大事项共同决策机制。联盟活动由理事会统一组织，联盟重要事宜由理事单位共同商议决定，确保联盟高效、科学运转。

（2）建立"一会一活动"工作机制。每年召开一次理事工作会，每年重点安排一次主要活动，以此来加强联盟内成员间的联系，深化联盟内创新创业工作的开展。

（3）建立"共建共享"资源配置机制。充分整合学校和联盟骨干企事业单位的资源，建立校企创新创业项目交流、创新创业教育学分互修互认、"双创"师资培训认证等平台，实现企业项目、双创课程、师资培训认证等资源共建共享。

（4）建立"即时互通"信息交流机制。依托学校全国首批职业院校数字校园建设实验校优势，专门开发联盟成员单位信息交流 App，打破信息孤岛和区域空间障碍，实现高效沟通。

（5）建立"统管共用"经费运行机制。联盟的运行经费主要来自会员会费、项目经费、企业捐赠及政府资助，由秘书处严格按照财务制度统管，联盟成员单位共用。

（6）建立"奖惩分明"考核激励机制。联盟通过制定考核激励制度，奖惩结合，兼顾效率与公平，对联盟成员及工作人员开展考核及评先，以充分调动联盟成员的工作积极性。

（四）协同共创，实现联盟成员共享、共生、共长

广西电力职业技术学院作为广西职业院校创新创业教育联盟理事长单位，充分协调与满足联盟成员单位的个性化诉求，实现成员各方资源共享、事业共创、成长共荣。

（1）搭建"资源平台贯通、创新需求互通、创业孵化联通"的双创实践育人平台。依托北京中关村软件园，充分整合园、校、企优质创新创业资源，建设集大学生创新工作室、创新创业智慧工坊、直通中关村平台、大学生创业园、南宁中关村雨林空间孵化站、北京高校大学生创业园孵化站为一体的创新创业实践育人平台，联盟院校间共同开展育苗计划、火种行动、中关村大讲堂、创新创业特训营等双创实践活动，提升学生创新创业实践能力。

（2）构建、推广精益过程贯穿的课程体系。按照"课程精益开发、课堂精益教学、项目精益孵化"原则，校企共建"创新创业通识课程+创新思维训练课程+创新实践课程+创新创业与专业教育融合课程+创业孵化课程+创业指导"的创新创业课程体系，实施"发散、聚焦、行动、试错、迭代"螺旋提升的精益教法改革，邀请联盟成员共同开发创新创业基础课程并达成推广合作。

（3）构建、输出精益发展递进的创新创业师资培养模式。以创新创业导师培训工坊为载体，以创新创业课程建设为驱动，以创新创业竞赛指导为突破，通过目标层、结构层、类型层、能力层、路径层、基础层六个层次，夯实双创师资发展基础，创新师资培养路径，明晰师资能力要求，优化师资培养结构，打造一支由一级启发型创新思维导师、二级工匠型创新实践导师和三级教练型创业实践导师组成的专兼结合、校企融合的"双师多能型"创新创业师资队伍，并向广西工商职业技术学院、百色职业学院等多所联盟成员单位输送培训资源，为创新创业育人模式实施提供强有力的师资保障。

(4)建设职业教育创新创业研究基地。牵头组建职业院校创新创业教育研究队伍,与广西民族大学等本科院校共建自治区级“大学生创新创业教育课程”虚拟教研室,共同开展创新创业课题研究、课程建设、教材开发、双创成果转化等工作,整体提升广西职业院校创新创业教育质量与科研水平。

三、成果成效

广西电力职业技术学院作为广西职业院校创新创业教育联盟理事长单位,充分发挥示范带动作用,主动服务联盟院校,积极开展公益性双创师资培训、双创课程内容和双创实践活动输出,服务教师和学生总量分别达988人次和9.4万人次,促使广西电力职业技术学院并助力联盟成员单位取得丰富双创成果和显著成效。

广西电力职业技术学院先后被评为广西高校大学生创业示范基地、广西高校大学生创新创业典型示范基地、自治区大众创业万众创新示范基地和自治区级创新创业学院。近3年在中国国际“互联网+”大学生创新创业大赛中获得国赛铜奖2项、区赛金奖9项,区赛获奖总数量位居全区高职院校第二,获得广西职业教育自治区级教学成果一等奖2项、二等奖1项,立项建设“十四五”首批自治区职业教育规划教材1部。

通过联盟的建设与运行,联盟会员单位广西职业技术学院、南宁职业技术学院、柳州职业技术学院、广西水利电力职业技术学院、广西交通职业技术学院、广西国际商务职业技术学院、广西工业职业技术学院等7所高校获批广西高校大学生创新创业典型示范基地;南宁职业技术学院、柳州职业技术学院、广西建设职业技术学院等3所高校被认定为自治区级创新创业学院建设单位;广西职业技术学院、广西交通职业技术学院、广西国际商务职业技术学院、广西金融职业技术学院等4所高校被认定为自治区级实践基地建设单位;广西职业技术学院获批自治区大众创业万众创新示范基地;柳州职业技术学院课程“创新与创业实务”被评为2022年职业教育国家在线精品课程。

联盟会员单位在近3年的中国国际“互联网+”大学生创新创业大赛广西赛区选拔赛中荣获金奖的院校占中高职院校总数的37.5%,其中广西金融职业技术学院等14所联盟会员单位在第七届中国国际“互联网+”大学生创新创业大赛国赛中获奖,广西建设职业技术学院勇夺国赛金奖。

四、经验总结

广西职业院校创新创业教育联盟在打造双创教育生态、赋能创新型工匠培养中取得显著成效,主要经验有以下三点:

一是以理论为先导,建设校企双主体牵头、多主体共同参与和运营的联盟,形成多元协同、共荣共生的职业教育创新创业生态系统。

二是以制度为基础,夯实联盟协同运行机制,确保联盟持续、高效运行。

三是以行动为导向,创新平台、课程、师资建设举措,积极开展多形式、多渠道、有特色和富有成效的创新创业教育活动,促使联盟各校共同提高、共同发展。

五、推广应用

广西电力职业技术学院与北京中关村智酷双创公司双主体合作共建双创育人平台，形成的课程教学模式、师资培养模式、实践平台建设模式已在广西职业院校创新创业教育联盟推广，其中广西职业技术学院、黔南民族职业学院等 12 所区内外高校进行实践应用，广西工商职业技术学院 369 名学生直接参与课改。

创新创业教育 7 个典型案例入选全国十佳案例及全区优秀成果案例，并受邀在 2021 年广西高等职业教育教改成果培育、推广、申报研讨会等重要会议上发言，得到各地高职院校的广泛认可。

广西电力职业技术学院深化产教融合、校企合作，校企双主体共同开展创新创业教育工作，取得显著成效，受到环球网、中国教育新闻网、中国新闻网、光明网、中国职业技术教育网、中国国际“互联网+”大赛交流中心官微、《广西日报》、《南国早报》、广西八桂职教网、广西新闻网、南宁新闻网等 16 家国际、国内和省级主流媒体宣传报道，社会反响良好、影响深远。

总之，创新创业教育是一项复杂的系统工程，需要集合社会各界力量形成一个可持续发展的教育生态系统。职业院校创新创业教育联盟的成立，使这一教育生态系统得以实现，通过政府、职业院校、科研院所、产业园区、行业企业、孵化器等社会组织的合力，初步实现了学校与社会资源的链接与融合，为推进创新型技能工匠培养提供动力，为技能型社会建设提供有力的人才支撑。

案例三　教育信息化战略下构建电力高职教学新生态的探索

摘要：广西电力职业技术学院通过积极融入“数字中国”、对接“数字广西”，以“能源互联网应用样板”“5G 智慧校园”等重点项目为突破，实施“五个打造”系列信息化工程，促进学校信息化水平全面提升。到 2021 年年底，基本实现了“两高三全一态”的建设目标，即信息化基础设施建设和智慧应用水平显著提高，能源电力类专业资源库全面汇集、混合教学改革全面覆盖专业群课程、师生信息素养全面提升，建成信息化与教育教学融合的“互联网+电力职教”新生态。

关键词：教育信息化；电力高职；教学新生态

一、实施背景

信息技术的进步对教育产生重要影响，从一定程度上倒逼教育信息化发展。新时代的教育信息化正在从 1.0 迈向 2.0，以教育信息化支撑和引领教育现代化，是实现教育跨越式发展的必然选择。随着人们对教育新的认识和未来学习方式的改变，在教与学层面上，无论是学习理论的导向，还是学习方式变革的需要，必定会促进新教育教学生态的重建。而信息技术赋能教育成为实现教育多样化、个性化最重要、最有效的手段，创新应用信息化技术改造教学环境、手段、模式是实现电力高职教育教学提质增效的有效载体。

从教育系统上看,教育信息化2.0致力于构建面向全社会的新型教育生态,促进学习型社会的建设,形成灵活开放的终身教育体系。从教育服务功能上看,利用信息技术实现教育优质均衡和创新发展,为终身学习提供丰富的教育资源公共服务。从教育管理上看,科学布局构建教育业务管理信息系统,全面提升教育治理能力,推进基于大数据的教育决策。总体上就是要推动由"教育信息化"向"信息化教育"的转型发展,构建全新的教育生态,实现更加开放、更加公平、更加优质的教育。

为解决传统电力高职教育教学的环境、手段、模式等难以适应我国能源电力行业产业技术进步和高素质技术技能型人才培养培训以及终身学习、泛在学习的问题,学校结合自身优势和特点,聚焦电力产业转型发展对人才培养的新需求,强化以德育为先、能力为重的人才培养理念,制订了"信息技术+职教改革"的发展战略,将教育信息化技术作为电力职业教育教学改革的内生变量,积极构建电力高职教学新生态,不断变革学校教育形式和学习方式。

二、主要做法

(一)"院行企校"多方共建友好便捷的数字化学习环境

按照"同步规划、一体建设、标准先行、数据融通"的思路,"院行企校"形成共同体,共建友好便捷的数字化学习环境。广西电力职业技术学院于2015年开始与清华大学教育研究院共建综合教学平台,推进"人人、时时、处处"可学的优慕课综合教学平台应用建设,建成全校教师和学生全覆盖的在线教学环境;与中关村软件园、博努力(北京)仿真技术有限公司等企业共建"互联网+"电力仿真实训平台,涵盖变电、火电、水电各类仿真系统和各类可拆解的电力设备3D仿真模型;通过对接教育部规划建设发展中心、中教能源研究院,以综合能源规划、弱电智能化规划为设计蓝图,打造新校区综合智慧能源建设示范项目,建设光伏发电、储能系统、光伏-充电桩一体化车棚、智慧路灯、无线充电、能量反馈利用及综合智慧能源管理平台;与中国移动通信集团有限公司、华为技术有限公司、清华紫光集团旗下新华三公司签署战略合作协议,共建两校区5G智慧校园,加大出口带宽,实现"万兆接入""5G+Wi-Fi 6"高密覆盖的有线无线基站一体化融合的通信环境,新建标准化考场(智慧教室)和实训室数量达100间,新增华为模块化数据中心机房提升计算能力;与国家电网有限公司、中国南方电网有限责任公司、中国广核集团有限公司等能源巨头在虚拟仿真基地建设中共建实训基地,开发立体化教材、虚拟仿真资源、网络课程,共同组建虚拟实训工厂,在建已用二维和三维VR资源涉及50门核心课程,共200 T资源,支撑了学校区级以上仿真实训基地的申报;与广西北斗天衡航天科技有限公司共建的"北斗产业学院",建成具有"北斗导航+"特色的北斗导航应用技术校企协同信息化校内实训基地。同时与各信息通信技术或数字广西优秀企业打造数字校园平台和今日校园App,搭建网上服务办事大厅,创建学生在校全生命周期管理体系,在服务中实现对学生信息化渗透教育,推进了学校"教学应用全覆盖、学习应用全覆盖、数字校园建设全覆盖"的"三全"建设进程。

(二)用建同步开发电力特色的混合式教学课程和资源

按照学校教学生态建设方案,广西电力职业技术学院根据"试点先行、分步推进、示范引领、全面覆盖"原则,分阶段实施混合式教学改革。2015—2016年立项建设58门示范性混合式教学改革课程,2017年起,学校进入混合式教学改革推广阶段。至今,已开发混合式教学课程1 200门,并应用于教学当中。依托与清华大学教育技术研究院共建的融"教、培、研、创”于一体的综合教学平台，为推进混合教学改革信息化环境的变革，在全区率先建成数字校园一站式服务大厅与混合式在线教育综合平台相融合的教育信息化服务体系，使互联网的理念、技术与学院教学、管理和服务深度融合。在实践过程中，混合式课程教学改革不再只局限于为教改领域服务，而是持续巩固混改课程在资源统筹、推广施行上已取得的成果和经验，以教学应用为驱动，推进数字化校园实验校建设项目，提升并释放出教育信息化的融合创新效能，不仅改变了教与学的方式，而且已经开始深入影响到教育的理念、文化和生态，广西电力职业技术学院成为全国首批职业院校数字校园建设样板校之一。

（三）创建“信息技术+”教学生态魔方结构

信息化教学生态是基于信息技术整合教学过程的人、活动、场景、资源、技术与数据而构建的高效率新型教学系统。“信息技术+”教学生态魔方是在多维视域下，将信息化教学生态系统的构成要素及分布以魔方形式呈现和组合，使其具有“多模块、多组合、多维度”的特点和“共创、共享、共荣”的功能。其结构如图 6-4、图 6-5 所示。

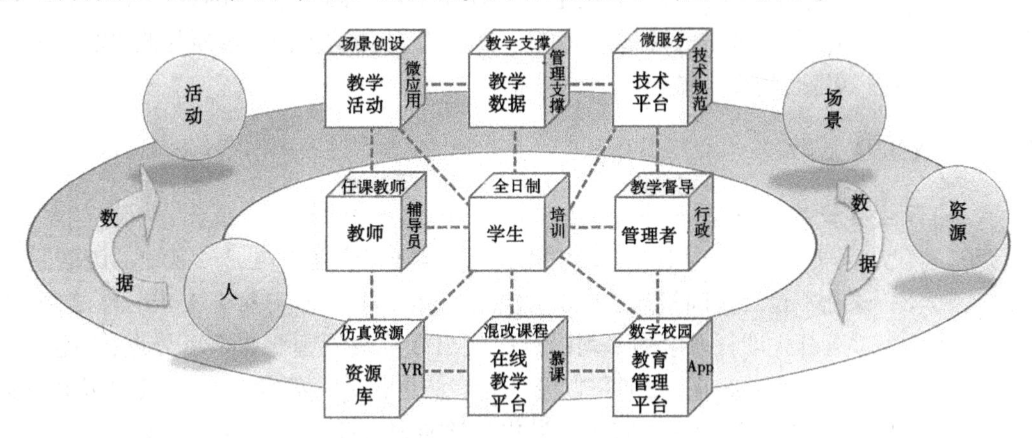

图 6-4　“信息技术+”教学生态魔方模型 1

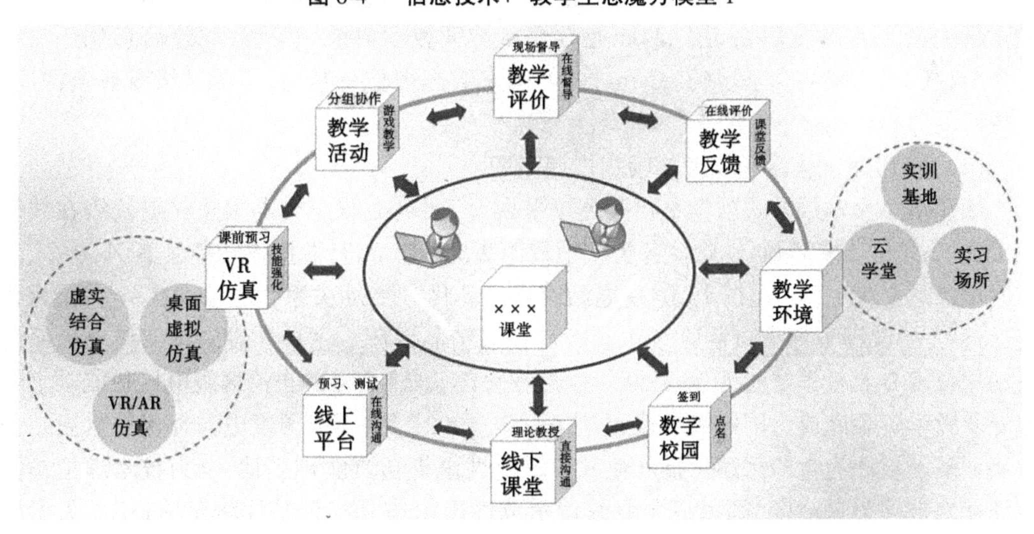

图 6-5　“信息技术+”教学生态魔方模型 2

"信息技术+"教学生态魔方结构是基于未来学习系统架构下,在信息化教学生态建设的实践中逐步创设而成的。魔方结构的关键模块是人,构建目标是满足教学中人的多样性需求,其核心是多维度的思考和数据决策的思维,让人在构建信息化教学环境中有更多的选择、更好的搭配和更创新的组合,在魔方结构中形成师生之间、生生之间、教师与学校之间、人与资源之间、校内校外之间的强连接,从而创造出更个性化、更切合学习者实际、更具时代性的教学新形态,让师生有机会共创新资源、新数据、新形态,共享新成果、新智慧、新技术,促进师生"共生共长"。

教学生态魔方结构应用到具体的课程上,就是根据不同的教学目标、教学对象、教学内容等需求,按照"需求确认—教学设计—场景选择—资源组织—技术适配—教学实施—数据采集—评估反馈"架构,在魔方中选择合适的模块,基于信息化驱动将每个模块连接起来,形成一个优化组合的课程教学微生态。

各种课程教学微生态更适合互联网下的碎片化学习,其运行产生的数据经过多维度、多层面分析,反馈至相关教学活动过程,由相关教学活动的主体作为诊断与改进教学质量的依据,形成教学生态的良性循环。

三、成果成效

(一)师生共长共荣,成效显著

2015 年至今,广西电力职业技术学院混改课程修课学生数超 3. 2 万人,访问量达 1 200 万人次,课程平台日访问量达 5 000 人次以上,生均在线学习每天 2. 8 小时,2019 年春季学期学生对混合式课程教学的平均满意率高出非混改课程 3. 8 个百分点;学生参加省级以上技能竞赛获奖 688 项;教师获省级以上信息化教学大赛奖 154 项,其中国家级奖 15 项,并实现了广西高职院校在国家级信息化教学能力比赛一等奖零的突破。

2019 年,广西电力职业技术学院申报的教学成果《教育信息化战略下构建电力高职教学新生态的研究与实践》获广西职业教育自治区教学成果一等奖;此外信息化还支撑了多个教学团队或实训基地的成果申报,如国家级虚拟仿真基地、自治区级专业资源库、在线精品课程等。

(二)优质数字化课程和资源领跑广西高职

依托清华大学混合式教学平台和超星平台,广西电力职业技术学院建成校级在线课程 1 200 余门,开发动画、视频等各类教学资源 2 500 余个,行业操作和事故案例 50 个,总访问量已达 9 000 万人次以上。"变电站综合自动化""劳动关系管理法律实务""单元机组运行"3 门课程被评为自治区级职业教育在线精品课程。主持建设的国家级电力系统自动化技术专业教学资源库于 2020 年通过教育部验收;主持的自治区级电厂热能动力装置专业教学资源库成为国家级备选教学资源库。2021 年,新能源发电与环保技术虚拟仿真实训基地被评为自治区第一批职业教育示范性虚拟仿真实训基地,电力技术虚拟仿真实训基地被评为自治区"国家级职业教育示范性虚拟仿真实训基地培育项目"。大量的信息化教学资源的配置为师生在教学上提供了充足的高质量学习资源,为学校活页式新媒体教材的编写、教学方法的变革提供了的新兴素材资源。

（三）学校不断争创自治区级以上信息化品牌

2017年，“全面打通数据流转，积极构建育人‘两平台’”案例被评为教育部教育管理信息化应用优秀案例；2018年，职业院校数字校园建设实验校项目全部通过验收；2019年，申报案例被评为清华大学“职业教育信息化发展报告（2019）信息化治理与服务优秀案例”；2021年，“教育信息化战略下构建电力高职教学新生态”入选中央电教馆典型案例。在学校层面，2020年入选职业院校网络与信息安全专业校企合作建设项目，2021年入选中国教育发展基金会—戴尔“数字经济下的未来劳动力技能提升”项目院校，2021年获中央电教馆职业院校数字校园样板校称号，2022年学校获广西职业教育信息化标杆学校称号。

四、经验总结

（一）在加强信息化实践的同时要注重理论指导和总结凝练

参与教育部职业院校数字校园建设实验校、示范校的申报过程，既是建设网络、软件的项目实践过程，又是需要相应理论指导和顶层设计的一个过程。在多年的信息化实践中，广西电力职业技术学院创建了师生“共生共长”的电力职业教育教学生态魔方结构，将信息技术赋能职业教育落实在“信息技术+”教学生态魔方结构的创建上，通过师生共创实现共享共荣，从而实现“促智能校园建设、促教学质量提高、促优质资源建设、促教育教学创新、促办学竞争力提升”的“五促”效果。

（二）善于在实践过程不断进行迭代创新

无论是小的信息化建设项目，还是大的混合教学平台建设、虚拟仿真基地建设，都不是一蹴而就的事，需要多年的努力。学校创立的“三类四级五结合”混合式教学课程改革管理机制，正是持续改进、不断完善的过程。该课程改革管理机制涉及混改课程建设、教师成长、教学实施，主要做法是基于大数据分析指导“三类”混合式教学课程开展、师生适当地开发与应用，按照“四级”递进的成长路线引领教师在教学创新中实现自我发展，从“德智合、工学合、理实合、虚实合、双师合”五个维度引导课程团队改革课程教学，促进学生全面发展，持续优化师生共生共长的教学生态。

（三）建立促进师生应用信息化的激励机制

要探索建立促进教师应用信息化的激励机制，紧紧依靠广大教师，充分调动他们的积极性、主动性，使他们“会用、乐用、常用”；要建立健全资源开发利用的长效机制，更新优化原有教育教学平台和资源库，有效支持课堂教学和个性化学习的优质课程资源体系；在学校人事绩效改革中，各部门年度绩效尝试将信息化建设内容纳入部门绩效占比，对学校各职能部门配合信息化建设起到了一定的推动作用。

五、推广应用

（一）提升了社会服务能力

近4年，依托信息化电力技术综合服务平台，通过远程自主在线学习和线下应用检验等方式培训有关企业员工近20 000人日。

(二)发挥了一定的示范作用

先后有保定电力职业技术学校、广西国际商务职业技术学校等30多所院校来广西电力职业技术学院学习交流,郑州电力高等专科学校、广西机电职业技术学校等10余所区内外职业院校学习借鉴了该成果的有关做法,取得明显成效,受到有关院校的肯定。多次受邀在全国、全区有关会议上发言。先后在全国电力教指委全体委员会议、清华教育信息化论坛、广西高职教改教研经验交流会等会议上做相关经验介绍10多次,受到与会领导、专家、教师的好评。

(三)形成了较好的社会效益

《广西日报》、广西电视台、光明网等多家主流媒体先后对该成果进行了86次报道;在《中国职业技术教育》《广西电业》上发表了成果建设的3个典型案例。

案例四　产业导向　多元协同　共育新能源产业技术技能人才

摘要:广西电力职业技术学院与广西电力行业协会、南方电网综合能源股份有限公司、国家能源集团、中广核新能源有限公司、中国能源建设集团有限公司等20家央企、地方重点企业、行业龙头企业、职业教育培训评价组织共建新能源产业学院,建立校企多元协同育人机制,形成优势互补、互利共赢、"标准制订、人才培养、培训鉴定、技术服务、成果转化"贯通的育人共同体+创新联合体,为广西及周边地区的能源绿色低碳发展提供强有力的人才支撑,服务国家"双碳"目标和地方经济社会高质量发展。2021年12月,新能源产业学院入选广西首批高等职业教育示范性产业学院。

关键词:产教融合;新能源;产业学院;双碳;协同育人

一、实施背景

为实现碳达峰、碳中和目标,我国大力推动风电、光伏发电、储能等能源技术的开发与应用,推动能源产业低碳化、绿色化发展,构建新型电力系统。我国能源结构的全面低碳转型,引发了相关产业对复合型、创新型高技术技能人才的新要求,对职业教育适应社会需要提出了新课题。为深化职业教育改革,国家出台了一系列政策、措施。国务院办公厅印发的《关于深化产教融合的若干意见》提出,支持引导企业深度参与职业学校、高等学校教育教学改革,多种方式参与学校专业规划、教材开发、教学设计、课程设置、实习实训,促进企业需求融入人才培养环节。推行面向企业真实生产环境的任务式培养模式。鼓励企业依托或联合职业学校、高等学校设立产业学院。国务院印发的《国家职业教育改革实施方案》提出,推动校企全面加强深度合作,推动职业院校和行业企业形成命运共同体。教育部印发的《绿色低碳发展国民教育体系建设实施方案》提出,建设一批绿色低碳领域未来技术学院、现代产业学院和示范性能源学院,加大绿色低碳发展领域的高层次专业化人才培养力度。教育部印发的《加强碳达峰碳中和高等教育人才培养体系建设工作方案》提出,促进传统专业转型升级。进一步加强风电、光伏、水电和核电等人才培养。加快传统能源动力类等重点领域专业人才培养转型升级。推动标准共用、技术共享、人员互通。瞄准碳达峰碳中和发展需求,针对不同类型和特色高校,创新人才培养模式,分类打造能够引领未来低碳技术发展、具有行业特色和区域应用型人才培养实体,发挥示范引领作用。

为顺应时代要求,广西电力职业技术学院积极与广西电力行业协会、南方电网综合能源股份有限公司、国家能源集团、中广核新能源有限公司、中国能源建设集团有限公司等20家央企、地方重点企业、行业龙头企业、职业教育培训评价组织合作,共建新能源产业学院。新能源产业学院对接新能源装备制造安装、发电运维、消纳存储等新能源电力产业链,聚焦人才培养质量提升,以服务产业为抓手,构建促进新能源高效安全生产、高质量人才培养、新能源应用技术研究、应用技术推广协同发展的产教命运共同体,为广西及周边区域新能源相关产业高质量发展提供技术技能人才培养和技术技能创新服务支撑。

二、主要做法

广西电力职业技术学院始终坚持产教融合、校企合作的办学主线,在机制上大力创新,充分发挥新能源产业学院机制优势,通过行校企共建产教融合平台,不断完善校企合作长效机制,走出一条产教融合良性互动的发展新路。

(一)创新校企协同育人机制,精准培育绿色发电高技能人才

新能源产业学院深化产教融合多元办学机制,建立产业人才需求三级同频响应专业建设机制,共同实施人才培养模式改革,实现专业结构布局调整与产业转型升级发展、专业内涵建设与产业技术升级同频共振。打造学生思政教育、技能培养、劳动育人和专创融合"四个支点",实施"多元协同、虚实结合、校企交替"岗、课、赛、证综合育人模式。与上海康恒环境股份有限公司等企业开展现代学徒制订单培养。校企共建广投能源来宾发电有限公司等10个生产性产教融合实训基地、生物质燃料燃烧工程技术研究中心等5个协同创新中心和工程技术研究中心以及4个大师工作室。建成1个自治区级教学资源库、3门自治区精品在线开放课程、4门课程思政示范课。立项1部自治区"十四五"规划教材。建成"全国电力行业职业能力评价基地"(22个工种),牵头4项国家"1+X"证书试点项目,承担9项国家职业教育专业教学标准和5项行业企业标准开发。学生获3个国家级、57个省部级技能竞赛奖励。人才培养模式改革荣获自治区教学成果一等奖和全国电力职业教育教学成果一等奖。专业群通过广西高水平高职学校建设验收并获优等级。

(二)聚焦能源产业链创新链,建设高水平绿色发电双师团队

围绕新能源发电行业"绿色、低碳、数字、智慧"发展需求,搭建教师发展平台,引培并举,打造"双师型"教学团队。依托新能源产业学院,建立校企师资互融通道。针对企业需求培养人才,聘请合作企业工匠、技术能手为学生授课。同时组织校内教师积极参与合作企业岗位标准制订,为行业竞赛担任评委,为企业生产技术活动提供支持和服务,支持骨干教师送教、送技术服务入企,促进与企业深度交流。建成电厂热能动力装置(新能源发电方向)国家级职业教育教师教学创新团队。在新能源产业学院合作共建单位中,引进高水平兼职专业带头人6名、行业企业大师名匠6人,其中全国五一劳动奖章获得者1人,广西工匠及市级工匠3人,广西壮族自治区劳模1人,广西五一劳动奖章获得者3人。双师型教师占比达85%。1人被评为广西教学名师,19人入广西科技专家库。获得12项

省部级以上教师竞赛奖励。

(三)紧跟能源结构转型,提升绿色发电服务品牌影响力

依托新能源产业学院成立“碳达峰碳中和产教融合发展联盟”,举办“双碳”论坛。定期承办广西水利电力建设集团、广西广投能源集团有限公司职工技能大赛等3项行业企业技能赛项。为能源电力企业开展技能培训鉴定及竞赛服务超过6万人日。为广西壮族自治区应急管理厅“特种作业(电工)培训教师培训及考核标准”制定行业标准2项,为广西电网公司制定“水电站运行值班员”“水轮机检修工”“发电机检修工”等企业标准3项,为广投能源桥巩能源公司制定职工岗位评价标准及评价资源6套,为广投北海发电有限公司研制培训课程包等。承接广西能源电力行业企业各类横向技术服务16项。建成广西制冷学会“双碳”科普教育基地。与中广核新能源公司、中广核防城港核电公司、中能建广西水电集团、广西广投能源集团有限公司等能源电力企业开展文化共建,定期举办党支部共建联建、企业班组共建、企业文化进校园、劳模工匠进校园等活动。

(四)服务“一带一路”能源合作,推进绿色发电技能人才培养国际化

与东盟国家、中资能源企业合作,建设中泰电力丝路学院、中老电力丝路学院及新能源工坊,输出中国方案。与泰国两仪集团东亚糖业共同开展现代学徒制人才培养,为广投能源来宾发电有限公司等提供国际学生(员)订单培养和定制培训服务。建成“光伏电站智能运维”“离心泵安装检修”等2个自治区级面向东盟国际化职业教育资源,“光伏电站运维”“垃圾焚烧发电技术”等2门国际课程通过了东南亚教育部长组织技术发展中心认证,并向东盟国家推广应用。面向东盟国家招收新能源装备技术专业留学生。承办“一带一路”暨金砖国家技能发展与技术创新大赛“新型碳中和能源管控技术及应用”赛项国内总决赛。

三、成果成效

(一)创新专业群“全链条全生态”产教融合发展模式

与行业组织、能源央企、地方重点企业、行业龙头企业共建新能源产业学院,打通新能源装备制造、安装、调试、运维、储能调峰、科技服务、人才评价等全链条合作领域,形成共建共享“人才培养—人才评价—人才聘用—人才培训—技术服务”生态圈的专业群建设与发展模式。获得国家级职业教育教师教学创新团队、国家级职业教育示范性虚拟仿真实训基地、全国电力行业职业能力评价基地和自治区级在线精品课程、课程思政示范课程、专业教学资源库、面向东盟国际化职业教育资源、示范性虚拟仿真实训基地等一批标志性成果,为高职院校同类专业群建设发展提供了示范与路径。2021年12月,新能源产业学院被评为广西首批高等职业教育示范性产业学院。

(二)开发系列企业人才评价规范,填补地方可再生能源技术技能人才培养空白

为广西电网公司开发了面向小水电站3个职业工种的岗位评价规范及题库,并应用于培养高技能人才,填补了广西该类技术技能型人才评价规范的空白,引领地方可再生能源技术技能型人才培养。参加修(制)订全国能源电力1个职业本科专业、8个国家职业教育专业教学标准,形成中职、高职和职业本科衔接贯通的专业(职业)标准开发能力。

四、经验总结

(1)经验启示:精准对接与之高度匹配的新能源发电产业,校企共建产业学院,整合产业链和人才链优质资源,基于"产业导向、多元协同",以"标准制订、人才培养、培训鉴定、技术服务、成果转化"为创新服务驱动,激发企业参与协同育人的内生动力。以平台为支撑,以项目为依托,激发企业深度参与协同育人的积极性,促进企业持续、深入参与协同育人,发挥产业学院有效协同育人作用。

(2)下一步举措:新能源产业学院进一步吸引行业、企业、科研院所和社会组织等多元主体,建立共同决策的组织结构和决策模式,完善机构运行、考核情况、激励情况的制度建设,促进产业学院成员的深度合作、紧密运行和协同发展。

五、推广应用

(一)引领了同类院校专业高质量发展

新能源产业学院建设提升了能源电力高技能人才培养质量,引领了同类院校专业高质量发展,提高了新能源产业学院成员企业生产效益,为区域能源电力产业的持续发展提供了人才储备和技术支持。学生对口就业率高,就业质量好,毕业生、家长和用人单位的满意度都在95%以上。新能源产业学院的人才培养模式改革与探索荣获了广西壮族自治区教学成果一等奖和全国电力职业教育教学成果一等奖,对于各类职业院校的教育改革,尤其是能源电力行业相关的中职、高职院校具有重要的指导和提升作用。新能源产业学院建设案例入选2023年广西职业教育工作会议产业学院建设典型案例。近年来有郑州电力高等专科学校、山东电力高等专科学校、重庆水利电力职业技术学院等10多所同行院校到校交流学习、借鉴。新能源产业学院建设经验多次获得了中国教育电视台、《光明日报》、《广西日报》、广西新闻网等多家主流媒体报道,引起了社会良好反响。

(二)发挥了产业学院平台辐射作用

新能源产业学院连续几年承办了全国高等院校学生发电机组集控运行技术技能竞赛、"一带一路"暨金砖国家技能发展与技术创新大赛"新型碳中和能源管控技术及应用"总决赛等新能源发电领域赛事,以上赛事分别有来自全国30多家的本科、高职参赛院校。连续多年承办中国能建广西水电集团、广西广投能源集团有限公司等大型能源的企业职工岗位技能竞赛,获得了社会、行业和企业极高评价。新能源产业学院成为学校、能源电力行业、企业重要的岗位技能竞赛和交流平台。产业学院先后多次举办全国职业院校垃圾焚烧发电机组运维、光伏电站运维等"1+X"证书师资培训班,成为全国能源电力职教师资培养的主要平台。

案例五 产教深度融合,推进智能电力产业学院实体化运作

摘要:针对国家、产业、学校高质量发展的需要,广西电力职业技术学院扛起职业教育改革的担当,聚焦"绿色、数字、智慧"新型电力系统发展需求,建成以发电厂及电力系统专业为龙头,以电力系统自动化技术、输配电工程技术、供用电技术、移动互联网应用技术4个专业为骨干的自治区高水平专业群,组

建具有新型电力系统特色的智能电力产业学院。发挥产业学院产业优势,加强校企协同,深化产教融合,持续探索更多人才培养和专业共建方案的经验,为社会持续输送高素质技能人才,为推动现代职业教育高质量发展贡献力量。

关键词:校企合作;产教融合;协同育人;三教改革;共建共管

一、实施背景

国家高质量发展亟须高技能人才。2019年国务院印发的《国家职业教育改革实施方案》(国发〔2019〕4号)提出了新的中国职业教育标准体系。2020年7月,教育部办公厅等部门联合印发《现代产业学院建设指南(试行)》,同年9月,教育部等九部门发布《职业教育提质培优行动计划(2020—2023年)》,2022年5月1日起实施《职业教育法》。国家多措并举推动职业教育改革,特别是加强产业学院建设,推广产教融合模式已初显成效。电力工程学院根据《国家职业教育改革实施方案》《广西壮族自治区关于推进高等职业学校产业学院建设的指导意见》的通知(桂教职成〔2020〕60号)等文件精神,深化校企合作改革,积极落实《广西电力职业技术学院校企合作管理办法(试行)》(桂电职院〔2021〕216号),坚持育人为本、龙头引领、共建共管、互动发展的原则,融合外部主体优质育人资源,打造人才培养、科学研究、社会服务经济和社会发展的重要平台。

二、主要做法

广西电力职业技术学院主动对接电力产业链的行业龙头及专精特新企业,与50个大单位签订校企合作协议,共建高水平协同育人平台。通过与广西电网有限公司、中国南方电网有限责任公司超高压输电公司南宁局、长园深瑞继保自动化有限公司、南亚电器有限公司、珠海康晋电气股份有限公司等单位共建实训基地30个,共建服务行业龙头企业、专精特新企业、中小微企业的智能电力产业学院1个。

(一)校企发挥资源优势,合作共建产教融合实习实训科研基地

(1)以需求为导向,共建育人基地。广西电力职业技术学院与中国南方电网有限责任公司超高压输电公司南宁局在百色利用超高压局培训基地共建广西电力技术虚拟仿真实训基地联合体,以破解电力行业大型复杂智能生产系统教育培训“看不到、进不去、成本高、危险大”关键困难为目标,共建共享输变电专业职工培训基地,设立电气试验仿真实训室、带电作业仿真培训实训室等,充分发挥基地的功能和作用,实现优质资源的开放共享和持续应用,服务行业、企业人才需求,助力行业产业和经济社会发展。

(2)搭建项目共研创新平台。依托虚拟仿真实训基地专家指导委员会和协同创新中心等,定期研讨产业发展、产教融合、校企合作的热点、难点问题,设立教改及技术研发专项课题。以双碳背景下校企合作为契机,开展校企在技术研发、专业课程改革、技能人才培养及校企文化互相渗透等方面深度合作,更好地为能源电力产业发展、技术升级和地方经济服务。例如:合作建设带电作业仿真系统,包括“超高压500 kV交流带电作业”和“特高压800 kV直流带电作业”的三维精细化建模展示和作业内容模拟仿真开发,开展不停电作业相关工器具及作业方法研究,开展基于3D、虚实结合的变电运行仿真系统软

件开发等。

(3)校企合作开展职业培训。根据校企合作发展需要，与广西电网共建共享变电专业职工培训基地，主要包括1座内桥接线的110 kV培训变电站和1个220 kV主变进线间隔，以及变电专业的运行、检修、试验实操培训场(室)；开展培训、考评、竞赛、教学研究和科研等合作。

(二)开发德技并修、书证融通的人才培养方案

引入电力行业基层经验丰富的大师名匠，校企共建专业建设委员会，共建结构化教学团队，发挥校企双方教师的不同特点，以三教改革为着力点，校企融合推动教学改革。一方面对接“1+X”证书标准，融合技能竞赛、创新创业等相关内容，融入“电力工匠”精神素养，将课程思政及各类新技术、新工艺、新规范融入专业教学内容，构建德技并修、书证融通的新能源电力专业课程体系。根据发电厂及电力系统专业运维、智能微电网运维等新兴职业岗位的典型工作任务，校企合作开发基于工作过程导向的模块化课程，配套开发课程教学标准、新形态融媒体教材和信息化教学资源。

在人才培养过程中，校企共同研究专业设置，共同设计人才培养方案，共同组建教学团队，共同开发教材与课程，共同建设实习实训平台，共同制订人才培养质量标准。双主体育人取得显著成效，形成了“校企深度融合，与中国南方电网有限责任公司超高压输电公司南宁局共建共享共赢”“构建产教融合‘五度’体系，共筑‘八桂电力工匠’人才培养高地”“四方联动铸造平台，携手共育专业人才”等多个典型案例。联合华蓝设计集团共同开发“分布式发电与智能微电网”自治区资源库，并准备申报相关教材；联合广西弘燊电力共建“分布式发电站设计”国际化培训资源包。

(三)创建大师名匠工作室，打造赋能能源电力产业转型升级发展的校企结构化团队

围绕国家碳达峰碳中和和能源电力产业智能化、国际化转型升级带来的新需求，成立大师名匠工作室。主要是依托现有协同创新中心、产教融合实习实训基地等校企协同合作平台，吸纳企业和兄弟院校来校专职或兼职工作，进一步优化团队成员的年龄、学历、职称和专兼结构。

通过建立健全专职教师企业实践轮训制度和校企教师相互帮扶指导机制，全面提升工作室团队成员的教学科研、生产实践和创新服务能力；通过健全大师工作室的运行管理制度，发挥大师在产业学院人才培养、竞赛成果打造、科技项目培育、行业应用推广等诸多方面的影响力和关键作用。

实施《发电厂及电力系统专业群“大师名匠工作室”建设管理方案》效果明显，截至2022年10月，发电厂及电力系统专业群共建6个大师名匠工作室，即唐劲军大师名匠工作室、黄文德大师名匠工作室、刘秀雄大师名匠工作室、祝世登大师名匠工作室、杨耀祖大师名匠工作室、兰海大师名匠工作室，以上6位中的5位是广西电力职业技术学院校友，并获得省级以上人才称号。大师工作室参与专业群课程建设及人才培养方案修订研讨会5场。指导分布式发电与智能微电网协同创新中心同广西消防总队合作开展“电动汽车安全运行问题及消防管理研究”，指导风光氢储综合能源微网技术协同创新中心、分布式发电与智能微电网工程技术研究中心的资金投入和人才培养方向，加大对分布式发电与智能微电网技术专业团队的资金投入和人才引进，开发储能技术和氢能在碳中和应用等课程和教学资源。引导大家聚焦碳达峰碳中和产业链，协同攻关创造更好的成绩。

三、成果成效

依托中国—东盟能源电力职业教育集团，创新产教融合校企合作共建共享协同育人机制。联合开展2个产教融合协同培养本科试点专业，牵头实施9个国家“1+X”证书制度试点，主持立项全国电力高职首个国家级电力技术虚拟仿真实训基地，主持建成广西高职首个国家级电力系统及其自动化技术专业教学资源库、国家级“高电压技术”课程思政示范课程、国家级“变电站综合自动化”在线精品课程，自治区级电力系统自动化技术专业群发展研究基地和3个自治区级国际化职业教育课程（资源包），引领全国电力高职产教融合校企合作创新发展。

建成智能电力产业学院，形成校、园、企多方合作共育共享新型人才培养模式。电力工程学院与中国南方电网有限责任公司超高压输电公司南宁局，江南区产投工业园、邕宁区产业园、高新区工业园等园区，广西南亚电器有限公司、特变电工智能电气有限公司等电力装备企业，广西宝光明建设有限公司、广西国泰电力有限公司等多家企业共建“智能电力产业学院”。产业学院根据国家及电力行业发展需求，遵循理论与实践相结合的原则和产教融合的教育理念，采用校、园、企多方合作共同育人的方式，发挥学校教育教学资源优势，围绕专业群建设、课程建设、师资建设、技术开发、培训服务、就业合作、顶岗实习等开展合作。例如，与中国南方电网超高压输电公司、大唐岩滩水力发电有限责任公司、宜州水电总厂等多个行业龙头企业共同制订人才培养方案，建立教师工作站、学生实训基地。在校内与广西壮族自治区应急管理厅建成广西电工作业实操考试示范基地1个。

四、经验总结

推进产教深度融合，需要建立高水平产教融合平台。智能电力产业学院依托中国—东盟能源电力职业教育集团，坚持“优势互补、资源共享、互惠双赢、共同发展”的原则，共建智能电力产业学院，创新产教融合校企合作共建共享协同育人机制。与以广西电网有限责任公司为代表的龙头企业共建高水平产教融合示范基地，与以广西南亚电器有限公司为代表的国家级专精特新企业共建校企合作基地；与其他电力行业知名企业共建绿色电力可持续发展研究院，共建绿色数字化电力技术资源中心，共建绿色低碳工程技术实训中心，绿色电力协同创新合作中心，搭建绿色智慧电力云平台，促进“双元”育人，切实提高复合型技术技能型人才的培养质量。

五、推广应用

智能电力产业学院积淀了“电亮师魂”育人团队建设经验，面向职业教育系统与同类院校结成协作共同体，组织专业学术会议，开展学术交流，展示团队师资队伍建设模式，分享建设经验，促进团队间合作交流，促进协同发展。

智能电力产业学院探索了深化产教融合的路径，面向电力行业、企业，拓展校企合作广度和深度，落实三教改革一体化。通过建立校企合作理事会，参与标准制订，并与企业建立协同培养机制，开展学术交流、承办技能大赛、发表学术论文，共同开发和推广应用新技术、新工艺、新标准和新规范，共同建设“1+X”证书制度课程标准及配套教材、教学资源库等成果，实现团队和“政、企、校”协同发展。

智能电力产业学院打造了“中国职教标准”，面向东盟国际区域，依托中国电力企业联合会和中国—东盟博览会平台，面向东盟国家输出创新团队建设标准、教学模式及相关教材、培训和认证标准，提高团队成员参与国际职业教育的能力，服务中国企业“走出去”，提升中国职业教育的国际影响力和话语权。

案例六　产教融合育匠人　校企协同齐发展

——中关村智酷双创产业学院建设发展纪实

摘要：广西电力职业技术学院高度重视产教融合校企合作，深刻理解建设产业学院是培养现代产业发展的高素质应用型、复合型、创新型人才的现实需要。学校着力打造中关村智酷双创产业学院，引企入教，合作研发，送教入企，持续深化与企业的产教研合作。根据产业链发展变化趋势、企业用工需要和学生自身职业生涯规划，依据企业岗位需求设置课程标准，精挑细选地方信息化产业骨干企业典型工作项目，重构、优化课程体系，建立基于信息化手段的学业预警机制，健全促进教学质量提升的规章制度，整合校企优质资源，建设创新创业教育联盟，设置创新创业校外实践基地，实施协同育人。全面依托校企科研平台，积极推动联合项目开发，应用科技成果服务地方经济发展。瞄准企业创新需求，积极开展技术服务培训，努力发挥学校在企业员工技术技能继续教育中的本位作用，赋能行业可持续发展。通过深化校企产教研合作，学生双证率逐年提升，各类技能竞赛和创新创业竞赛成绩斐然，学生综合素质提升显著，校企联合科研能力及社会服务能力提升明显，成果惠及社会经济发展，形成了校企合作双方互利共赢的良性循环。

关键词：校企合作；产教研；引企入教；送教入企

一、实施背景

2017年，国务院办公厅印发了《国务院办公厅关于深化产教融合的若干意见》。2019年，国家发展改革委、教育部、工业和信息化部、财政部等6部门联合印发的《国家产教融合建设试点实施方案》，要求把产教融合作为人才培养模式改革的重要切入点，带动专业调整与建设，引导课程设置、教学内容和教学方法改革，让高校的发展与国家社会经济发展的目标相一致。2020年，教育部办公厅、工业和信息化部办公厅印发的《现代产业学院建设指南（试行）》，提出经过4年左右时间，以区域产业发展急需为牵引，面向行业特色鲜明、与产业联系紧密的高校，重点是应用型高校，建设一批现代产业学院。

广西电力职业技术学院高度重视产教融合校企合作，着力打造以北京中关村软件园为主导、以产业学院为重要平台载体的信息化技术全链条产教融合校企命运共同体。于2020年成立中关村智酷双创产业学院，依托产业学院瞄准服务地方社会经济发展，强化与行业龙头企业合作，围绕专业建设、人才培养、科技服务、继续教育等方面推进产教融合育匠人的改革与创新。

二、主要做法

(一)基本思路

中关村智酷双创产业学院积极协同学校、行业、企业各方利益,集聚校企教师、工程师队伍,整合各方资源、资金力量,以合作育人、合作就业、合作研发、共同发展为指导思想,以专业链对接产业链为工作主线,以"共享互补、互利共赢、共同发展"为原则,以培养区域信息化产业对专业技术型人才的需求为导向,突破高职教育和产业衔接壁垒,积极开展专业建设、应用型人才培养、课程体系构建、实习基地建设、双师型队伍建设、就业服务、双创项目孵化、工程技术实践创新及社会服务,共同为地方信息化产业发展做出贡献,实现地方产业链、创新链和高职教育链的全面融合。

(二)具体做法

1. 协同育人,创新人才培养模式(见图 6-6)

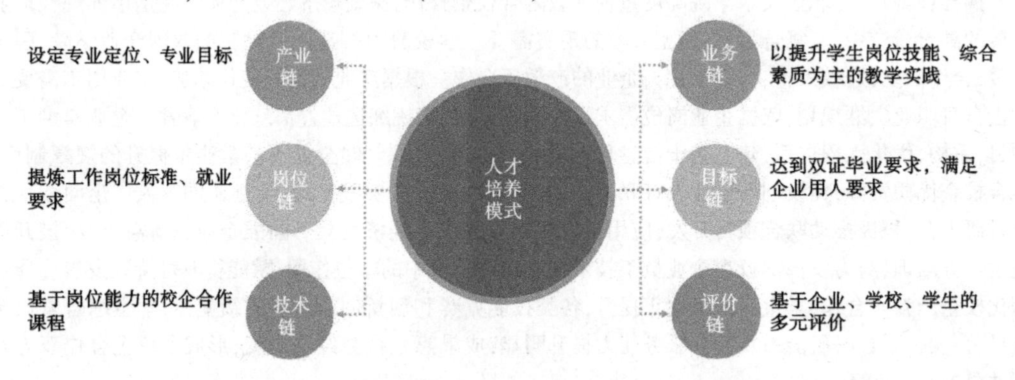

图 6-6　中关村智酷双创产业学院创新人才培养模式

中关村智酷双创产业学院积极发挥各方优势,牵头组织学校教师到北京中关村软件园龙头企业、广西地方信息化产业一线企业等具有优质信息化产业特点的骨干企业实施实地调研,了解行业技术发展状况、企业发展情况、企业对岗位的定位要求、各类型人才能力及人才需求等信息,形成具有高价值参考意义的调研报告。联合骨干企业和学校召开人才培养专题会议,探讨先进知识和高超技能相融合、胜任多种工作场景的跨界型应用人才培养新模式,探索一徒一师、一徒多师、定向培养、企业订单、创新工作室等多元化学徒制人才培养新途径,专门培养区域产业需要的一线信息化技术人才。根据产业链发展变化趋势、企业用工需要和学生自身职业生涯规划,在全人才培养周期中,动态调整实践目标、学习内容,实现人才能力培养与提升的无缝衔接。中关村智酷双创产业学院同步积极与区域信息化行业企业、"1+X"证书牵头企业的专家共同研究制订人才培养方案,实行与区域产业需求相吻合的学历证书、与职业任职资格相匹配的技能等级证书并轨发展的"双证"制度。根据产业转型与发展要求,动态调整专业群建设方向和各专业培养方向,切实丰富中关村智酷双创产业学院内涵。中关村智酷双创产业学院始终将学生学习成效的达成作为建设过程的重要考核内容,持续完善基于成果导向教育理念的质量保障体系,依据企业岗位需求设置课程标准,健全促进教学质量提升的规章制度,建立基于信息化手段的学业预警机制,利用大数据技术渗透教学过程、教学效果的全过程,实现教学监控与反馈，重构学校、企业、学生三个主体共同参与的教学质量评价和反馈机制，根据评价反馈结果，对各专业培养目标、核心能力课程标准、教学方式和教学条件等方面进行优化，促进学生核心能力达成，适应区域产业链发展。

2. 精心打磨，重构课程体系

围绕提升学生工程实践能力和创新创业精神，中关村智酷双创产业学院充分利用校、企双方协同效应，精挑细选地方信息化产业骨干企业典型工作项目，重构、优化课程体系，将课程分为包含企业文化、工匠精神的职业素养课程和包含知识基础、职业技能、拓展能力的专业课程两大教学模块，改进实践教学体系和教学方式。

一是职业素养类课程模块。提取具有显著信息化行业特色的企业文化和工匠精神，以企业高层管理者、行业专家、技术骨干授课为主，打造以企业文化体验、户外拓展运动、行业技术讲座、优秀创业项目分享为形式的职业素养课程。

二是重构专业群共享课程体系。根据中关村智酷双创产业学院和专业群的建设目标，以企业典型工作项目为教学主线，修订专业群共享课程教学标准，建设教学内容、考核方式相统一的专业群共享课程平台，打通底层链接，为学生实现专业群内跨界工作打下基础。

三是优化对接各个专业方向的专业核心课程。根据不同专业方向对人才知识能力的具体要求，构建专业核心课程链，针对性提升学生专业能力，突出各专业特色。

四是拓展跨界技术类课程。摸清高年级学生的专业兴趣和求职倾向，联动一线信息化企业售前、设计、编码、测试、维护等多岗位企业教师依托国家级协同创新中心、自治区级特色实训基地为学生学习锻炼保障，针对性开展专业教学与设计指导，实现企业岗位要求与在校学习的互联。

五是联合优秀信息化企业，共建省部级移动互联应用技术专业教学资源库，以思政为引领，打造课程思政示范课，选择资源丰富、形式多样的课程建成开放精品课程，保障教学资源的与时俱进、迭代更新。充分利用虚拟仿真实训平台、线上线下混合式教学平台，突破时空限制，实现以学生为中心的教学方法。

六是专业课程充分融通技能竞赛新技术、新要求，技能等级证书标准，融入创新创业元素，形成多元合一的专业课程体系（见图 6-7）。

3. 对接产业，开展服务合作

中关村智酷双创产业学院积极依托北京中关村软件园企业平台、广西地方企业、移动互联应用技术专业协同创新中心，整合优质企业资源，组织区内外的高新技术企业广西艾科普科技、广西尚途科技、飞牛智能等近 20 家相关行业企业加入创新创业教育联盟。联盟作为创新创业校外实践基地，就行业发展展开深层次的交流。联盟助力学校成功申报自治区大众创业万众创新示范基地，与自治区教育厅共同开发《创新创业基础》教材 1 本，与学校共同开发高等教育出版社教材《创新创业基础》1 本。围绕区域新一代信息技术专题，针对广西地方企事业单位开展以新一代信息技术、大数据、人工智能等技术为主题的多场交流讲座，受众人数达到 2 000 人次以上，受到一致好评。充分利用校企科研平台，设立开放性研发项目，完成“广西电子账簿”等横向课题研究，助力企业数字化转型，适应产业智能化升级、专业细分领域创新发展的新要求。

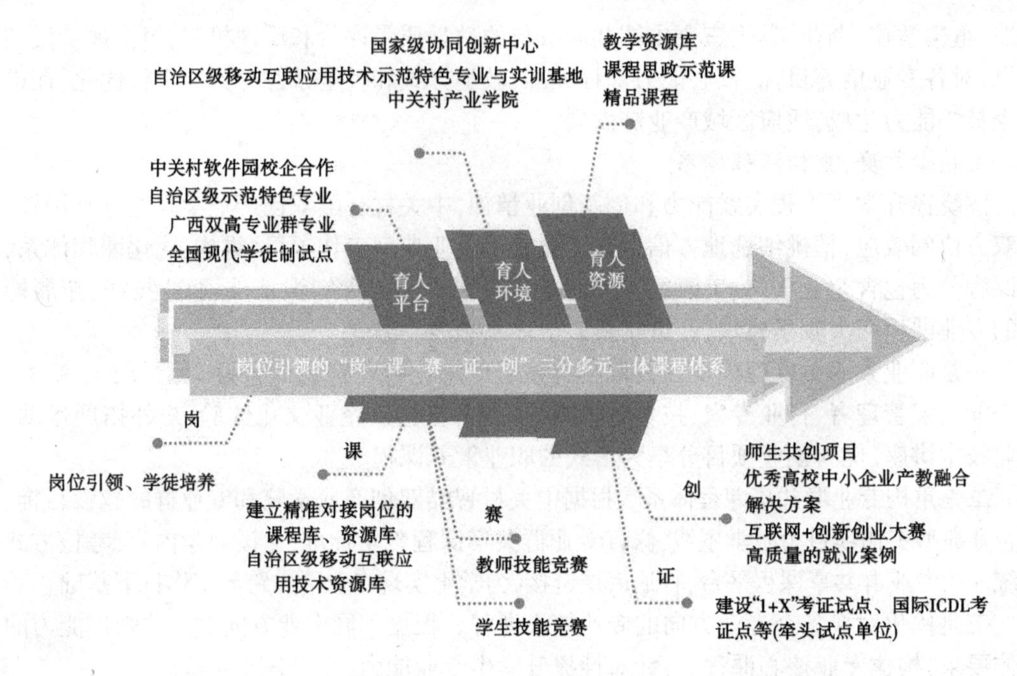

图 6-7　岗位引领的"岗—课—赛—证—创"三分多元一体课程体系

三、成果成效

(一)校企协同育人成效好

2020—2022 年,学生在各类技能竞赛中,获国家级三等奖 3 项,省级一等奖 7 项、二等奖 7 项、三等奖 23 项。学生在创新创业大赛中获得国家级铜奖 1 项,省级金奖 1 项、银奖 3 项、铜奖 19 项。学生双证率逐年提升,2020 年、2021 年、2022 年分别为 38.4%、84%、91.4%。学生就业率达到 97%,对口率达到 82%。其中,25%为国有企业,职业能力达成度达到 75%以上。

(二)科技研发创新能力强

产业学院取得多项实用新型专利及软件著作权。《MOREAL 资产运维》虚拟仿真作品在第九届中国创新创业大赛广西赛区获初创组优秀作品。联合广西捷成电子科技有限公司共同开发的"广西电子账簿"财务软件,已经在广西壮族自治区 50 多个县级财政局上线使用。

(三)社会服务能力提升大

2021 年,产业学院联合南宁高新区大学生科技创业基地、广西南宁魔丽科技公司共同建设人工智能 SLAM 技术应用研究中心、实训基地,有力支撑了产业上下游企业活动。2022 年,产业学院联合广西艾科普科技、广西尚途科技、飞牛智能等近 20 家相关企业加入创新创业教育联盟,支持教育厅和学校编写《创新创业基础》教材各 1 本。为广西南宁西格汇居电子科技有限公司等企业提供技术指导、技能培训等 1 124 人次,直接产生经济效益 95.5 万元。

四、经验总结

经验启示：主动对接优质企业，积极发挥企业能效，深入了解企业用人需求和岗位能力要求，推动构建校企协同育人、与行业要求相匹配的人才培养模式和课程体系，引企入教，努力推动人才培养与时俱进，促进行业企业的良性发展，是提升学生职业能力、创新能力的重要路径；全面依托校企科研平台，积极推动联合项目开发，努力磨合校企团队协作能力，提升校企科研技术能力，探索校企合作项目分配机制，助力地区产业发展；坚持创新驱动，瞄准企业创新需求，积极开展技术服务，努力发挥学校在企业员工技术技能继续教育中的本位作用，送教入企，学习不脱产，赋能行业可持续发展。

存在的不足：校企产教研合作中，在吸纳同类院校、科研院所资源方面投入不足，存在机制短板；在寻求项目合作时，过于依赖企业拉动效应。

下一步举措：坚持创新驱动，优化体制机制，重视校企人才队伍建设，加大产教研投入，搭建校地企人才供需桥梁，扩宽合作途径，多措并举、扎实推进，全力构建更深层次、更为长远的校企合作关系，推动学校和企业同频共振、共同成长，形成以校企共同成长支撑产业发展的模式，实现学校和企业发展双赢。

五、推广应用

中关村智酷双创产业学院主动对接行业优质企业，积极了解企业用人需求，细致分解企业岗位要求，大力发展学徒制、订单班、工作室等培养形式，共同合作开发专业课程体系，深入融通行业、技能证书标准，全力构建协同育人新模式，积极推动校企联合项目开发，着力提升校企科研能力，积极开展技术服务，努力发挥学校在企业员工技术技能继续教育中的本位作用。这些做法具备显著的可操作性和可实施性，十分适合应用于建设有一定校企合作基础的各类本科、高职、中职院校。

当然，中关村智酷双创产业学院的具体做法，是在一定校企合作基础上的深化、延展及创新，校企双方均需具备校企合作经验。这是产业学院建设中值得关注的重点。

案例七　产教科创互融互促　多举措培育电力装备智造新型人才

摘要：电力装备制造是国家“十四五”发展战略性新兴产业，随着电力装备产业转型升级和创新发展，智能制造工程学院专业群依托产业学院建设，主动适应产业转型升级发展和供给侧结构性改革需要，纵深推进产教科创融合，促进教育链、人才链与产业链、创新链有机衔接，构建具有地方特色的新时代产教融合电力装备智造专业人才培养体系，为创建自治区高水平专业群打下坚实的基础。

关键词：专业群；产教融合；双师队伍；课程体系；实践育人

一、实施背景

电力装备制造是“国家战略性新兴”和“广西‘十四五’规划”的重点发展产业之一，

是2030年实现碳达峰、碳中和的关键产业。随着能源电力传统生产企业的转型升级，运动控制、工业以太网、机器视觉、数字孪生等智能技术在电力装备制造业得到了广泛应用，电力装备的产品形态、研发手段、生产方式及服务模式实现了创新发展，服务电力装备制造产业转型升级亟须新型产教融合平台支撑，与企业技术发展相适应的师资队伍关键能力亟须提升，与电力装备高素质技术技能型人才培养需求相匹配的专业内涵建设亟须加强。

基于上述原因，智能制造工程学院以建设电力装备智造产业学院为契机，立足广西电力装备制造产业集群，紧扣产业"两化"融合带来的高端技术技能人才培养新需求，与地方电力装备"专精特新"中小企业和区外智能制造技术行业知名企业紧密合作，依托广西高水平专业建设项目，创新校企合作模式，深化产教融合内涵，打造混编型"双师双能"型专兼职师资队伍，构建专业群发展新构架和协同育人新平台，通过"三教"改革，形成了岗位技能交叉融合培养的产教科创互融互促育人机制，为智能制造专业群适应新业态、新职业打下良好基础。

二、做法

（一）引企入校，共建产教融合命运共同体

依托南宁高新技术产业园区和南宁五象新区新兴产业园的科技型企业、电力装备制造产业集群，联合南宁市电力装备制造类国家级专精特新"小巨人"企业、科技型中小企业，汇聚我国机器人、运动控制、人工智能等智能制造关键产业链技术链重点龙头企业和电力装备应用大型国企等，成立电力装备智造产业学院，组成电力装备智造产业学院校企共同体（见表6-1）。

表6-1 电力装备智造产业学院校企共同体

序号	主体	类型	地址	主要领域	备注
1	广西电力职业技术学院	高等专科学校	广西南宁市高新区、五象新区	高职院校	国家优质高等专科学校、广西高水平高职学校
2	广西南亚电器有限公司	有限责任公司	广西南宁市五象新区	配电开关控制设备研发、制造等	科技型中小企业、国家级专精特新"小巨人"企业
3	广西春茂电气自动化工程有限公司	有限责任公司	广西南宁市高新区	电力、电气自动化设备研发、试验和制造等	高新技术企业、科技型中小企业、国家级专精特新"小巨人"企业
4	广西南宝特电气制造有限公司	有限责任公司	广西南宁市高新区	输配电及控制设备制造；配电开关控制设备制造等	高新技术企业、国家级专精特新"小巨人"企业

续表 6-1

序号	主体	类型	地址	主要领域	备注
5	广西森格自动化科技股份有限公司	股份有限公司	广西南宁市高新区	输配电及控制设备制造；配电开关控制设备制造等	高新技术企业、南宁市专精特新企业、广西产教融合型企业
6	南宁弗纳姆智能科技有限公司	有限责任公司	广西南宁市江南经济开发区	自动化生产设备及自动化控制设备的设计、制造等	高新技术企业、科技型中小企业
7	北京华航唯实机器人科技股份有限公司	股份有限公司	北京市海淀区	工业机器人系统集成等	国家级专精特新“小巨人”企业、教育部“工业机器人集成应用”1+X 证书评价机构
8	苏州富纳艾尔科技有限公司	有限责任公司	江苏苏州工业园区	人工智能科技、智能科技、计算机科技领域技术开发等	科技型中小企业、教育部“工业视觉系统运维”1+X 证书评价机构
9	固高派动（东莞）智能科技有限公司	有限责任公司	广东省东莞市松山湖园区	工业自动控制系统装置制造、智能机器人研发等	科技型中小企业、教育部“运动控制系统开发与应用”1+X 证书评价机构
10	广西派动教育科技有限公司	有限责任公司	广西南宁市西乡塘区	科技推广和应用服务	人社部“工业机器人系统操作员”职业技能等证书评价机构
11	广西电网有限责任公司	有限责任公司	广西南宁市兴宁区	电力装备应用等	特种作业操作证“高低压电工作业”培训
12	广西曼顿科技有限公司	有限责任公司	广西南宁市江南区	电力装备应用及智慧运维等	能效管理中心运维管理培训
13	广西宝光明建设有限公司	有限责任公司	广西南宁市良庆区	智能配电装置生产、机电安装、电力工程施工总承包	10 kV 不停电作业技术培训

电力装备智造专精特新产业学院聚焦发电装备、输电装备、配电装备、用电装备、储能装备等电力装备制造和应用的 5 个领域，通过产教深度融合，共建 1 个智能制造专精特新产教融合研究院、1 个智能制造技术专精特新产教融合教育教学与资源中心、1 个智能制造技术专精特新产教融合实践与实训中心、1 个智慧用电专精特新产教融合创新合作中

心、1 个智能制造产业人才大数据专精特新产教融合智慧云平台等,形成以“一个研究院、三个中心、一个平台”为核心的“1+3+1”专精特新产教融合创新发展载体(见图 6-8)。

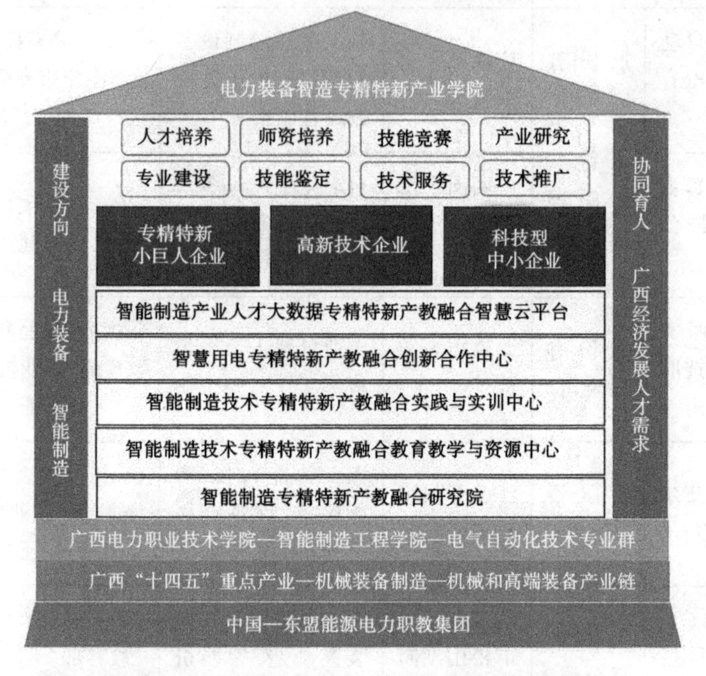

图 6-8 电力装备智造专精特新产业学院整体规划

通过校企科研合作,助力南宁各园区电力装备制造类专精特新“小巨人”企业、中小企业加快与新一代信息技术融合研究的能力,加快电力装备产品形态、研发手段、生产方式与服务模式创新变革,推进装备制造智能化绿色化发展;通过校企共建中国—东盟能源电力职业教育集团,围绕“一带一路”,助力本地区优势电力装备企业“走出去”。通过电力装备智造产业学院建设,优化广西电力职业技术学院产教融合共同体,提升学校在全国的影响力,为增强服务电力装备制造产业及广西区域经济社会发展能力提供全方位支撑。

智能制造工程学院坚持走校企同生、共育技术技能人才之路。通过对接产业发展,制订校企协同人才培养方案,实现校企共同制订人才培养标准、共同开发课程、共建校企师资队伍、共享校企基地平台、共同研发新技术新应用,共建校企同生共育人才大平台(见图 6-9)。

(二)强师铸魂,全面推进高水平双师队伍建设

智能制造工程学院全面聚焦新时代工匠之师培育,创新“师德立基、能力固本、激励助推”的教师队伍建设机制。坚持师德师风第一标准,实施“匠心师德”工程。通过打造“双师双能”型师资队伍,不断更新迭代教师的教学业务水平和专业技能,服务学生成长成才。2022 年 5 月专业群入选自治区“运动控制系统开发与应用”“物联网单片机应用与开发”2 个专业群内通用的“1+X”证书试点建设单位。专业群以“1+X”证书建设为契机,不断推动课程改革,进一步强化实践型、实战型教学团队建设,取得了明显成效。2022 年,共有 15 名教师参加“工业机器人系统操作员”职业技能等级证书培训,9 人获高级技师资格、6 人获技师资格;5 名教师通过考核并获得了“物联网单片机应用与开发”职业技

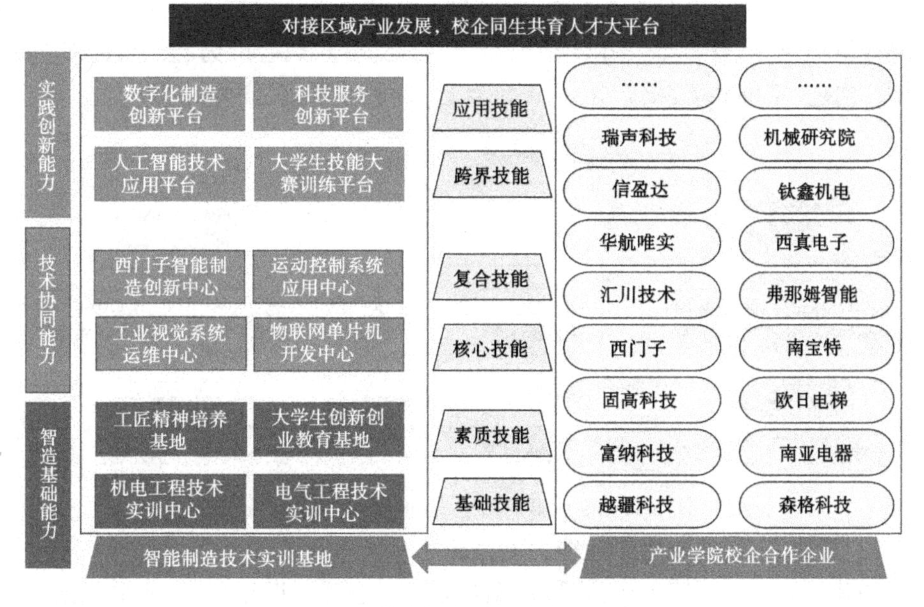

图 6-9 校企同生共育人才大平台

能等级考评员证书和培训讲师证书;3 名教师参加“工业视觉运维”和“数字孪生与仿真”新技术培训;建成了 1 个大师名匠工作室,为全面实现“书证融合、课岗融通”育人模式、提升电力装备制造业人才培养质量提供强有力的师资保障。

(三)专业集群发展,构建“平台+方向+模块”课程体系

专业群以 2 个办学实力强、就业率高的广西高水平建设专业——工业机器人技术、机电一体化技术作为核心专业,按照专业基础相通、技术领域相近、职业岗位相关的组群逻辑组建智能制造专业群,形成专业群集群发展模式(见图 6-10)。

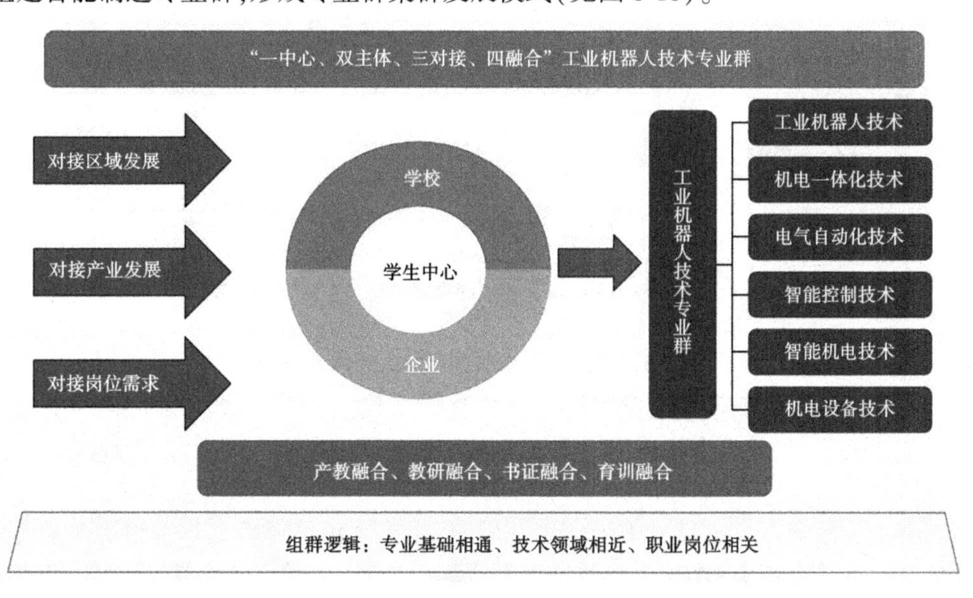

图 6-10 专业群集群发展模式

专业群基于装备制造产业的人才培养需求，对接电力高端装备制造产业链、创新链，坚持“德智体美劳”五育并举，按照“基础能力、核心能力、综合能力、复合能力”四级能力递进要求，构建“基础共享，核心分立，拓展互选”课程体系(见图 6-11)。

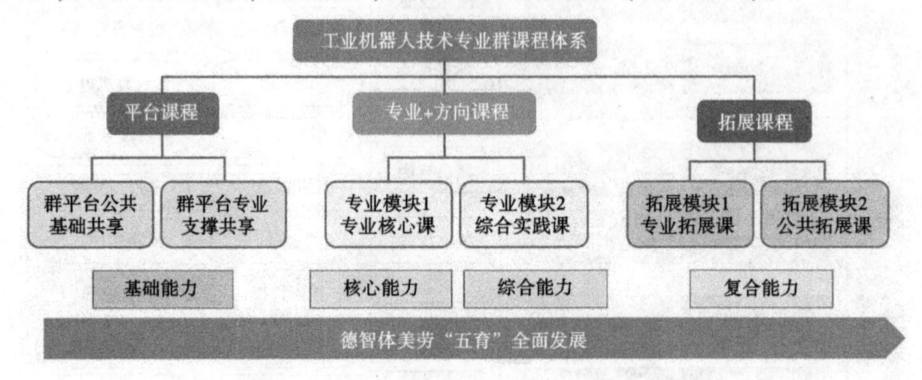

图 6-11　专业群“平台+方向+拓展”课程体系

(四)实践育人，精准构建专业能力大体系

(1)构建技能大赛训练平台，将科技元素融入专业课。近年来，专业群根据技术发展动态，共建成 4 个技能大赛训练平台，形成了对智能制造专业群技能人才培养的“三个特色促进”。一是以赛促宣，营造技能强国氛围。二是以赛促转，推动专业技术转型。三是以赛促改，改变教师教学观念。

通过大赛成果转化为 3 种作品(学业作品、创新作品、毕业作品)实践，在课程和实践中植入创新思维、思政元素、电力文化、产业先进元素等课程思政育人元素，形成“专业+”多元能力大体系(见图 6-12)。

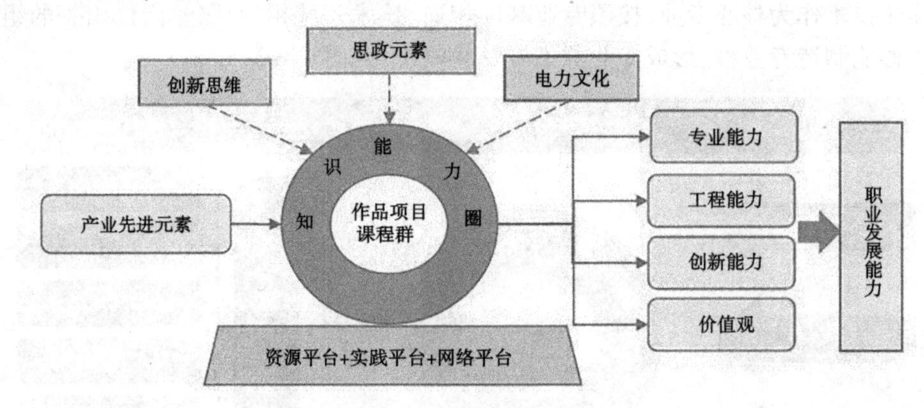

图 6-12　“专业+”多元能力大体系

(2)勠力同心，实现科创互研互促。大学生创新创业比赛已成为专业群深化教育教学改革的重要手段，并成为智造学子实现专业创新与梦想的舞台。专业群参加大学生创新创业比赛技术含量高、专创融合高、项目质量高，参与师生多、入围现场总决赛项目多、获得金奖项目数量多。2022 年专业群第八届中国国际“互联网+”大学生创新创业大赛广西赛区选拔赛总决赛中，共有 5 个项目入围现场总决赛，取得 3 个金奖、2 个银奖的优异成绩。专业群通过“以赛促教、以赛促学、以赛促创”，增强大学生创新创业能力，磨炼其

创新创业的精神品质，使专业群专创融通教育教学改革迈向更高的台阶。

(3)组建教师科技创新团队，服务中小企业发展。专业群以国家级生产性实训基地为载体，围绕广西南宁市区域经济发展需求，对接智能制造相关企业，组建教师科技创新团队，开展科技创新活动，推动职业教育与区域产业协同创新发展。目前专业群已经组建了 2 个教师科技创新团队。2020—2022 年，教师科技创新团队深入南宁高新区等，为弗纳姆“机器视觉工业机器人工作站”等项目提供技术支持；应用“数字化无损探测技术”创新成果，深入广西制糖企业进行设备检修技术服务，校企共同服务 30 多家广西制糖企业，解决技术应用“最后一公里”问题，并取得经济效益 120 多万元。

三、成效与经验

(一)聚焦服务发展，促进了产业主动融入专业建设和协同育人

通过提升科技服务能力，激发了教师对产业融入教学和协同育人的热情，打通了产业与专业间双向深度融合路径，实现了人才链、产业链有机衔接，提高了人才培养的质量和针对性，创新和丰富了产教融合内涵。

(二)创建多技术大课程学习平台，创新了课程育人新模式

多专业、多技术、多课程协同，先进产业元素进课程，构建“素质能力集”，课程群对接新型岗位群，育人元素有效融入学习过程，实现了多元课堂协同联动育人创新。

(三)探索实践育人新模式，开辟人才精准培养新途径

聚焦服务发展，实施“企业+工匠+教师+学生”联合会诊，实现“平台共建、技术共享、难题共解”，构建“科技—竞赛—创新”循环互动圈，探索了实践育人功能的新方法和途径。

四、推广与应用

(一)学生就业岗位匹配，就业满意度高

据麦可思 2019—2021 年毕业生培养质量典型数据分析，专业群 61%的毕业生就业于新能源、交通、电力装备制造等大型企业，29%的毕业生就业于高端智能制造企业，岗位适配度达 94%，专业群就业满意度逐年提升，2020 年、2021 年满意度分别为 83%、89%。

(二)创建专业品牌，专业建设成效显著

2020 年，机电一体化技术专业和工业机器人技术专业入选“广西高水平专业群建设专业”，工业机器人技术专业入围 2022 年第八届“恰佩克 · 全国高校机器人产教融合 50 强”。

(三)协同育人成效受到教育部、广西壮族自治区的认可及表彰

专业群教工党支部 2021 年荣获广西壮族自治区先进基层党组织称号，2022 年通过教育部第二批全国党建工作样板支部建设验收。

案例八　探索“五度”路径　共筑电力职教“五化”高地

摘要：广西电力职业技术学院以增强产教融合的“紧度、强度、实度、深度、高度”等“五度”为目标要求，依托电力服务平台的软硬件建立项目化、模块化、仿真化、混合化、标准化的“五化”实训培训模式，促

进了产教的深度融合,增强了学校的办学活力、动力和实力。

关键词:“五度”路径;电力职教;“五化”

一、实施背景

广西电力职业技术学院(以下简称学校)是由广西壮族自治区教育厅直管的广西唯一一所公办能源电力类高职学校。在上级政府和教育行政部门的领导下,在有关行业企业,尤其是中国电力教育协会和全国电力教指委以及有关电力企业的大力支持下,经过四十余年的建设与改革,学校目前已经发展成为一所以能源电力类专业为主体、区域重点产业需求的多门类专业融合发展,集高职学历教育、成人本专科继续教育、职业技能培训和技术服务为一体的,全日制高职在校生1万余人的综合性新型电力高等职业学校,是国家优质高职院校和广西“双高”建设高职院校。

学校自成立以来,与电力企业一直保持着紧密的“血缘”关系,尤其是近年来,面对新时代经济社会发展的新机遇和新要求,紧紧围绕国家产业转型升级、企业技术创新发展、高职院校提质培优的新需要,坚持“产教融合、校企合作、协同育人”理念,以“电亮匠心”为内核,积极开展产教融合、校企合作的研究与实践,以获得广西高等教育教学改革工程重点立项的“行业高职院校服务地方产业‘五融合’模式和机制的研究与实践”“基于内涵建设的电力高职院校可持续发展战略研究”“创建特色鲜明全国一流的电力高职院校的研究与实践”等研究项目为依托,不断探索和深化产教融合的新机制、新模式和新途径,积极与有关行业企业合作构建产教融合的“五度”体系,校企共筑“八桂电力工匠”人才培养高地,系统推进深化产教融合、校企合作,有力促进教育链、人才链与产业链、创新链的有机衔接,取得了明显成效。

二、主要做法

为有效破解多年来高职院校普遍存在的产教融合不紧、不深、不实,办学模式单一,教学资源不能适应人才培养需要,社会服务能力不够强以及人才培养供给侧和产业需求侧在结构、质量、水平上还不能完全适应“两张皮”等问题,学校高度重视深化产教融合工作,把它当作促进学校内涵发展,增强学校办学活力、动力和实力的重要抓手,强化顶层规划设计,以优化组织体系为基础,筑牢命运共同体,增强产教融合的“紧”度;以创新制度机制为保障,集聚优势资源,增强产教融合的“强”度;以聚焦共同愿景为重点,细化内容目标,增强产教融合的“实”度;以创新育人模式为载体,提升人才培养质量,增强产教融合的“深”度;以创建服务平台为依托,强化实体化运作,提升产教融合的“高”度,系统推进产教融合、校企合作不断地迈向新高度。产教融合“五度”体系结构如图6-13所示。

(一)优化组织体系,增强产教融合的“紧”度

优化组织体系是深化产教融合的基础。为此,学校以利益相关者理论为指导,建立集团化、系统化、立体化、层级化的“四化”产教融合组织体系和机制,筑牢命运共同体。一是牵头成立广西能源电力职业教育集团,明确了集团的性质宗旨、发展目标、集团成员的权利和义务等。二是依托职教集团组建校企合作促进委员会,其成员由政府部门制订相

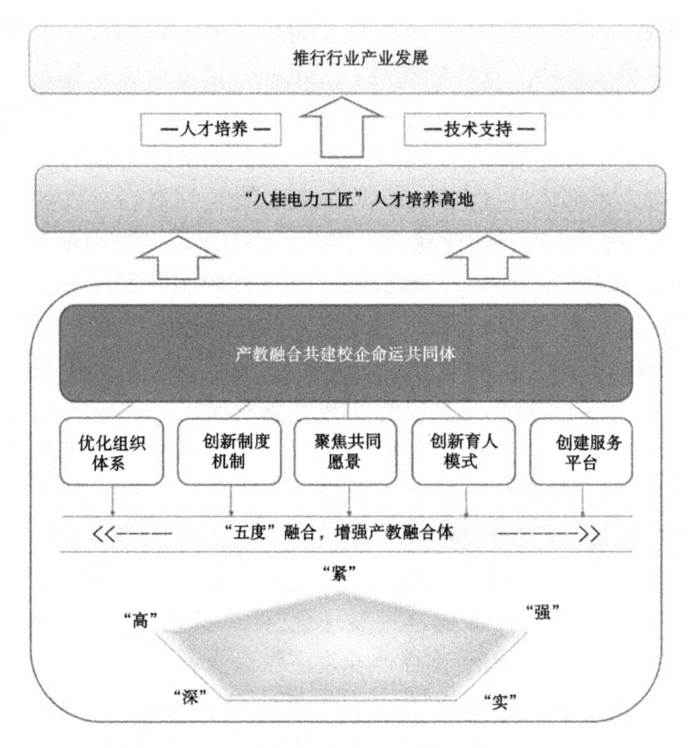

图 6-13 产教融合“五度”体系结构图

关行业产业发展规划的专家、学校领导、行业企业负责人等人员组成，共同商定产教融合的发展方向和目标、重要项目等。三是设立了产教融合发展办公室，配备了专职人员，聘请了具有企业工作经验的博士为办公室主任，具体组织落实校企合作促进委员会决策的有关项目和事务。四是成立产教融合发展研究中心，采用专兼结合方式，聘请校、政、企等多方专家作为其研究团队成员，围绕深化产教融合的难点、痛点、热点和关键点等问题开展系统研究，为深化产教融合提供理论依据和实践指导。五是成立了校友会，组建了校友办公室。此外，在二级学院层面还成立了专业建设指导委员会，并联合组建产教融合专业课程建设团队，专门针对产业发展和职业岗位技术与素养要求，开展专业和课程建设与人才培养的研究与改革。

（二）创新制度机制，增强产教融合的“强”度

创新制度机制是深化产教融合的保障。为此，学校依托产教融合发展研究中心的研究团队，根据产业发展、国家有关政策、学院的规划，先后研究制订《广西电力职业技术学院深化产教融合发展规划（2020—2025 年）》《广西电力职业技术学院深化产教融合实施方案》等系列制度机制，有力促进了校企优质资源的“五融合”。一是资本融合。以此引领专业群探索实践多元主体建专业，如机电技术专业群与罗克韦尔自动化（中国）公司合作，融合双方资本建成了罗克韦尔自动化实训室等一批实训室，面向全体师生及社会提供高端的国际自动化工程师认证培训与鉴定服务，同时也为企业积极推广其先进技术与设备，扩大其区域以及行业领域的影响力。二是技术融合。以此带动专业教学体系紧跟行业发展，将企业的新技术及时融入专业教学中，比如引进北京伯努利仿真公司等企业先进技术,面向行业企业共同开展电力技术、热能与发电等专业群的技术开发与服务工作,进而为相关企业提供技术支持。三是标准融合。以此带动专业教学体系紧跟行业发展,使各专业在人才培养过程中都把行业技术标准、职业岗位工作标准、操作规程、管理规范等作为教学标准融入教学各环节。四是人才融合。以此打通校企共育共享人才的通道,使校企充分发挥各自人才优势,通过合作开展项目研究、论坛研讨等方式,使校企人才融合发展,共同推进专业建设。五是文化融合。以此促进专业特色文化的形成,促使各专业群通过对专业实习实训场所布置、校园景观设计、学生实训实习服装配备、学院网站栏目安排、文艺表演节目、运动会比赛项目设计等形成立体化企业文化育人的氛围。

此外,建立每年召开深化产教融合发展研讨会、专业人才培养论证会、产教融合重大项目论证会、“三教”改革协调会等会议制度和专业发展需求和动态调整、产教融合责任主体督查等机制,有效激活和集聚了各方优势资源和要素,从而实现产业与专业、产业学院与产业布局深度融合,合作企业全过程、全要素深度参与专业建设和人才培养。

(三)聚焦共同愿景,增强产教融合的“实”度

聚焦共同愿景是深化产教融合的重点。学校根据国家和产业发展需要,坚持“以产引教、融教于产、以教促产”的产教融合发展理念,将产教融合多元主体利益诉求聚焦到共同愿景,即把提高人才培养质量、支撑产业发展作为产教融合发展的“双元”总体目标,始终坚持以此作为深化产教融合的出发点和落脚点,并将其分解、细化为相应的子目标、子任务,落实到相关多元主体系统各环节的实践中。在人才培养方面,根据产业发展、技术升级需要明确人才培养规格质量标准要求,对人才培养过程的各环节、各要素进行分解和优化重构,明确实施的责任主体与利益,使其形成最佳的组合形态和模式,产生最大效益,并以此作为考核产教融合相关主体绩效的主要内容;在技术服务方面,组织师生科研创新团队围绕电力技术和产品综合开发与应用等方面问题,设计课题,为企业解决痛点、难点问题,实施“三个一”工程,即每个专业群要建立一支技术服务研究团队,每支技术服务研究团队要有一名以上相关企业行业技术骨干或专家参与,每支技术服务研究团队每年要为相关企业解决一项以上技术问题,同时每个技术服务项目选拔 5 名以上学生参与协助相关工作,以此培养学生技术研究和创新能力。

(四)创新育人模式,增强产教融合的“深”度

创新育人模式是深化产教融合的载体。学校紧紧围绕构筑“八桂电力工匠”人才培养高地的目标,以“电亮匠心”培育学生工匠品质为内核,不断探索基于产教融合背景下人才培养的有效模式,构建并推行“双主体三对接”的育人模式。即在育人主体的构成上,深化探索校企双主体育人模式,通过制订双主体育人方案、双主体育人管理制度、双主体育人激励机制、双主体育人基地管理等制度措施,以及双主体建设教学资源、双主体实施教学,推进电力特色现代学徒制“双主体”育人模式的实施,提升电力工匠培养能力。在教学方式上,强化“三对接”,即对接产业需求,优化专业结构、专业课程体系与标准,实施分类指导,探索多种运行模式,校企协同育人,提升专业服务产业能力;对接岗位关键技术发展需要,优化专业课程内容、标准与教学环节,及时将行业产业新技术、新工艺、新材料、新方法融入专业课程教学体系;对接生产过程和方式的变化,优化教学组织方式和过程。此外,根据能源电力产业向清洁化、多样化、集成化、智能化方向发展特点,对专业教学进行流程再造，充分发挥互联网技术和信息化技术在高职教学中的优势作用，采用适合高职教育教学特点的混合式项目化教学，创设教学情境，编写活页式教案，通过体验式学习，为学生和学员提供更加灵活、更加方便的个性化、自主化、泛在化、多样化的学习平台和渠道，提升人才培养质量，促进专业建设和人才培养与产业发展相适应。

（五）创建服务平台，增强产教融合的“高”度

创建服务平台是深化产教融合的依托。学校紧紧围绕产业升级和新能源电力综合开发应用，助力能源电力企业“走出去”、助力小微企业壮大、助力新农村建设、助力脱贫攻坚等需要，依托并拓展能源电力技术技能创新综合服务平台功能，强化实体化运作，根据能源电力产业技术发展的特点要求，充分应用互联网技术、信息技术的优势，建设模块化、可视化、系统化、立体化的，且可满足学生和学员全天候、泛在化终身学习需要的教学培训资源。组建以重点专业领域为主要方向的由校、企、行、所（研究院、所）专家组成的专业技术研究与服务团队，采用“问题→项目→团队→技术→培训”的模式进行研究和服务，即主动对接产业需求，以问题为导向，以项目为载体，以团队为组织形式，通过研究和实验形成解决问题的技术方案并进行转移实施，根据新的技术方案和标准要求，开展对相关技术岗位员工的培训，以增强其对新技术开发应用的能力，形成技术链与培训链的互动提升。

三、成果成效

（一）提升了校企合作、产教融合水平

目前与学校开展校企合作、产教融合的企业达171家，其中世界500强企业以及行业龙头企业、领先企业占20%以上，涵盖新能源、电力、通信、糖业、制造等行业。校企共建实训基地282个，其中与中关村软件园、华为技术有限公司等知名高科技企业共建智能化、虚拟化实训教学环境，与中国移动协同推进“教学应用全覆盖、学习应用全覆盖、数字校园建设全覆盖”的“信息化+电力职教”新生态，入选全国职业院校学生信息化职业能力提升和认证项目院校，成为全国首批职业院校数字化校园实验校。近5年，企业捐赠或用于人才培养的各类设备折合金额近1 387万元，校企合作编写项目化教材9部，校企合作研发专利96项，学校60%以上的实践课由企业技术人员承担。

（二）增强了学校办学效率、活力、实力

学校成为全球知名跨国公司罗克韦尔自动化公司与“中国大学共勉”项目广西唯一的合作高校，是“国家软件产业基地”北京中关村软件园在广西唯一的合作办学高校，是清华大学在广西合作开展混合式教学改革的首个高职院校，是上海电力大学在华南地区对口支援进行全方位战略合作的首个高职院校，是中国电力企业联合会在广西颁发电力行业火电、变电仿真培训基地资质唯一的高职院校。目前，校企共建有智能电力产业学院、新能源产业学院、智能制造产业学院等6个产业学院，ICT信息技术产教融合创新基地1个，协同创新中心1个，实景三维联合实验室1个。

（三）提高了人才培养质量

近5年，学生参加省级及以上各类技能竞赛获奖600多项，排在广西高职院校前列，根据麦可思公司提供的广西电力职业技术学院毕业生培养质量数据报告分析，广西电力职业技术学院毕业生就业率平均为95%，毕业生就业率、就业质量排在广西高职院校前列。

(四)提升了社会服务能力

近5年,学校参与多个企业技术改造项目,取得了显著效益;学校每年为电力行业企业提供技术培训超过2万人日。

四、创新点

(一)建立"五度四化"产教融合机制

以打造"八桂电力工匠"人才培养高地为目标,以利益相关者理论为指导,以构筑校、企、行共生、共长、共赢的产教融合命运共同体生态为基础,以增强产教融合的"紧度、强度、实度、深度、高度"的"五度"为目标要求,根据产业发展的新要求,建立集团化、系统化、立体化、层级化的产教融合"四化"组织体系和机制。

(二)创建"五化"电力服务综合平台

"五化"电力服务综合平台是广西电力职业技术学院根据电力技术专业人才培养特点和电力行业企业员工培训需要而构建的一个实习、培训和科研"三位一体"的电力服务综合平台。"五化"是指依托电力服务综合平台的软硬件而建立的实训培训内容项目化、体系构建模块化、实训培训手段仿真化、实训培训方式混合化、实训培训考核评价标准化的实训培训模式。该平台主要由系统化和系列化的电厂与变电站生产运行仿真系统、电力生产过程项目和工作任务资源系统、线上线下混合式教学培训系统等三大系统组成。

第七章　融合篇:产教融合、专创融合、科创融合

[导言]

党的二十大报告提出:“统筹职业教育、高等教育、继续教育协同创新,推进职普融通、产教融合、科教融汇。”中国职业技术教育学会会长、教育部原副部长鲁昕在《2023 现代职业教育中国实践百人论坛》中也指出,现代职业教育要坚持面向世界科技前沿、面向经济主战场、面向国家重大需求、面向人民生命健康,为世界职业教育发展提供中国实践、中国智慧、中国方案。要坚持“跳出职教看职教”,深化产教融合、促进产教互动,实现政、行、校、企共同进步、共同成长、共同发展,有效解决产业经济发展中的难点、堵点、痛点等问题,提升制造业核心竞争力,助力我国由制造大国向制造强国迈进。要促进科教融合,重塑职业院校人才培养定位,提升科技成果转化和产业化水平。在此背景下,广西电力职业技术学院坚持产教融合、校企合作,专创融合、精益育人,科教融汇、育训结合的职教理念,紧跟能源电力产业转型升级的新形势,与中国电力企业联合会、中国能建集团、南方电网等行业企业紧密合作,着力打造电力行业产教融合共同体,在人才培养、资源建设、创新创业、科技创新服务等方面取得了积极成效。围绕产教融合这个主题,本章选取广西电力职业技术学院10个产教融合典型案例,以期向读者呈现广西电力职业技术学院聚焦产教融合、专创融合、科创融合等方面的做法和经验。

案例一　新能源电力类专业“产教同频　校企同步　德技同育”人才培养模式改革

摘要:广西电力职业技术学院紧跟能源电力产业向清洁化、低碳化、智能化等方向转型发展的趋势,以能源电力行业企业人才需求为导向,专业群建设机制聚焦“产教同频”,专业课程资源体系推进“校企同步”,专业人才培养模式聚力“德技同育”,实施了“产教同频、校企同步、德技同育”的“三同”综合教学改革,极大提升了人才培养的效率、质量和适应性。

关键词:新能源;电力专业;人才培养模式

一、实施背景

广西电力职业技术学院(以下简称学校)是原电力工业部为服务国家“西部大开发”“西电东送”以及区域能源电力产业发展需要而在广西建设的、仅有的一所电力高职院校,它与我国改革开放同生共长,并在国家能源电力产业“母体”快速发展的“孕育”下和自身不断的“反哺”中发展壮大。后虽划转地方管理,但学校始终延续电力“基因”,赓续行业发展血脉,始终坚持以服务能源电力产业转型升级以及区域支柱产业发展为自身发

展的支点。学校以习近平新时代中国特色社会主义思想为指导,坚持党对学校工作的全面领导,落实立德树人的根本任务。近年来,学校紧跟能源电力产业向清洁化、低碳化、智能化等方向转型发展的趋势,以能源电力行业企业人才需求为导向,积极探索适应能源电力产业发展需要的人才培养模式,实施了“产教同频、校企同步、德技同育”的“三同”综合教学改革,极大提升了人才培养的效率、质量和适应性,学校成为国家优质专科高等职业院校和广西高水平高职学校。

二、主要做法

(一)聚焦产教同频:建立“多元四围三级”专业群建设机制

在多年的办学实践中,学校深刻认识到产教融合不仅是高职教育类型的重要特征,而且是高职教育存在的基础和依托,更是高职教育发展的不二路径和方向。因此,学校始终坚持以产教融合作为专业建设和教学改革的根本方向和基本遵循。近年来,为适应能源电力产业的转型升级和快速发展对技术技能型人才提出的新要求,学校积极探索和不断优化专业建设的新机制,形成了“以产引教、以教促产、产教同频、融合发展”的专业建设理念,建立了“多元协同、四个围绕、三级响应”的专业群建设机制。一是充分发挥牵头成立的广西能源电力职教集团的共同体优势,不断完善专业群建设的组织构架。组建了行、企、校共建专业建设指导委员会,并依托获得的2个广西职业教育专业发展研究基地(电厂热能动力装置专业群、电力系统自动化技术专业群)建设项目,聚集校、政、行、企优质人力资源,成立专业建设发展研究团队,形成了多元协同建专业的合力。二是按照围绕行业人才需求设专业、围绕产业技术进步建专业、围绕学校特色发展强专业、围绕赋能地方经济振兴兴专业的“四个围绕”原则要求,把专业建在产业链上,根据产业发展规划做好学校专业建设发展规划和人才培养规格定位顶层设计,促进人才培养供给侧与产业需求侧结构要素全方位融合。三是建立专业群发展“三级响应”机制。即基于多方合作的产教融合平台,以各级政府能源发展规划、电力行业发展预测等前瞻性数据为一级响应;以合作企业年度需求计划、校企合作项目交流调研、校企合作教学、校企人员双向交流等信息为二级响应;以各级政府工作报告、中国电力发展年度报告、麦可思应届毕业生培养质量评价报告、学校毕业生发展跟踪调研报告等为三级响应。综合形成全程及时精准传递和感知行业产业发展变化信号,从而对专业群建设要素进行调整和优化。以此为基础,根据电力产业智能化、信息化和能耗终端电气化产业发展趋势,调整和优化专业设置,增设12个新专业、改造13个传统专业,形成了以新能源与传统发电、智能输变配电、智慧用电为主体,以电力装备、信息技术为两翼的“三主两辅”能源电力专业集群,推进了产业链、技术链、创新链、专业链、人才链的“五链”对接,实现了专业结构布局调整与产业转型升级发展、专业内涵建设与产业技术升级同频共振。

(二)推进校企同步:共建“四融入四支点”专业课程资源体系

为缩小校企两侧供需差距,学校坚持把电力工匠精神实质融入人才培养全过程,基于现代学徒制校企合作理念,构建“四融入四支点”的专业群课程和资源体系。“四融入”就是融入电力行业人才规格质量需求,与南方电网等320个合作企业共同制订了25个专业人才培养方案,促进人才培养目标与企业要求同步;融入电力行业职业标准和职业技能标准,校企共同制订了920门课程标准,促进教学内容与企业工作项目要求同步;融入电力企业安全、低碳和工匠文化,共同实施技术技能人才全过程培养,促进人才培养的品质内核与企业工匠精神要求同步;融入企业技能人才评价指标,校企共同对人才培养质量进行多维度考核评价,促进人才培养评价与企业同步。“四支点”即在校企全过程、全方位实施人才培养过程中,打造价值塑造支点,厚植人才培养思想硬度;打造技能培养支点,提升人才培养专业强度;打造劳动教育支点,锤炼人才培养意志坚度;打造专创融合支点,磨炼人才培养竞争锐度。为此,构建了融课程思政、劳动教育、双创教育、社会培训、1+X证书等内容于一体的专业课程体系。对接行业职业标准重塑了25个专业教学标准,校企共同开发了17个行业培训标准、35个培训资源包,与中国电力企业联合会共建了1个国家级教师教学创新团队、1个国家级专业教学资源库、2个行业仿真培训基地,与南方电网共建了1个自治区产教融合型企业、1个自治区示范性产业学院,校企共建了900多门混合式教学课程。此外,校企双师共同推进思政研究中心建设,将“四史”和电力发展史、职业能力培养与电力工匠品格培育有机融合,建成了1门国家级课程思政示范课程和5门省级课程思政示范课程,并建成了1门广西高校“第二课堂成绩单”精品课程。实现了专业教学标准、课程、师资、场地和设备等资源建设与企业技术、规范等相关生产要素和环节的同步提升和发展。

(三)聚力德技同育:实施“二同三双”专业人才培养模式

学校根据新时代能源电力产业高质量发展需要,针对行业企业提出“有思想硬度、有技艺精度、有劳动勤度、有发展锐度”的人才“四有”新要求,结合电力生产的高温、高压、高空、高危特点和教学存在的难以在真实现场环境下进行各种运行工况和故障呈现与处置训练等难题,积极探索适应产业转型升级发展需要的技术技能型人才培养的方向和途径,形成了“二同三双”的电力技术技能型人才培养模式。“二同”是指在技术技能型人才培养的内容目标和实施主体上坚持“德技同育和校企同育”的方向和原则,即突出德技并重和协同培育,在技能培养的全过程、全要素融入思政教育,以此激活以德育技、以技厚德、德技共长的德技生态要素协同互动功能和作用;充分发挥双主体育人的优势,校企协同实施德技培育,企业不仅要参与专业设置论证、专业人才培养方案制订、课程开发和资源建设等工作,而且还要参与教学实施的全过程,从而及时将产业发展的新技术、新工艺、新规范和新标准等先进元素融入教学标准和教学内容;实施企业化管理,将企业文化融入校园文化,让学生始终沉浸在不可或缺的职业价值氛围中,时时刻刻感受到工匠精神和品质的作用和意义。“三双”是指在技术技能型人才培养的路径上,采用“双师、双向和双线”的形式进行培养,“双师”即每个专业群都要分别有一名以上教学名师和行业大师(或技术能手)参与专业群建设指导和教学工作;“双向”是指产教“双向融合”,即按照生产化的项目或任务、生产流程规范、生产工作标准组织教学活动,让学生在“做”中“学”、“学”中“做”,学做互动提升。“双线”是指采用“专业技能提升+综合素质培养”的双线融合、虚实交替方式组织教学,校企共建中国电力企业联合会“电力行业火电、变电仿真培训基地”等校内外实习基地346个,共同开发含5个国家及省部级专业教学资源库、覆盖电力全产业链的专业技术虚拟仿真泛在培养培训资源20 479个,与近40家企业逐步形成内外镜像、虚实孪生的人才培养培训环境,突破了时空界限,衔接产教两端,有效解决了专业教学突出存在的“进不去、看不见、动不了”的问题,有效提升了人才培养供给与产业需求的匹配度。

三、成果成效

近年来,有70%以上的毕业生就业于行业内国有大中型企业和上市公司,担纲了广西区内能源电力企业80%以上一线岗位,其中新能源岗位,广西电力职业技术学院毕业生占比为90%;涌现“全国五一劳动奖章”“中国青年五四奖章”获得者唐劲军等一批典型优秀毕业生,雇主满意度达98%;学生参加技能竞赛获国家级奖励116项、省部级奖励1 147项,位居全国同类高职院校前列。

学校将围绕国家办好新时代职业教育的新要求,努力建成人民满意的能源电力高等院校,为建设新时代中国特色社会主义壮美广西贡献力量。

案例二 “工场立基 三化引领 四维融通”培养输配电工程技术专业工匠型人才的探索与实践

摘要:在国家“一带一路”倡议、广西“一区两通道三基地”能源发展新格局的背景下,以中央财政支持、省级优势特色专业建设、省部级教改项目为依托,聚焦“紧缺”“高危职业”人才培养开展探索研究。在广西率先建立集企业情境和职业氛围的集教学、职业技能鉴定、技术服务于一体的全真实高压输配电线路实训工场;坚持以岗定课,课程设置和教学内容体现职业岗位需求;加强课岗融通,开发实施项目化教学;推动课证融通,推行“1+1+N”证书制度;以竞赛项目为驱动,推进项目化、信息化教学改革;深挖专业课、公共基础课、社会实践课中的思政元素,潜移默化培养塑造“电力工匠”品格。在教学实践中形成了以实训工场为基础,“三化”(教学内容项目化、教学手段信息化、课程思政系统化)引领,“四维”(岗、课、赛、证)融通的输配电工程技术专业工匠型人才培养模式。

关键词:工场立基;三化引领;四维融通;工匠型人才

一、实施背景

(一)党和政府的期待要求

加快推进人才强国战略,健全现代职业教育体系,培养造就一大批具有高超技艺和精湛技能的高技能型人才,是新时期国家对职业教育的新要求。党的十九大提出,建设知识型、技能型、创新型劳动者大军,弘扬劳模精神和工匠精神,营造劳动光荣的社会风尚和精益求精的敬业风气。2021年4月,习近平总书记对职业教育工作作出重要指示,强调要加快构建现代职业教育体系,培养更多高素质技术技能型人才、能工巧匠、大国工匠。

(二)企业和社会的迫切需求

国家“一带一路”倡议为电力行业“走出去”带来了新的发展机遇,随着电力建设投资不断加大,输配电工程相关领域的人才稀缺性已经凸显。除传统输变电岗位有很大需求外,输配电工程技术人员在电力新领域里的需求也会不断增大。因此,建设高水平输配电工程技术专业,为行业输送紧缺人才已成当务之急。

(三)职业学校人才培养的责任使命

职业教育肩负着培养多样化人才、传承技术技能、促进就业创业的重要职责。进入新时代,“高质量发展”成为经济社会发展的关键词,这就要求职业院校适应高质量发展的时代需要，推进教育教学改革、创新人才培养模式，更好地肩负起提升人才培养质量的责任与使命。

二、主要做法

广西电力职业技术学院输配电工程技术专业（原高压输配电线路施工运行与维护专业）开办于2006年，专业开设初期，人才培养体系不够健全和完善，实践教学面临“高风险”“高强度”“高损耗”“低复用率”等难题，人才培养存在教学内容与企业工作任务脱节、教师信息化水平不够高、学生“电力工匠”品格培育不到位等问题。针对以上问题，项目组以有效解决教育教学过程中存在的问题为核心，围绕全面提升育人质量、扩大专业影响力和服务社会能力这一目标，通过实践探索，创新输配电工程技术专业人才培养模式，助推专业建设和优质校建设，同时为同类院校的专业建设和发展提供借鉴。

（一）搭建“虚”“实”教学平台，实践虚实互联教学模式

“虚”：建设“一标准三库”架构的共享型教学资源库（一标准即专业建设标准，三库即课程资源库、培训资源库和素材资源库）。建设专业虚拟仿真实训室，专业课程开展混合式教学，实现课堂、教学手段信息化。

“实”：与中国南方电网有限责任公司超高压公司南宁局共建具有企业情境和职业氛围的集教学、职业技能鉴定、技术服务为一体的全真实高压输配电线路实训基地，实现工场职业化、教学项目化。

通过搭建“虚”“实”教学平台，“输电线路施工”“电力电缆”“高电压技术”“继电保护技术”“线路工艺实训”“工程测量”“输电线路运行与维护”“中级电工实训”“电气工程CAD”等9门核心专业课程实施混合式教学，把学生置于融研究型学习、合作型学习、资源型学习为一体的，“线上线下，虚实结合”的动态、开放、生动、多元的教学环境中，教学效果得到较大提升。

（二）坚持以岗定课，课程设置和教学内容体现岗位需求

主动适应行业发展需要，对接行业标准，通过成立校企合作发展理事会及高压输配电专业分理事会与广西送变电建设公司进行“输配电工程技术专业”课程的共建合作、与广西宝光明电力电气工程有限公司共建“电气试验中心”等，与行业企业合作开展产业发展与行业技术技能型人才需求调研论证机制，按照“工作任务分析→行动领域→归纳学习领域构建→学习情境设计→学习单元设计→培养方案构建”等步骤进行课程开发和课程体系重构。

（三）加强课岗融通，开发实施项目化教学

面向输配电工种，对接输配电工程技术专业从业能力，将专业核心课程按职业工作顺序构建“应知应会、实训操作、岗位技能考核”三个递进层次的教学实践体系，开发项目化实践教学资源，实现知识传授、岗位培训和技能考核的有机融合。以“输电线路运行与维护”为例，按工作内容设定课程模块，选择组织课程内容，按职业工作顺序编排课程内容，以典型工作任务将输电线路运行与检修按简单到复杂分成8个任务（见图7-1）。

（四）着力赛教融通，信息化引领教学改革

一是以赛促学，充分发挥职业技能竞赛的检验、展示、选拔、激励、示范等功能，将竞赛

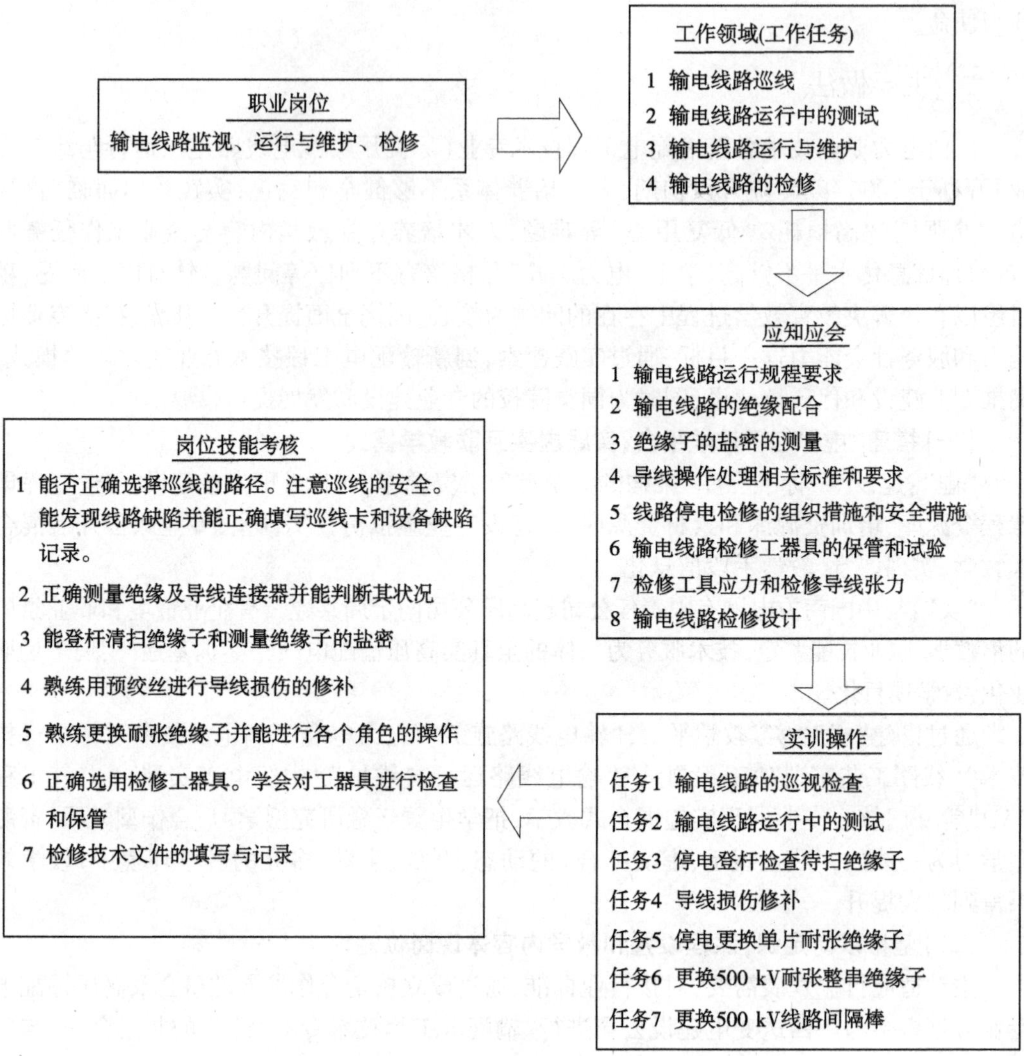

职业岗位

输电线路监视、运行与维护、检修

工作领域(工作任务)

1 输电线路巡线
2 输电线路运行中的测试
3 输电线路运行与维护
4 输电线路的检修

应知应会

1 输电线路运行规程要求
2 输电线路的绝缘配合
3 绝缘子的盐密的测量
4 导线操作处理相关标准和要求
5 线路停电检修的组织措施和安全措施
6 输电线路检修工器具的保管和试验
7 检修工具应力和检修导线张力
8 输电线路检修设计

实训操作

任务1 输电线路的巡视检查
任务2 输电线路运行中的测试
任务3 停电登杆检查待扫绝缘子
任务4 导线损伤修补
任务5 停电更换单片耐张绝缘子
任务6 更换500 kV耐张整串绝缘子
任务7 更换500 kV线路间隔棒

岗位技能考核

1 能否正确选择巡线的路径。注意巡线的安全。能发现线路缺陷并能正确填写巡线卡和设备缺陷记录。
2 正确测量绝缘及导线连接器并能判断其状况
3 能登杆清扫绝缘子和测量绝缘子的盐密
4 熟练用预绞丝进行导线损伤的修补
5 熟练更换耐张绝缘子并能进行各个角色的操作
6 正确选用检修工器具。学会对工器具进行检查和保管
7 检修技术文件的填写与记录

图 7-1 输电线路运行与检修课程工作任务分析

内容融合到教学项目设计中,将赛项标准转化完善为教学标准、赛项评价转化为教学评价等,有效提高课程学习效果。二是以赛促教,以信息化教学大赛为契机,大力推进信息化条件下“理实一体化”结合混合教学模式的实训教学模式改革,对“输电线路施工”“电力电缆”“高电压技术”“继电保护技术”“线路工艺实训”“工程测量”“输电线路运行与维护”“中级电工实训”“电气工程 CAD”等9门核心专业课程实施混合式教学,教师的信息化教学应用能力不断提升。

(五)推动课证融通,推行“1+1+N”证书制度

要求学生在获取1本学历证书、1本行业准入证(高处作业证)的同时,积极取得多类职业技能等级证书。其中,职业技能证包括中级电工证、中级送电线路工证等。通过与南方电网超高压公司南宁局联合,将面向线路施工维护行业准入的特种作业操作证(高处

作业证）和反映员工职业能力水平的职业技能等级证（中级送电线路工证等）融入专业人才培养中（见表 7-1、表 7-2），实现了课程开发与证书标准“互通”，达到课程升级和证书升级的“互促共长”。

表 7-1　职业技能鉴定安排

序号	职业资格证名称	职业资格证等级	对应专业课程名称	考证安排学期						职业资格证学分
				一	二	三	四	五	六	
1	特种作业操作证（高压电工作业证）	国家级	电工技术实训				□			3
2	特种作业操作证（高处作业证）	国家级	电工技术实训、线路工艺实训							3
3	送电线路工证	中级	线路施工、线路检修与维护、工程测量							3

表 7-2　选考职业资格证考核安排

序号	职业资格证名称	职业资格证等级	对应专业课程名称	考证安排学期						职业资格证学分
				一	二	三	四	五	六	
1	电力电缆安装运维工	初级	电力电缆实用技术、高电压技术							3
2	工程测量员	初级	工程测量、数字测图							3
3	电工	中级	电工技术实训、中级电工实训							3

（六）坚持课程思政系统化推进，德技并修塑造电力工匠品格

深挖专业课、公共基础课、社会实践课（“三课”）中的思政元素，将工匠精神培育融入课程内容、教学资源、教学方法中，在潜移默化中实现思政教育。一是输配电工程技术专业课程通过任务驱动法将安全责任意识、团队合作、吃苦耐劳、执行电力法规意识等“思政元素”“内涵”到工作任务中，实现品德培育与技能培训的贯通培养。二是针对职业岗位危险、艰苦、需要体力支撑的特点，心理健康教育课开发了穿越电网、电波传递、高空跨越、翻越天梯、信任越障等 13 个对接岗位的心理素质拓展训练项目，培养学生吃苦耐劳、严守纪律、照章行事的良好职业品质。三是以青年志愿协会、电工协会、高压输配电协会等学生社团为依托，通过开展暑期“三下乡”社会实践活动，引导大学生积极投身“四个全面”战略布局，在实践中培育和践行社会主义核心价值观。

三、成果成效

(一)理论成果

在项目的研究与实践过程中,项目组通过理论研究和实践探索,构建了输配电工程技术专业人才培养方案和专业课程体系,主持开展了相关项目及课题研究13项,发表了32篇相关研究文章,出版了2本规划教材,编印了4本理实一体化校本教材。

(二)实践成果

1. 极大提高了学生的专业技能和职业素养

“工场立基、三化引领、四维融通”人才培养模式的实施,培养了一批能够从事输配电线路设计、施工、运行与维护、施工监理、施工管理等工作的情商高、匠心好、技能强的应用型人才。广西电力职业技术学院学生在省级以上技能竞赛中获奖88项,毕业生成为行业企业“技术骨干”“攻坚能手”,其中1名毕业生获得南方电网“五一劳动奖章”(广西仅2人获得)。

2. 有效促进了教师的教学能力

项目的实施促进了教学团队建设在量和质两个方面的大幅度提升。教师的信息化教学能力得到了极大提升,在省级及以上信息化教学技能比赛中获奖12项,其中国家级2项。近3年团队8名教师中有6名从中级职称晋升为高级职称,教师通过到行业企业挂职锻炼,担任技术顾问,进行社会实践,100%的教师成为“双师型”教师,获得发明专利4项、实用新型专利17项。

四、经验总结

(一)构建了“虚”“实”互联的教学模式

根据专业特点,结合学生认知规律,创建了“虚”“实”互联的教学模式。“虚”即建成1个共享型教学资源库、4个核心专业虚拟仿真实训室。“实”即建成全真实高压输配电线路实训工场,工场模拟真实工作环境,将实际输电铁塔缩小建设,可完成大部分的基础实训和基本技能的训练。“虚”“实”互联教学模式的构建,把学生置于融研究型学习、合作型学习、资源型学习为一体的,“线上线下,虚实结合”的动态、开放、生动、多元的教学环境中,赋予了实践教学自主可重复、高仿真、低成本、高效率等新特点。

(二)推行“1+1+N”证书制度,丰富了“育训结合”的内涵

输配电专业对应的职业岗位具有高压、高空、高风险的特点,要求从事特种作业的工作者必须经过专门培训并取得特种作业资格。“1+1+N”证书制度要求学生在取得学历证(1)的同时获得行业准入证(1)(高处作业证),并通过多种职业能力考核(N),体现鲜明的行业特色,凸显了职业教育特征,丰富了中国特色高职教育“育训结合”的内涵。

(三)创新输配电工程技术专业工匠型人才培养新路径

聚焦输配电人才“紧缺”的现实,针对电力行业技术密集、工艺复杂、质量标准高对技术技能型人才的要求,以培育学生精益求精、追求极致的“大国工匠”精神为目标,探索“工场立基、三化引领、四维融通”的工匠型人才培养路径,培养了一批能够从事输配电线路设计、施工、运行与维护、施工监理、施工管理等工作的情商高、匠心好、技能强的应用型

人才。

五、推广应用

(一)专业内涵发展成效明显

依托输配电工程技术专业建设成中央财政支持、省级特色专业和自治区示范性实训基地。教师教学科研立项课题13项,公开发表相关论文32篇,出版教材2部,编制校本教材6部,获发明专利4项、实用新型专利17项。教师在省级以上教学竞赛获奖22项,其中国家级4项。

(二)研发和社会服务能力显著增强

校企合作研发的培训比赛设备广泛用于职业院校及供电企业。每年为企业、院校培训鉴定进网作业电工、登高作业、高压电工超过1 000人次;为本校学生技能鉴定1 200多人次,起到了较好的社会辐射作用。

(三)专业人才培养质量高

毕业生参加南方电网有限公司录用考试被录用人数连续8年位列同类院校第一。麦可思评价报告显示:2015—2020年,专业就业率保持在95%以上;雇主对学生满意度为98%,高于全国同类院校6个百分点。学生在省级以上技能竞赛获奖88项,其中国家级8项。毕业生成为行业企业“技术骨干”“攻坚能手”,其中1名毕业生获得南方电网“五一劳动奖章”(广西仅2人获得)。

(四)专业建设经验广泛推广

专业人才培养成果荣获中国—东盟职业教育学生技术技能型人才培养三等奖,专业建设经验入选《教育部央财普惠专业典型案例》。受邀在全国高等职业院校提升专业服务产业能力经验交流会暨全国高职高专校长联席会议、全国电力系统自动化技术专业教学资源库建设项目全面验收和应用推广会议上分享经验。全国电力教育教学指导委员会及三峡电力职业学院、贵州电力职业技术学院等7家兄弟院校和电力行业企业前来考察交流。

(五)《中国职业教育技术》等主流媒体广泛宣传报道

《中国职业教育技术》杂志、《中国教育报》、中国教育新闻网、八桂职教网等媒体对输电线路专业建设、学生就业情况等进行了报道。

案例三　多措并举推进学徒制,真抓实干取得好成效

摘要:现代学徒制试点工作的核心是校企协同育人机制的建立和探索。广西电力职业技术学院进入教育部第二批现代学徒制试点项目后,移动互联应用技术专业即成为此项目的实践载体,依托北京中关村软件园有优质企业集群效应、雄厚的实践型师资力量和广域的实习实训资源,进行学徒制试点改革。企业深度参与学院人才培养全过程,构建了“二元五联合”人才培养模式,形成了“产教融合、共建共管”的校企一体化办学体制机制。

通过校企合作,人才培养质量稳步提升,专任教师双师素质有效加强,为企业储备了优秀人才,校企合作实现了社会、学校、企业、学生多方共赢。

关键词:校企合作;产教融合;二元五联合;共建共管;学徒制

一、实施背景

(一)国家中长期教育改革和发展需要

《国家中长期教育改革和发展规划纲要(2010—2020年)》第二部分第六章第十四条明确指出:"把提高质量作为重点。以服务为宗旨,以就业为导向,推进教育教学改革。实行工学结合、校企合作、顶岗实习的人才培养模式。"教育部印发的《关于开展现代学徒制试点工作的意见》(教职成〔2014〕9号)提出,工学结合人才培养模式改革是现代学徒制试点的核心内容,企业通过师傅带徒形式,依据培养方案进行岗位技能训练,真正实现校企一体化育人。开展现代学徒制试点工作是行业、企业提高参与职业教育人才培养全过程的最直接方式,也是深化产教融合、校企合作,推进工学结合、知行合一的重要有效途径。

(二)区域经济发展需要

广西推动信息技术创新融合,赋能经济高质量发展,旨在凝聚全行业、全社会共识,弥合数字鸿沟,充分利用信息技术,以促进经济、社会和环境的可持续发展,推动实现《连通目标2030议程》的五个战略目标,即增长、包容、可持续、创新、合作。

二、主要做法

(一)基本思路

秉承学校"一切为了学生"的办学宗旨,坚守校企合作、产教融合的育人理念,创建"二元五联合"人才培养模式。"二元"指学校和企业作为人才培养共同主体共同负责人才培养,"五联合"指联合(学校和企业专业带头人)负责、联合(职业标准和课程标准)导教、联合(专业教师和企业导师)执教、联合(校内实训和企业顶岗实习)基地、联合(校园文化和企业文化)育人。"二元五联合"的人才培养模式,进一步深化了产教融合、校企合作,创新了技术技能型人才培养模式,以赛促学、以学促优,取得了阶段性的成效,实现了现代学徒制下校企协同育人、用人战略发展目标的进一步推进落实。

(二)具体举措

1. 筑巢引凤,携手行业高端企业共建实训基地

为了充分发挥职业教育为行业、企业、社会服务的功能,为企业培养更多的高素质、高技能人才,为学生的实训、实习、就业提供更大的空间,学院主动对接企业,经过多次的沟通和协商,最终双方达成共识,本着资源共享、优势互补、互惠互利、共同发展的原则,校企共建实训基地。实训基地的建立,解决了企业场地不足、人才匮乏的问题,同时也解决了学校实践教学缺乏真岗实干的问题。学校提供场地和实训设备,公司提供业务骨干作为兼职教师传授实践技术,公司员工与学生结为师徒关系,用企业的真实业务项目作为实训项目,教学与学生实训实习进阶实施,开展网络运营助理、网络客服、Web网站后台管理数据维护工程师、Web前端网页开发工程师、Web应用系统测试工程师、软件开发工程师等岗位的实习实训。

2. 建立校企协同育人长效机制，健全各项管理制度

学院成立校企联合“现代学徒制”工作领导小组。与“国家软件产业基地”北京中关村软件园人才基地培训中心签订《校企合作共建专业协议书》，与中关村软件园高新技术企业北京荣世华信息咨询服务有限公司签订《现代学徒制试点校企合作协议》《现代学徒制试点学校、企业、学徒协议》，与技术水平高、文化先进的企业联合培养复合型人才。校企共同制订《现代学徒制试点校企协同育人方案》《现代学徒制试点管理办法》《校企双方实习实训场所和实习岗位共享共建方案》《现代学徒制试点人才培养质量监控及评价标准》等。

3. 真岗实干，扎实推进“六合一”专业教学改革

校内生产性实训基地开展实习实训，教学与企业生产环境融为一体，教室与车间合一；用企业的生产任务作为教学项目，教学与生产合一；学生以准员工的身份参加实习，学生与员工合一；专业教师传授理论，又指导实训操作，教师与师傅合一；学生理论学习与实践操作一体进行，即理论与实践合一；学生技能训练的过程，既是提高专业技能，也是创造价值的过程，即育人与创收合一。

4. “校内学习+校外示范基地顶岗+公司实习”，完善实践教学体系

移动互联应用技术专业的实践教学体系由专业课程课内项目实训、技能大赛训练、考证训练、校内职业化训练、校外顶岗实习等模块组成。依托南宁与北京中关村软件园共建南宁中关村创新示范基地，将原“2. 5+0. 5”两年半在学校学习、半年在外实习的模式，改为“2+0. 5+0. 5”，即增加了半年的南宁中关村创新示范基地顶岗实习，完善了“校内学习+校外示范基地顶岗+公司实习”的能力逐渐提升的实践教学体系。

5. 深化现代学徒制下课程改革，校企协同提升师资力量

按照“校企双能、专兼结合”的思路，以提高教学质量、推动专业建设为根本目标。聘请公司的技术能手和管理人员担任兼职教师，承担实践教学任务，参与实训项目开发、修订课程标准、教材开发、网络教学资源建设、指导学生参加技能大赛等。专任教师到企业挂职锻炼，同时积累教学素材和实践经验，在教学与实习中与企业技术人员通力合作，形成校企“师资共用体”。

6. 对接岗位，校企合作建设共享型教学资源

组建资源建设团队，制订资源建设方案，按照“校企融合、共建共享、边建边用”建设思路，校企共建视频、文本、图片、音频、动画、微课等专业教学资源，开发案例库、工作手册，编写核心课程的工学结合教材，建设在线课程、实训平台等数字化资源。教学资源不仅用于专业教学，也用于企业员工培训，实现教学资源共享。

7. 校企联合管理班级，增强学生企业角色意识

中关村软件园现代学徒制试点班以企业模式进行管理。按照企业对员工形象的要求，制订了学徒形象标准和礼仪规范，实施模拟企业运行的班级管理。推行“校企双辅导员制”，即除聘任校内辅导员外，还聘请了软件园兼职教师作为企业辅导员。学生既是公司员工，也是学徒身份，遵守公司章程，按照员工手册的要求规范自身行为，增强了学生的学徒角色意识。

三、成果成效

（一）校企共铸技能竞赛品牌，提高了人才培养质量

校企通过共同建设完善现代学徒制专业教学资源，以校企合作课程作为双创实践教学载体，共同指导学生竞赛作品，培养学生的创新意识，以赛促学、以学促优，强化学生的专业素质和技能。其中，校企共同指导的学生作品在多项技能比赛中获奖并在自治区级、市级科技成果展示中获得了好评（见表7-3），充分展现了校企深度协同育人下学生的亮丽风采。学与做的高度统一，使学生的专业技能和综合素质大为提升，已经有多名“准毕业生”签订了就业意向，实现了高质量精准就业。

表7-3　移动互联网应用技术专业学生参加专业比赛主要获奖情况

序号	年份	赛项	等级
1	2017	全国职业院校技能大赛“移动互联网应用软件开发”赛项	国家级三等奖
2		第五届“博导前程杯”全国电子商务运营竞赛全国总决赛	国家级三等奖
3		广西职业院校技能大赛“移动互联网应用软件开发”赛项	省部级二等奖
4		广西职业院校技能大赛“电子商务技能”赛项	省部级三等奖
5		第五届“博导前程杯”全国电子商务运营竞赛广西壮族自治区赛	省部级特等奖、二等奖
6	2018	全国职业院校技能大赛“移动互联网应用软件开发”赛项	国家级三等奖
7		广西职业院校技能大赛“移动互联网应用软件开发”赛项	省部级二等奖
8		广西职业院校技能大赛“Web应用软件开发”赛项	省部级二等奖
9		第四届中国“互联网+”大学生创新创业大赛广西选拔赛	省部级银奖、铜奖
10		广西职业院校技能大赛“软件测试”赛项	省部级三等奖
11		广西职业院校技能大赛“电子商务技能”赛项	省部级三等奖
12	2019	全国职业院校技能大赛“云计算技术与应用”赛项	国家级三等奖
13		全国职业院校技能大赛“软件测试”赛项	国家级三等奖
14		广西职业院校技能大赛“软件测试”赛项	省部级一等奖
15		广西职业院校技能大赛“电子商务技能”赛项	省部级三等奖
16		第五届中国“互联网+”大学生创新创业大赛广西选拔赛	省部级三等奖

（二）校企协同，专任教师双师素质有效加强

专业教师通过师资培训、挂职锻炼等形式，双师素质和社会服务能力明显提升。以“双向双融通”为主要途径，组建“功能整合、结构合理、任务明确”的校企互聘共用结构化

双师型师资团队，先后安排了17位教师到企业挂职锻炼，派出教师赴浙江华为、百度等高新技术公司参加学术培训；引进了7名企业工程技术人员兼职参与教学，搭建了一个高水平教学交流学习的平台。目前，专任教师双师比已达到80%，其中高级双师4人，中级双师2人，初级双师5人。完成17门学徒制岗位核心课程标准建设；完成9本学徒制特色校企合作活页式教材编制；公开发表现代学徒制相关研究论文3篇。校企共建双创项目共38个项目获奖。2019年1月，学徒制典型案例在北大中文核心《中国职业技术教育》（理论版）发表；2019年6月，移动互联应用技术专业被教育部确认为国家级骨干专业。

（三）校企合作，提升了学生招生就业率

2019年8月，移动互联应用技术专业2016级现代学徒制试点的40名学徒毕业，就业对口率达到100%，就业满意度95%以上；学生获得国家级奖6项，自治区级特等奖1项、一等奖2项、二等奖6项、三等奖10项；现代学徒制试点工作成效明显，间接受益学生达10 000多人。面向2019级、2020级、2021级先后招收现代学徒制学员90人。广西电视台新闻在线、南宁新闻综合频道、南宁日报社等多家媒体对学校学徒制试点成果进行报道，起到引领示范作用。

2019年10月顺利通过教育部现代学徒制第二批试点验收，试点于2020年成为自治区级学徒制试点专业，有效提升了学校招生就业率。

四、总结与反思

（一）校内生产性实训基地建设的关键点

校企合作、产教融合是高职院校培养高素质技术技能型人才的必由之路。

1. 明确校企责任分工是关键

学院按照“建好一个机构、签好两个协议、明确三方职责”的思路建立校企协同育人机制。建好一个机构即成立现代学徒制试点工作领导小组及其运行结构，由学院主要领导担任领导小组组长，在校企联合实施学徒制上首先给予组织保障。签好两个协议即与合作企业签订现代学徒制校企联合培养协议，学校、企业、学生共同签订学徒培养三方协议。明确三方职责即通过协议明确学校、企业、学生（学徒）在学徒制试点中的职责与分工、权利与义务。进而形成联合开展招生招工、联合制订培养计划、联合开展课程开发、联合组建教师队伍、联合实施教学活动、联合开展考核评价、联合建立实习实训场地的校企“双主体”协同育人机制。

2. 坚持“共管、共建、共享、共赢”的原则

学院通过校企联合共建、共管模式，合作企业通过进行创新创业师资培训、企业教师参与学生创新创业课程授课等活动，丰富和完善了高校技术创新平台和企业技术中心建设内涵，建立了校企合作创新创业基地，加快了基础研究成果向产业技术转化。在学校、企业、学生三方互惠互利的同时凸显其人才培养的功能。这样共赢的合作，才能持续发展。

（二）存在的不足与下一步的打算

校企在学徒管理的沟通与配合方面仍显薄弱，需要进一步优化学校与企业共管学徒管理办法，提高学生岗位实践稳定性与实践效果。拟改进措施：完善学生（学徒）岗位管理系统，实现精准跟踪、合理评价校外学徒岗位的实践教学质量；依托校企协同创新中心，

提升校企专兼职教师队伍的专业教学、科研创新与技术服务等方面的能力；打造学徒制名师工作室，通过校企联合研发项目促进师资技术交流，健全专兼职教师信息库，完善管理机制，达到协同共管学徒培养的最佳效果。

五、推广应用

参照现代学徒制课程体系，鼓励其他专业形成岗位引领、在岗成才的人才培养思路与模式，以"1+X"证书制度试点为契机，对项目成果进一步分析、提炼和总结，扩大对学校其他专业以及自治区内同类专业形成的辐射和示范效应。在两届鄂、湘、粤、桂四省（自治区）IT 类专业教育论坛和全国 Web 前端开发职业技能等级证书标准研讨交流会等全国性会议上分享学徒制经验，受到与会专家和老师们的好评，产生了积极的社会影响。

案例四　协同推进"六化六融"模式，共建电力虚拟仿真实训基地

摘要：广西电力职业技术学院探索与企业共建电力虚拟仿真实训基地的"六化六融"模式，提升了学生技能水平和实践能力，提高了专业人才培养质量，增强了学校的社会服务能力，扩大了学校办学影响力和吸引力。

关键词："六化六融"；虚拟仿真；实训基地

一、建设背景

目前，广西电力职业技术学院（以下简称学校）作为西南五省（自治区）能源电力类专业链对接和覆盖区域能源电力重点产业链最广、在校生规模最大的国家优质电力高职院校以及广西"双高"建设院校，始终坚持以服务行业产业和地方重点支柱产业发展作为自身发展的支点，充分发挥自身优势，坚持以服务为宗旨、以育人为中心、以就业为导向的办学方向。尤其是近年来，坚持以新发展理念为指导，紧紧围绕国家创新驱动、产业转型升级发展战略和建设"一带一路"的倡议和要求，重点以为能源电力产业转型升级、创新发展提供人才和技术支持为目标，坚持走"产教融合、校企合作"的发展之路，及时跟踪和努力把握能源电力行业产业发展的新趋势、新特点和新要求，不断探索和优化作为人才培养和技术服务重要基础平台的能源电力虚拟仿真实训基地建设的机制和路径，探索并形成了校企协同推进电力虚拟仿真实训基地建设的"六化六融"模式，即强化调查研究，融入产业新技术；深化校企合作，融入企业资源；优化平台建设，融入企业标准；实化团队培养，融入企业化管理；活化实训模式，融入工匠精神；美化虚拟工场，融入企业文化。促进了高水平电力虚拟仿真实训基地建设，有力支撑了"八桂电力工匠"培养高地，取得了明显的成效。

二、主要做法

（一）强化调查研究，融入产业新技术

学校坚持以需求为导向，高度重视和加强对能源电力行业产业发展趋势、特点的调查

研究，紧紧把握国家和行业产业发展的新政策、新规划、新趋势和新要求，并将其作为学院各项建设、改革与发展的方向和依据。为此，学校建立了产业发展、技术升级与人才需求动态跟踪机制，依托热能动力装置专业群发展研究基地、电力系统自动化技术专业群发展研究基地等2个自治区专业发展研究基地，组建了由校、政、企、院（有关职教研究院所）4方有关部门负责人和专家组成的产业发展与专业建设研究团队，每年都制度化地开展产业发展的调研工作，以此作为修订专业人才培养方案和制订学校实习实训基地建设规划，尤其是电力虚拟仿真实训基地建设规划的依据。根据《电力发展“十三五”规划（2016—2020年）》和《广西能源发展“十三五”规划》，提出电力产业发展目标、特点和要求等，在将学校实习实训基地建设纳入《广西电力职业技术学院“十三五”发展规划》的基础上，专门制定了《广西电力职业技术学院实习实训基地建设方案》，明确了学校实习实训基地建设必须紧跟产业技术发展的步伐，必须满足企业对高素质、创新型人才培养的需要，必须以仿真技术、互联网技术、信息技术等新技术改造和提升实习实训基地建设水平的指导思想。《中共中央关于制定国民经济和社会发展第十四个五年规划和二〇三五年远景目标的建议》提出，坚持新发展理念，把新发展理念贯穿发展全过程和各领域，构建新发展格局，切实转变发展方式，推动质量变革、效率变革、动力变革，实现更高质量、更有效率、更加公平、更可持续、更为安全的发展。以推动高质量发展为主题，以深化供给侧结构性改革为主线，以改革创新为根本动力。建设智慧能源系统，优化电力生产和输送通道布局，提升新能源消纳和存储能力，提升向边远地区输配电能力。据此，学校分析，电力生产绿色化、电力资源多样化、电力结构分布化、电力传输系统化、电力调度智能化、电力供给市场化、电力管理数字化和电力使用高效化已逐步成为当前和今后电力产业发展的趋势、方向和特点，学校紧紧围绕这些方向和特点，及时将有关新技术、新工艺、新方法等融入电力虚拟仿真实训基地建设，使基地建设始终保持走在产业新技术应用的前面。

（二）深化校企合作，融入企业资源

学校牵头组建广西能源电力职业教育集团，在坚持学校主导、企业协同、集约高效建设电力虚拟仿真实训基地的原则下，创建加强校企合作的“五度”机制。即以优化组织体系为基础，筑牢命运共同体，增强校企合作的“紧”度；以创新制度机制为保障，集聚优势资源，增强校企合作的“强”度；以聚焦共同愿景为重点，细化内容目标，增强校企合作的“实”度；以创新育人模式为载体，提升人才培养质量，增强校企合作的“深”度；以创建服务平台为依托，强化实体化运作，增强校企合作的“高”度。这样有效激活了校企合作的各个要素，截至2020年10月，有中国南方电网有限责任公司超高压输电公司南宁局、广西电网有限公司、南宁轨道交通有限责任公司等300多家企业参与了实训基地建设，其中有128家企业参与了电力虚拟仿真实训基地建设，行业规模领先企业占三成以上。

同时，学校努力实现了企业资源的“四位融合”。一是资本融合。以此引领专业群探索实践多元主体建专业，如电力技术专业群和热能与发电专业群通过资本融合分别与广西麻石水力发电厂、柳州发电有限公司合作建成了两个“厂中校”。二是技术融合。以此带动专业教学体系紧跟行业发展，将企业的新技术及时融入专业教学中，如引进北京伯努利仿真公司等企业先进技术，面向行业企业共同开展电力技术、热能与发电、机电技术、建筑电气技术专业群的技术开发与服务工作，进而为相关企业提供技术支持。三是标准融合。以此带动专业教学体系紧跟行业发展,使各专业在人才培养过程中都把行业技术标准、职业岗位工作标准、操作规程、管理规范等作为教学标准融入教学各环节。四是人才融合。以此打通校企共育共享人才的通道,使校企充分发挥各自人才优势,通过合作开展项目研究、论坛研讨等方式,使校企人才融合发展,共同推进专业建设。如电力技术专业群充分利用中国电力教育协会电力仿真培训委员会、中国华电集团等行业组织或企业,搭建国内外的师资培训平台,每年以学术交流、专题培训、现场研讨会等多种形式提供师资培训、技术交流的机会。近5年,企业支持购置相关先进设备3 000多万元,建成了一批涵盖发电、输电、变电、配电、供电的安装、运行和检修等专项技能训练的仿真实训资源。

(三)优化平台建设,融入企业标准

学校根据电力生产设备的昂贵性、生产过程的系统性、产品的隐蔽性、生产工艺的复杂性、操作的高危性等特征,针对在实训中存在看不到、进不去、摸不着、抽象难懂等问题,坚持科技引领,依托虚拟现实技术和人工智能等新一代信息技术、互联网技术应用水平的不断提升,加强校企合作,将信息技术、互联网技术、人工智能技术等与电力实训设施建设深度融合,构建以实带虚、以虚助实、虚实结合的电力虚拟仿真实训工场。根据电力技术专业人才培养特点和电力行业企业员工培训需要,按照中国电力企业联合会制订的标准,开发了"五化"电力服务综合平台,实现了集约化、高效化的教学、培训、科研"三位一体"的功能,有力地促进了人才培养质量和社会服务能力的提升。"五化"是指依托电力服务平台的软硬件而建立的实训、培训内容项目化,体系构建模块化,实训、培训手段仿真化,实训、培训方式混合化,实训、培训考核评价标准化。该平台主要由系统化和系列化的电厂与变电站生产运行仿真系统、电力生产过程项目和工作任务资源系统、线上线下混合式教学培训系统等三大系统组成。

电厂与变电站生产运行仿真系统包括1 000 MW、600 MW火电机组仿真机及涵盖循环流化床锅炉机组、水电机组、工业锅炉等类型仿真机,电气运行仿真软件,500 kV、220 kV、110 kV、35 kV变电站及电网仿真软件等。该系统可实现与真实电力生产运行完全一致的各种运行状态和故障的呈现与处置模拟操作等功能,有效地解决了电力技术专业学生与电力企业员工在过去的实习和培训中不能在真实生产线上呈现各种运行状态和各种故障并进行操作控制等问题。在此基础上,为了让学生和学员在"真刀真枪"环境下训练,在有关企业的大力支持下,学院与广西麻石水力发电厂、柳州发电有限责任公司合作建成了2个具有电力行业特色的虚实融合的"厂中校",为学院开展校企合作、虚实融合的教学和培训提供了重要的保障。

电力生产过程项目和工作任务资源系统主要包括发电、输电、配电、用电等涵盖整个电力生产全过程各环节的操作程序和故障处理等内容的教学任务书、课件、视频、图片、案例等,这些主要通过系统平台以任务化、项目化、问题化、模块化、可视化、格式化、信息化等形式展现,有效地解决了开展电力生产技术的实习培训缺乏系统性、立体性、针对性、层次性和直观性的教学培训资源的问题。

线上线下混合式教学培训系统包括线上学习培训内容和目标的单元化、分层化混合优化设计,任务要求,学习方法指导,根据知识和技术特点确定恰当的资源呈现形式。作业和测试题进行拓展性问题讨论;线下面对面指导培训包括根据线上学习情况反馈,确定线下面对面指导培训的重点难点,引导学生或学员解决线上学习普遍存在的突出问题,修改完善工作方案,布置难度更大的新任务或问题,学生或学员完成新的项目任务后以小组为单位上台展示说明和集体点评并总结归纳,生成知识和理论构架。采用线上、线下混合培训模式,有效地解决了培训教学理论与实践脱节、培训时间短、学习培训不够深入、培训效率不高和难以进行远程机动学习培训与互动式培训等问题。

(四)实化团队培养,融入企业化管理

学校高度重视打造高水平电力虚拟仿真实训基地教学指导团队,根据电力技术具有高端性、集成性、隐蔽性等特征,其相关设备运行的监控、调整、处置、维护等具有复杂性、关联性、突发性特点,确定"五有三能"的目标要求:"五有"是指有责任担当、有专业理论、有实践经验、有信息化等现代教育技术、有相应职业岗位资格证书;"三能"是指能讲解仿真实训项目的运行流程和原理、能根据系统显示的有关数据信息正确操作调控处置有关设备、能根据行业技术发展参与相关仿真软件和设备的研发。为此,一是组建由学校骨干教师、企业工程师、研究院所专家组成的混编化电力虚拟仿真实训教学团队;二是建立初级、中级、高级"三级进阶"培训机制,根据不同级别层次实施差异化针对性培训,使培训考核水平和操作水平逐级提升,并作为选送外培的重要条件;三是建立了仿真实训指导教师每年到企业相关岗位挂职一个月以上的制度和持证上岗制度,教师必须获得相应职业岗位资格证书才能承担仿真实训指导教学工作;四是按照不同级别岗位条件要求,实行竞聘上岗机制和企业化班组管理;五是按照企业绩效管理模式对仿真实训教学的教师进行考核。

(五)活化实训模式,融入工匠精神

学校紧紧围绕能源电力产业转型升级、提质增效、创新发展,聚焦培养一批产业急需、技艺高超的高素质技术技能型人才的新要求,尤其注重学生严谨专注、敬业专业、精益求精和追求卓越的工匠品质的培养。根据能源电力技术特点和其教育培训对象逐步呈现多元化、差异化、分散化趋势以及需求多样化、高效化等情况,依据高职教育特点和教学对象的认知规律,探索并构建了具有行业教育特色的"三级递进,虚实互补"电力虚拟仿真实训教学模式(见图7-2)。即依托校企共建并设在校内的中国电力企业联合会仿真培训中心、移动学习App和校内实训基地、校外实习基地,根据学习认知规律,按照"设备认识→工艺认识→运行技能训练"三个层级设计逐级深入进行学习训练。三个层级又按"实→虚→实"的环节优化教学流程,即设备认识按"校内实训基地真实设备拆装→仿真中心虚拟设备拆装"流程进行;工艺认识按"校内实训基地微缩电厂建模→仿真中心3D电厂漫游→校外实习基地顶岗实习"流程进行;运行技能训练按"校内实训基地模拟设备操作→仿真中心机组仿真运行→校外实习基地顶岗实习"流程进行。在设计实训项目的同时,还设计了工匠精神和品质培养的内容体系,细化、实化了在技能训练中培养工匠的内容和载体,聘请了企业劳模、技术能手、优秀校友参与实训教学,将技能训练与工匠精神培育有机结合,实现了双主体育人、多维度呈现复杂电力生产过程,解决了复杂电力生产过程人才培养难的问题。

(六)美化虚拟工场,融入企业文化

学校重视虚拟仿真工场环境的真实化、企业化设计。在工场张贴有关制度机制、操作

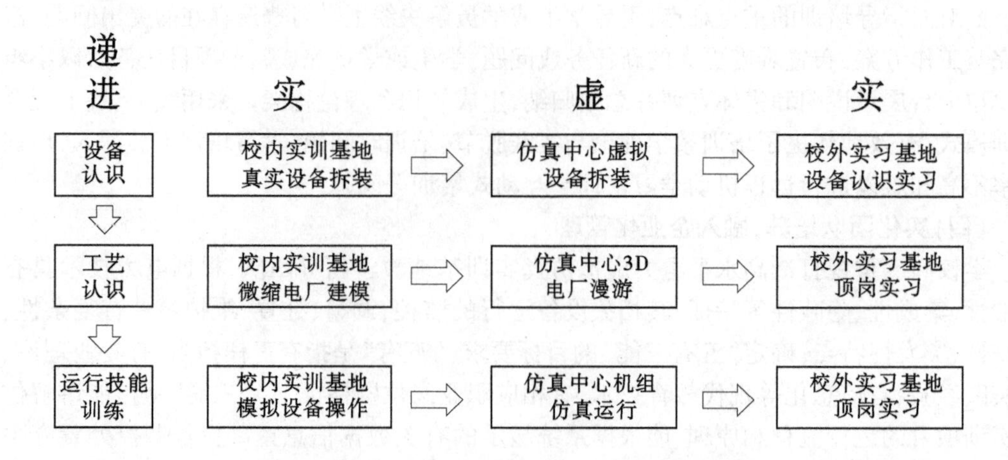

图 7-2 “三级递进,虚实互补”电力虚拟仿真实训教学模式

规程、企业宗旨理念等;师生按有关企业的标准着装;工场外围张贴有关设备和技术发展历史、优秀校友事迹、学生参加有关技能竞赛获奖作品等图片;积极组织开展与电力行业工作需要的有关能力、素质的文化体育活动,如与登杆、登塔作业有关的爬杆比赛、与架设高压线有关的拔河比赛和扳手劲比赛等;将电力发明、发展历史等融入学院“电力之窗”宣传栏,通过图文并茂的形式展示电力发明、发展的历程,各类新能源发明应用的原理及发展前景、企业管理理念等;将企业的文化、设备等融入学院的景观,形成了处处彰显电力特色、处处可触电力文化的校园独特景观。

三、主要成效

(1)提升了学校信息化和现代化教学能力和水平。学校被教育部评为职业院校数字校园建设样板校、信息技术试点校、实验校等,并被评定为自治区级教育信息化试点单位。

(2)提升了教师信息化、仿真化教学能力和水平。近 3 年开发建设了“单元机组运行”等 30 门电力技术类在线课程资源,建成仿真教学实训室 11 个。开发的网络课程及多媒体课件等获得了国家级信息化教学比赛奖 5 项、省级奖 86 项。热能动力仿真教学团队获国家创新教学团队荣誉。

(3)提高了专业人才培养质量,增强了学校办学影响力和吸引力;提升了学生技能水平和实践能力。近 3 年,学生参加各类技能竞赛获奖 355 项,其中全国奖 22 项,省级一等奖 38 项、二等奖 68 项;全国高校大学生互联网+创新创业大赛广西选拔赛获奖数量和等级在广西高职院校中名列前茅。目前,学校在校生规模达 13 000 多人,是学校升格初期的十几倍。近年来毕业生初次就业率、用人单位满意率都保持在 95%以上。连续多年的广西电网公司校园招聘考试中,电力技术类毕业生录取人数在高职院校中名列第一。学院连续多年荣获广西“全区普通高校毕业生就业工作先进单位”称号。

(4)提升了学校的社会服务能力。学校建立了与行业标准对接的培训机构和系列管理制度,取得显著成效。制定了《广西电力职业技术学院职业培训和技能鉴定管理规定》等培训管理制度;建成了中国电力企业联合会电力行业仿真培训(火电、变电)基地、广西第一火力发电及供用电国家职业技能鉴定站、国家能源局南方监管局电工进网作业许可证培训考试点、广西住房城乡建设领域现场专业人员岗位培训考试点等7个服务电力行业种类齐全的职业技能培训及考试机构,可提供40多个工种的职业等级证及特殊作业证培训、考试鉴定。依托该平台为广西信发铝电、广西桂东电力等企业分别开展了“技能订单培训+ 成人学历教育”“学历教育+技能培训”等多样化送教入企的创新培训服务,深受企业欢迎;为中国大唐集团公司、粤电集团公司举办值长技能竞赛,得到了有关领导的肯定和好评。近3年,为企业职工开展各类职业资格培训和技术培训每年20 000人日以上。

案例五　双主体四融合六方位,共建广投能源产教融合实训基地

摘要:为满足能源电力企业对高素质技术技能型人才的需要,切实加强校企合作,提高教育教学质量,广西电力职业技术学院和广投能源集团来宾发电有限公司、广投能源集团乾丰售电有限责任公司共建产教融合实训基地。以校企双元为育人主体,打造虚实结合、内外镜像的实训中心,推进产业和职业教育的跨时空融合;通过“学院共建、资源共用、师资共享、人才共育、就业共促、成果共享”六位一体的主要路径,将教育链、人才链、产业链、创新链“四链”融会贯通;践行工学结合教学改革模式,人才培养质量稳步提升;探索“产、学、研、用”结合的科技创新体系,不断提高自主创新和服务社会的能力,教师“双师”素质能力不断夯实,为企业技术人员提供专业技能培训,实现校企共建、共享、共赢。

关键词:产教融合;双元主体;实训基地;工学交替;虚实结合

一、实施背景

党的十九大报告明确提出“完善职业教育和培训体系,深化产教融合、校企合作”,同时国家陆续下发了《国务院办公厅关于深化产教融合的若干意见》(国发办〔2017〕95号)、《国务院关于印发国家职业教育改革实施方案的通知》(国发〔2019〕4号)、《国家发展改革委 教育部关于印发〈建设产教融合型企业实施办法(试行)〉的通知》(发改社会〔2019〕590号)、《教育部办公厅 工业和信息化部办公厅关于印发〈现代产业学院建设指南(试行)〉的通知》(教高厅函〔2020〕16号)等一系列文件,推进职业教育产教融合发展。显而易见,“产教融合”已成为新时代发展职业教育的基本要求。职业教育改革依然存在产教融合渠道不通畅、合作能力不强、合作层次不高等“沉疴旧疾”,主要表现为:产教融合项目没有形成稳定的双师型师资队伍;校外实习实训基地与校内教学活动缺乏一体化设计;校企合作缺乏完善的管理制度;没有形成真正的产教融合协同育人培养模式等。因此,努力构建产教深度融合、校企合作的双主体育人机制,通过服务产业、深入产业,为师生提供实践平台,加快培育现代化职业技能人才,是职业教育必须承担的使命。

二、主要做法

(一)基本思路

基于新能源产业学院,广西电力职业技术学院与广投能源集团来宾发电有限公司、广

投能源集团乾丰售电有限责任公司签订了产教融合实训基地建设框架，校企双主体根据能源电力产业链对高素质技术技能型人才的需求，以教育链、人才链、产业链、创新链“四链”为主线融通，共同探索实施“校中厂”“厂中校”模式。通过“学院共建、资源共用、师资共享、人才共育、就业共促、成果共享”六位一体的主要路径，在人才培养模式的改革创新、专业和课程、实训基地、双师型教学团队、产学研服务平台建设、企业员工培训和技能鉴定、服务“一带一路”国际化培训项目开发等方面开展合作共建，打造集生产、实践教学、技术研发和社会服务于一体的高水平产教融合实训基地。

（二）具体举措

1. 学院共建，打造虚实结合、内外镜像的实训中心

电力产业生产工艺复杂、设备庞大且精密，难以将核心设备和工艺放到校内实训室完成实践教学，存在“看不见、进不去、不能动、成本高、危险性大、难再现”难题。学院依托校内新能源产业学院、中国电力企业联合会仿真培训中心、广投能源产教融合实训基地，根据电力生产技术特点和学生技能形成规律，以“能实不虚、以虚带实、以虚助实、虚实结合”为建设原则，综合运用智能化、信息化的虚实结合仿真技术，将校外实习基地广投能源集团来宾发电有限公司的生产设备和工艺作为镜像，校企共建校内外虚拟仿真实训中心，虚拟仿真与实景实训基地虚实孪生构建泛在学习资源，推进了产业和职业教育的跨时空融合，解决了电力生产行业职业教育瓶颈问题，同时为社会开展职业能力训练提供了强有力的保障。

2. 资源共用，服务社会人才技能培养、培训

广投能源产教融合实训基地始终坚持服务地方、服务企业和人才培养的科学理念，根据能源电力技术专业人才培养特点和行业企业员工培训所需服务团队，联合开展技术研发和技术服务，如校企合作开发培训资源包，共同为桂旭能源电力、广西华谊能源化工、梧州康恒环境等企业提供技术技能培训和考证服务；为广西水利电力建设集团、广西节能监察系统等开展职工竞赛及技能等级鉴定；为广西中节能、广西苏中达科、华磊新材料等企业开展技术培训和技术研发服务，解决生产实际问题；为广西桥巩水电站、北海电厂等企业进行题库、在线课程、培训教材相关资源库建设；为广西电网公司开发 3 个职业岗位标准和试题库，并开展培训鉴定工作。近 2 年累计技术技能培训达 20 000 人日以上，获得了行业企业极高的评价。同时，建设校内技能竞赛训练中心，用于学生、教师、企业人员参加全国技能竞赛训练，定期承办“一带一路”暨金砖国家技能发展与技术创新大赛新型碳中和能源管控技术及应用赛项、全国高等院校学生发电机组集控运行技术技能竞赛等职业技能大赛全国性赛事，来自全国的参赛院校达到 30 多家。

3. 师资共享，打造结构化专兼结合双师型队伍

围绕专业建设和人才培养需求，以广投能源产教融合实训基地、教师工作站为平台，通过“内培外训”“引才借智”等途径，校企共建混编职业教育师资团队。广西电力职业技术学院定期选派专业骨干教师到企业挂职锻炼，落实教师企业实践制度，采取考察观摩、技能培训、跟岗实习、顶岗实践、在企业兼职或任职、参与产品技术研发等形式开展，提升了教师解决工程实际问题、攻克工艺技术难题和产教融合执教的能力。同时，学院设立了一批兼职教师特聘岗位，聘请企业高技能人才、工程管理人员、能工巧匠等到校任教，企业

兼职教师深度参与人才培养全过程，在模块化的教学合作过程中提升校内专任教师的实践能力和协作能力；设立大师工作室，聘请成员企业的技术专家、劳模和生产技术能手等为技术技能大师，打造工匠文化。通过促进校企人才双向流动，打造教师内部发展需求与外部发展环境相协调的师资队伍建设生态系统，共建一支执教能力、应用技术研发能力、资源整合能力和社会服务能力突出的高水平“双师四能型”结构化教师队伍。

4. 人才共育，推进工学交替教学模式改革

紧密结合技术变革和产业升级需要，与能源电力企业深度合作，基于学生职业技能成长规律，围绕立德树人的根本任务和岗位素质能力需求，践行“能力核心，校企共育，合作共赢，工学交替”思想。制订基于工作过程的核心课程标准，将新能源产业新技术、新工艺、新材料、新方法融入专业课程教学体系，开发以企业职业岗位典型工作任务为内容的活页式教材、实训指导书，对接生产过程，优化教学组织方式和过程，构建“以职业活动为导向、以校企共育为基础、以岗位能力为核心，教、学、做一体化”课程体系。基于虚拟仿真实训基地的立体化教学资源，以微缩工厂等营造行业生产情境，通过直播平台将真实生产现场引入课堂教学，开展校内专项技能实训与校外认识、实习和顶岗三层次相结合的实践性教学，学生运行技能训练按“校内微缩工厂模拟操作（实）→虚拟仿真软件机组仿真运行（虚）→校外基地实习（实）”层级递进，学生在校内实训室和校外实习基地交替轮换学习，赋予学生“学徒企业员工”和“职业学校学生”双重身份，确保学生所学技术技能与其岗位所需职业能力相一致。

5. 就业共促，精准匹配企业岗位能力要求

广西电力职业技术学院坚持人才培养链对接能源电力产业链，围绕产业、行业、企业的业务要求进行课程设置、选择教学方式和内容，实现专业建设对接行业技术标准、人才培养目标对接职业标准。实施校企双主体协同、现代学徒制培养和订单班培养等灵活多样的育人模式，提升人才培养的适应性，匹配不同企业、不同岗位的人才需求。人才培养质量稳步提升，成为区域能源电力行业高素质技术技能型人才培养中心。近年来，广西电力职业技术学院70%以上的毕业生就业于国有大中型企业、世界500强企业、上市公司。

6. 成果共享，依托协同创新平台提升国际化水平

依托广投能源产教融合实训基地，与广投能源集团来宾发电有限公司、广投能源集团乾丰售电有限责任公司签订科研合作协议，共建工程技术研究中心、协同创新中心等科研平台，联合开展技术研发、标准研制和技术服务，共同申报服务超低排放、节能改造、环保及循环经济等方向的科研项目，共同推进地方、行业企业绿色低碳发展，并最终实现科研、技术服务反哺教学。同时，放眼国际，依托基地主办广西投资集团来宾发电有限公司“海外项目国际化人才培训班”，建设“离心泵安装检修”“光伏电站智能运维”等面向东盟国际化职业教育资源，拓宽了中国与东盟国家的交流合作平台，共享一批具有广西职业教育特色的国际化精品教育资源，扩大了广西职业教育的国际影响力。

三、成果成效

（一）人才培养质量显著提升

践行“校企共育、工学结合”，坚持人才培养标准和方案源于行业岗位、课程教材及资

源来自行业标准、实习实践深入行业、师资来自企业，形成行业企业深度介入的人才培养模式，提高了学生的学习兴趣，激发了企业的参与热情，促进了学生职业能力的明显提升，受到了用人单位的广泛好评，获得了省部级教学成果奖一等奖 3 项。近 2 年，广西电力职业技术学院学生取得的各类职业技能竞赛省部级以上奖项达 20 个，其中国家级奖项 6 个，学生满意度达 96%以上，初次就业率达 95%，用人单位满意度为 98%。

（二）教师“双师”能力不断夯实

校企师资共享，打造结构化专兼结合双师型队伍，教师连年参加教育教学能力大赛，获得自治区级以上教学能力大赛奖项 14 项，主持市厅级以上教改科研课题 13 项，获得多项国家级实用新型专利和软件著作权，发表教学科研论文 33 篇，开展社会服务 11 项，服务累计人次达到 20 000 人次以上，并送新能源电力技术下乡助力广西环江县脱贫攻坚、乡村振兴。

四、总结与反思

（一）源于企业，服务企业，以立体化实训基地建设为关键点

按职业成长规律，建成虚拟仿真资源和校内实训设备数字孪生相连，虚拟仿真资源和校外实习基地互为镜像，以共享平台汇集资源，以直播平台连接内外的“虚实孪生、内外镜像”的立体化实训基地，具备基础实训、专业实训、科普体验、研创开发等功能，提升虚实结合新高度。以共建虚实结合、内外镜像的实训资源为契机，助推校内技能竞赛训练中心、校外师生实践基地不断强化发展，共建结构化专兼结合师资队伍，推进工学交替教学模式改革，提升教学、教育质量，服务企业技术发展。

（二）存在的不足与下一步的打算

广投能源产教融合实训基地规模有待进一步扩大，目前仅有广投能源集团来宾发电有限公司、广投能源集团乾丰售电有限责任公司两家共建企业；虚实结合、内外镜像的实训基地以传统燃煤发电机组为依托，新能源发电技术实训岗位有待进一步更新完善。下一步，校企将依托自治区示范性新能源产业学院，携手引进其他地方行业龙头企业，如北海电厂等，从人才、师资等方面建立全面、领先、深度的校企共建培育机制，加强科技转化平台建设，深化产学研合作，着力提高科技成果转化率，实现教育链、人才链、产业链、创新链的进一步融会贯通。

五、推广应用

广投能源产教融合典型案例在同类专业的产教融合中起到了良好的引领示范作用，依托基地为能源电力行业企业输送了大批优秀的技术技能型人才，学生就业率高，就业质量好，在校生、教职工、毕业生、家长和用人单位的满意度都在 95%以上。近年来有郑州电力高等专科学校等 6 所同行院校到校交流学习、借鉴；课程体系建设、模块化教学改革、结构化双师队伍建设、产教融合及实习实训资源的建设成果在国家级教学团队建设共同体交流分享，得到了教育部教师工作司领导的肯定。建设经验成效在中国教育电视台做了专题展播，国家级职业教育教师教学创新团队成果、校企合作案例等被《光明日报》、广西电视台等 9 家媒体报道，社会反响良好，在职教界产生了深远影响。

案例六 产教融合育匠心 助力“双碳”创未来

——“单元机组运行”岗课赛证融合教学实践

摘要：在国家“碳中和、碳达峰”战略背景下，广西电力职业技术学院打造的“岗、课、赛、证”融合的“单元机组运行”课程，作为广西“双高”特色专业能源电力类专业群的核心课程，围绕国家“双碳”目标和广西一区两通道三基地能源新格局，同步行业发展，面向节能降碳技术前沿，对准电力生产运行与维护岗位，对接发电集控运维和垃圾焚烧发电运行与维护“1+X”证书标准，融入全国高等院校学生发电机组集控运行技术技能竞赛的比赛内容，通过校企合作共建、共享资源和一系列教学改革，深化产教融合，培养具备“双碳”背景下责任担当和过硬技术技能的“电力工匠”，成效显著。

关键词：产教融合；岗、课、赛、证融合；“双碳”目标；能源电力；教学改革

一、实施背景

温室气体的过量排放会增强温室效应，造成全球极端气候的出现，严重影响人类的生存与发展，因此控制温室气体减排已成为当前环保的重点。2020 年，我国提出了“双碳”目标，即我国的 CO_2 排放力争于2030 年前达到峰值，努力争取2060 年前实现碳中和。能源电力行业是国民经济的支柱产业，也是碳排放重点行业。我国印发的《2030 年前碳达峰行动方案》中指出，要大力发展新能源，在保障能源安全的前提下，推进煤炭消费替代和转型升级，加快构建清洁、低碳、安全的能源体系。在此背景下，同步行业发展，根据清洁能源技术调整人才培养目标和课程内容刻不容缓。

目前，高职学生在学习方式上表现出的共同特点，即“三喜两厌”：“三喜”为喜动手实操、喜电脑与互联网应用、喜颗粒化可视教学资源；“两厌”为厌枯燥无味的理论内容、厌传统的灌输教育。而发电设备往往具有高温、高压、高电压、高成本、高风险等特点，生产现场难以进入及真实还原，高职学生很难仅靠传统平面教材和教师理论讲授去掌握电力生产的知识和技能。因此，如何营造“身临其境”的教学条件，如何最大程度地贴近真实工作岗位进行教学，是高职能源电力类课程教学改革亟须解决的主要难题。

二、主要做法

在“双碳”背景下，为解决技能传授过程中面临的难点和痛点，单元机组运行教学团队在深化教学改革、推进产教融合方面，做出了不懈努力。

（一）对接岗位，确定课标

“单元机组运行”是能源电力类专业群的核心课程。课程紧跟“清洁、低碳、安全、高效”现代能源体系发展趋势，围绕火力发电机组安全经济运行，对准能源电力生产运行与维护岗位需求，从火力发电厂实际生产过程中提炼典型工作任务，结合国投钦州发电有限公司、广投能源集团来宾发电有限公司、百色百矿发电有限公司、广投北海发电有限公司等区域企业生产工艺进行项目化教学设计，确定课程标准，确保课程建设与实施同步国家战略、能源电力行业发展要求。

（二）融入标准，优化内容

课程以“电力匠心”即培育学生工匠品质为内核，对接发电集控运维、垃圾焚烧发电

运行与维护 1+X 证书内容，将行业技术标准、职业岗位工作标准、操作规程、管理规范等作为考核标准融入教学环节，按照“设备认知→工艺强化→技能训练”三级递进提升技能（见表 7-4）。

表 7-4　课程整体设计

三级递进	从生产过程提炼典型任务	学时（120）	对接 1+X 证书内容						思政融入
			集控运维			垃圾发电			
			初级	中级	高级	初级	中级	高级	
设备认知 ↓ 工艺强化 ↓ 技能训练	系统恢复及锅炉点火	36	√	√					爱岗敬业 精益求精 团结协作 创新进取 双碳意识 安全意识 规范意识 节能意识 环保意识 家国情怀 科学精神 劳动精神 ……
	锅炉升温升压	6		√					
	汽机冲转与发电机并网	6		√					
	机组升负荷至额定负荷	20		√					
	机组正常运行调整	10		√					
	滑参数停运	10		√					
	垃圾焚烧发电运行	16				√	√		
	机组典型事故处理	16			√			√	

（三）校企合作，共建资源

电力生产具有高温、高压、高电压、高成本、高风险等特点，同时生产现场难以进入及真实还原。围绕课程教学任务，与博努力（北京）仿真技术有限公司、国投钦州发电有限公司、广投能源集团来宾发电有限公司合作开发发电运行仿真软件、3D 虚拟巡检漫游软件、发电综合实训平台、发电 X 考证平台等泛在教学平台，形成“以实带虚、以虚助实、虚实结合”的理实一体化教学模式，对关键设备及运行监控、调整、维护等重点问题进行解析，有效地破解了电力生产过程中“看不到、进不去、摸不得、动不了、难再现”的痛点和难点，加深了学生对理论知识的理解和提升实操技能（见图 7-3）。

（四）双师团队，开展教学

以首批国家级教育教学创新团队负责人领衔的双师团队为课程改革提供了有力保障，聘请了来自广投北海发电有限公司、广西桂能科技发展有限公司、中广核新能源广西分公司和中电广西防城港电力有限公司的 5 名企业兼职教师，为课程项目化改革与实施提供技术及智力支持。师资结构如图 7-4 所示。课堂里，学生可依靠双师团队和校企共建资源进行学习；课堂外，学生在广投能源集团来宾发电有限公司、百色百矿发电有限公司等校企共建实训基地跟班实习，在企业导师的帮助下进一步强化所学知识和技能，拓宽专业视野。

（五）以赛促学，活动丰富

将全国高等院校学生发电机组集控运行技术技能竞赛的比赛内容融入教学，强化单

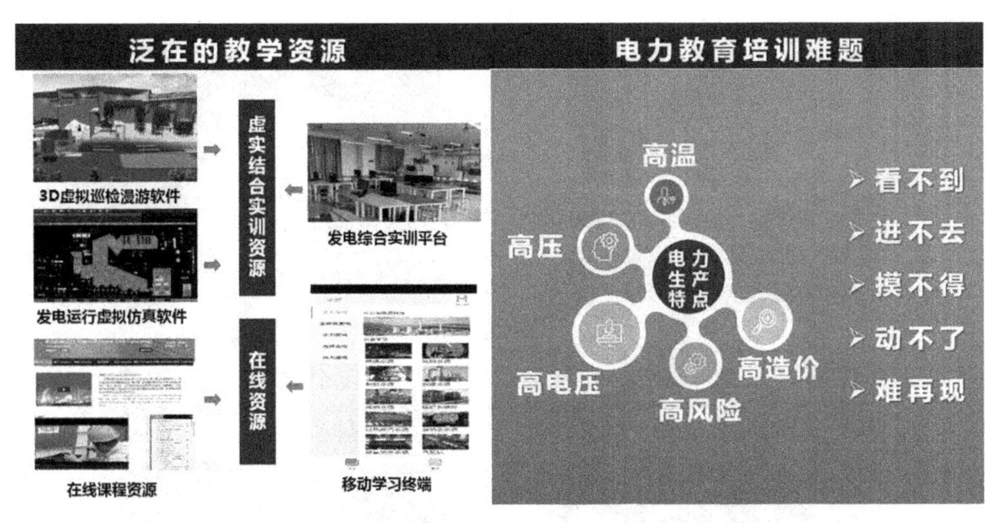

图 7-3　虚实结合，破解电力生产教育培训难题

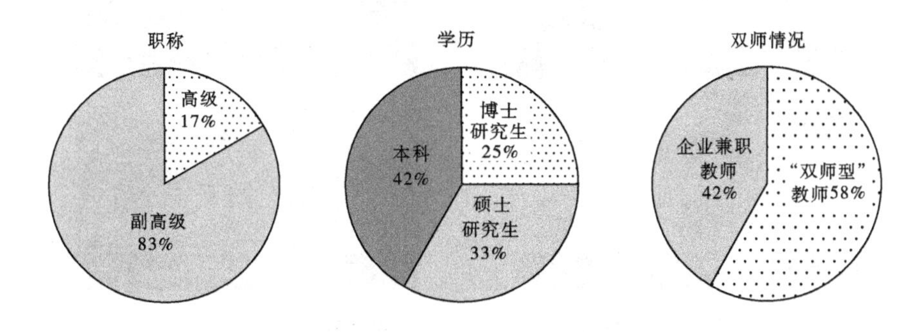

图 7-4　单元机组运行教学团队师资结构

元机组启、停、控制方法，运行调整、故障处理技能等内容。参赛学生备赛中的积极学习、赛场上的奋勇拼搏、获奖后的兴奋自豪都会对其他同学产生正面积极的影响，起到带头示范作用。而教师团队也在竞赛指导和筹划准备过程中，学习行业最新的知识和技术，提升了自身教学能力。吸收竞赛激励要素，在授课过程中，教师利用学习通平台开展抢答、主题讨论、设备流程连连看、成果展示、经验分享、“1+X”考评大比武等多种形式课堂活动，充分调动课堂氛围，提升了学生参与活动的积极性，实现了更有效率的课堂互动（见图 7-5）。

（六）服务行业，推广应用

在培养广西电力职业技术学院本校学生的同时，课程团队还为广投北海发电有限公司、广西桂东电力股份有限公司等企业新入职员工提供培训服务，课程资源与桂林航空航天工业学院、三峡电力职业技术学院、保定电力职业技术学院等 5 所国内高等职业院校共享。得益于双语化课程元素的开发与运用，课程团队将社会服务由常态化企业内培转向开拓性外培，已开展四期面向东盟国际学员的在线国际化专业培训，夯实服务东盟“一带一路”能源战略能力。

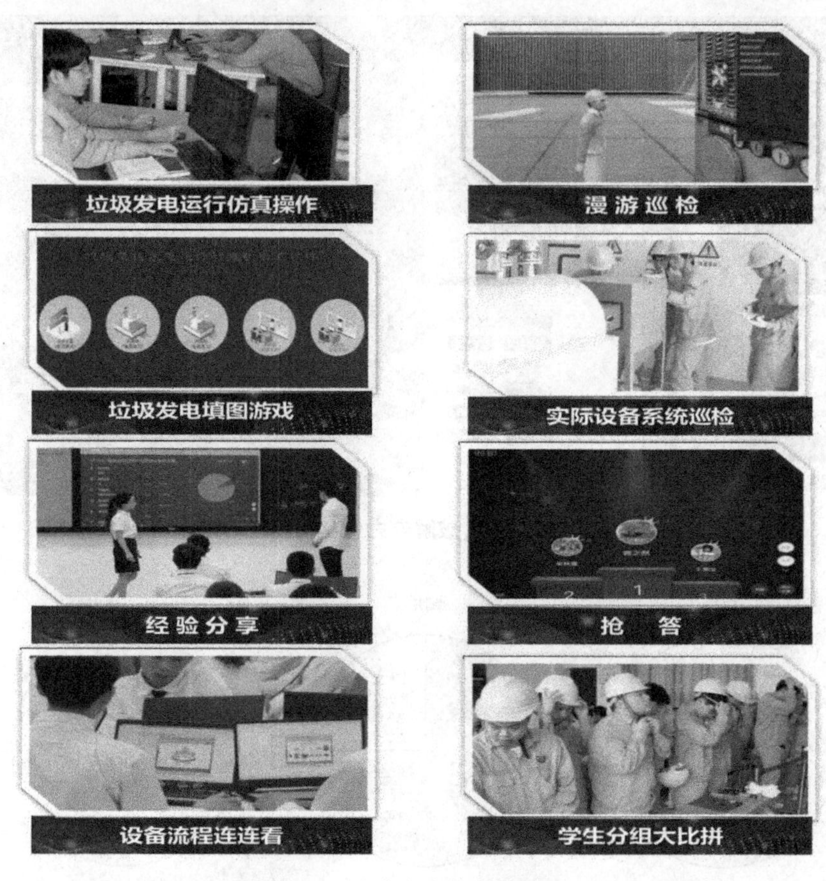

图 7-5 丰富多彩的课堂活动

三、实施成效

(一)团队能力提升

“单元机组运行”课程改革成绩突出,被评为自治区级精品在线开放课、课程思政示范课,并获教学能力大赛一等奖。课程建设理念带动团队教师获得了省部级教改课题 9 项,助推专业群获区级教学成果奖一等奖 2 项、二等奖 1 项,全国电力教学成果奖一等奖 1 项;教学团队成为国家首批教师教学创新团队,并获国家级虚拟仿真示范基地立项项目。

(二)育人成效显著

1. 学生课堂参与度有提高

通过课前导学、课中共学、课后思学三个环节,实现学生全程参与、人人参与,有足够的时间深度参与。有效利用线上、线下混合教学实现人机互动、师生互动、生生互动;在虚拟电厂,采用任务驱动角色扮演的方式,充分调动学生的学习兴趣,学生在完成任务的过程中主动消化运用知识,课堂参与度显著提高,获得感提升。

2. 学生核心技能有提升

基于生产过程提炼的典型工作任务及虚实结合的工作场景,很好地还原了发电生产现场,实现了与真实发电生产完全一致的各种运行状态的反复操作,各种运行参数的反复调整、各类隐患的多次处理和排除操作,提升了学生核心技能,在学校 X 证书模拟考试中取得了较好的成绩。学生在近 5 年参加全国高职发电机组集控运行技术技能竞赛中,获得 4 个一等奖、5 个二等奖、10 个三等奖。

3. 学生职业素养有养成

项目任务是基于工作过程开发的,因此项目本身自带有诸多的职业属性,任务执行过程中将电力文化、工匠精神、职业规范、操作规程、安全规程、成本意识、环保意识、劳动意识、团队意识等职业元素细化并落实到教学环节中,使学生在完成任务的同时养成了良好的职业素养。

4. 学生智慧有开启

从发电的意义到生态文明,再到"双碳"目标,教师从细微处着手,启发学生如何从自身着手开启低碳生活方式,激发学生的社会责任感和历史使命感。通过贯穿于任务始终的"匠心"浸润式教育,强调"守匠心、做匠人",使学生知晓做人与做事的辩证关系。强化学生的自我内化、自我约束和自律养成,形成学生自我完善、自我管理、自我教育的良性循环,落实立德树人的根本任务。

四、经验总结

回顾"单元机组运行"课程"岗、课、赛、证"融合教学改革与实施过程,其特色与创新点主要在于以下方面。

(一)同步行业发展,融入职业标准,对课程进行重构

结合国家"双碳"能源战略,对接能源电力生产的运行与维护岗位,融 1+X 证书标准、企业规范和全国高等院校学生发电机组集控运行竞赛内容于教学之中,对课程进行模块化重构,使课程建设与能源电力行业"清洁、低碳、安全、高效"发展保持同步。

(二)校企合作共建"五得"泛在线上学习资源

依托教学资源与平台,构建全天候、泛在学习的"看得见、进得去、摸得着、动得了、学得会"的"五得"线上学习资源,学生通过虚拟仿真系统直观学习和运维操作训练,降低理解的难度,实现在零风险中提高学生的运维技能,加速学生成长过程,减少企业实习、实训过程中因技能不成熟带来的现实生产安全风险。同时,服务电力生产培训、实训,实现育训结合。

五、未来展望

基于目前积累的资源和成果,"单元机组运行"课程未来还有两个可以继续升级完善的方向。

(一)校企共同开发升级发电运行 VR 系统

目前,学校正在使用的发电运行 VR 系统只能进行场景体验和简单设备操作,尚无法实现大数据量的机组运行操作体验,使得学生对运行操作效果的感知还不是很直观。学校与企业现已达成共同开发具有规模教学功能的发电运行 VR 系统意向。该 VR 系统开发成功后将提升教学情景体验感,更好地还原生产现场,技能教学操作过程与现场实际对

接更为紧密、真实,技术要求、参数指标、操作行为规范将更好地匹配生产要求,更好地满足发电现场操作技能实训及培训需求。

(二)利用大数据做好学情分析,推进精准智慧教学

在学校引入大数据学情分析系统的基础上,利用大数据分析学习进程和结果,分析教师与学生行为习惯,及时全面反馈教学活动进展。通过大数据分析学生的认知规律及学习效果,辅助教师开展教学反思,优化教学内容,调整教学方法,使技术技能型人才能力培养的途径更加清晰,目标指向性更加明确,环节设计更加科学合理,内容与实际结合更加密切,能更好地因材施教、有的放矢,使得教与学更有针对性和指向性,符合技术技能型人才培养的需要。

六、推广应用

课程团队为课程编制了配套的"岗、课、赛、证"教学资源。除课程的在线课程资源外,编写的《单元机组运行》教材为中国电力出版社出版的规划教材,120 课时;课程辅助教材为发电集控运维"1+X"证书中级教材,并配套活页式工作手册。学生掌握"锅炉设备""汽轮机设备""热力发电厂"等专业基础知识课程后,在课程学习中将各热力设备运行与维护技能综合运用,为后续"毕业设计""顶岗实习"奠定基础。其目标是培养掌握单元机组启、停、控制方法,运行调整、故障处理基本技能,具备"电力工匠"品质和"双碳"背景下责任担当的技术技能型人才;也可作为相关专业本科学生学习技能、能源电力行业新员工培训和技术人员再教育的教学资源。

案例七　双融双升,双线六环,混合式教学改革赋能人才培养

摘要:课程建设是广西电力职业技术学院(以下简称学校)教学基本建设的重要内容之一,是搞好专业建设、规范教学工作的基本要素,是提高和保障教学质量的重要环节。随着信息技术、互联网技术与课程教学的深度融合,混合式教学模式应运而生,这对于高职技术技能型人才培育具有重要意义和实践价值。经过多年探索,开展以"互联网+"信息化课程教学平台建设为依托,以课程项目化资源建设为基础,以提升教师信息化教学能力为重点,以培养学生自主自能学习方法和习惯为关键的"双融双升"混合式教学改革,成功构建了"双线六环"混合式教学模式,有效地提高了课程教学的效率和效果以及课程建设的质量,促进了教师教学方式和学生学习方式的改变,同时也为其他高校开展混合式课程建设及教学实施提供了实践参考。

关键词:混合式;教学改革;双融双升;双线六环

一、实施背景

自 2012 年起,以大规模在线开放课程为代表的新型开放课程和学习平台在国内高校兴起。2015 年 4 月,国家明确提出,建设一批以大规模在线开放课程为代表、课程应用与教学服务相融通的优质在线开放课程。在这一背景下,高职教育信息化与教学融合的要求日益提高。这既是职业教育的机遇,也是职业教育面临的挑战。随着经济社会的发展

和科学技术的进步，电力行业产业也在向绿色化、智能化、系统化、高效化等方向发展，对人才培养提出了更高的要求。广西电力职业技术学院清醒地认识到高职教育信息化发展的形势，经过多年探索，充分利用信息技术、互联网技术等，形成了以课程平台为基础、以项目为载体的混合式课程教学模式，健全和完善了课程建设监控和管理的系统和机制，有效地提高了课程教学的效率和效果以及课程建设的质量，系统地培养了学生自主学习能力与创新能力，助力培育适应行业产业发展需要的高素质技术技能型人才。

二、主要做法

（一）融合“信息技术”，建成教学支持环境

混合式教学环境建设是实施混合式教学的基础，是开展混合式教学改革的保障，能否构建一个适合教与学的混合式教学环境，直接影响和制约着混合式教学改革的开展。学校为适应信息时代学生自主、泛在学习的需要，教师互动教学的需要和学校及时监控管理的需要，依托“互联网+”信息技术，搭建全时段、全区域、全过程的“三全”课程教学平台。首先，建设满足师生线上线下教学互动、过程监控、结果反馈、成效统计等需求的混合式课程网络教学平台。其次，优化网络学习环境，以满足学生可随时随地进行学习的需求。具体措施包括：①对不能满足混合式教学改革需要的网络进行升级改造，扩大无线网络覆盖范围，实现校园范围全时段、教学生活场所全覆盖；②提升学院网络校内运行和出口宽带速度，实现万兆主干、千兆接入、出口总带宽达 1.25 G 以上；③建设一批现代多媒体教室、专业计算机室、云计算教室、移动平板电脑教室、3D 和 VR 仿真教学实训室、数字化功能实训室等；④所有教学场所均配有网络信息终端和交互式多媒体播放设备，以满足教师线上和线下教学应用现代信息技术资源的需要。

（二）融合“项目元素”，优化课程教学设计

混合式教学是以学生为主体的教学，在教学的过程中，必须始终围绕提高学生职业能力这条主线来开展教学。混合式课程教学设计以行业典型工程实践项目为载体，打破传统学科体系，重构课程内容体系，能更好地带动知识理论的学习，提高课程教学效率和质量。在课程教学内容上，要求与实际专业职业岗位的工作任务或典型任务对接；在课程教学情境设计上，要求与实际工作环境对接；在教学过程设计上，要求与岗位工作过程对接；在教学评价上，要求与岗位工作标准对接，即学生每学习一项知识和技能都以典型化工作项目或任务为载体，为做而学、以学促做、做学相长，避免孤立传授知识，这样学生才觉得所学知识和技能有实际应用价值，才能增强其学习的针对性、目的性和积极性，从而提升混合式教学的有效性。

（三）“需求导向”提升教师教学能力

高职院校要扎实有效推进混合式教学改革，对教师的培训指导是关键。为此，学校按照“以改设培、以培促改”的思路，以问题和需求为导向，建立常态化、循序渐进并贯穿于混合式教学改革始终的培训和指导机制，定期调研了解教师的培训需求，定期开展针对性、专题化和个性化的培训指导。在培训指导的组织方式上，采取集中培训和课程团队小组研讨相结合、校内自学与校外培训相结合、组织选派教师到兄弟院校学习培训和随堂听课与本校学习交流相结合、组织混合式教改课程进行公开课展示与现场指导培训相结合

等方式进行培训和指导，重点从教育教学理念、课程设计、平台使用、资源建设、线上线下互动混合教学等环节要求进行培训和指导，让教师认识并掌握混合式教学模式的本质特征和实施的方法、路径和策略。此外，搭建混合课程教学改革学习交流平台，设立信息化教学教师工作室，建立混合改革讨论交流 QQ 群，多渠道为教师提供咨询、交流和指导服务。

（四）“内在驱动”提升学生学习能力

混合式教学强调学生在教学过程中的个性化与自主性，鼓励学生自主学习。当代高职学生对于新的学习平台、学习资源、教学方式赋予很高的期待，学校在混合式教学改革初期，加大宣传引导，通过主题班会、课题引导、教师引领等方式，向学生阐述混合式教学的必要性与优势，帮助学生掌握混合式教学平台的使用操作技能，建立合理的学习目标，引导学生顺利开展自主学习。教学改革实施过程中，通过课前（线上）、课中（线上、线下混合）、课后（线下）三个不同阶段的任务规划，让学生更多地掌握学习控制权，自主调配学习时间，让学生获得主导者与主体者的双重体验，有效激发学生的学习热情，从而提升学生的自主学习能力，提高学生的思维开放性和创新性。

（五）“双线六环”教学模式优化教学实施

依托“互联网+”信息技术，采用线上、线下的“双线”方式，按照“明—做—学—教—用—评”六个环节组织教学。“明”是指教师每教一项技能，首先要让学生明白该项技能在哪个职业岗位、在什么情况下应用，有什么作用和意义。“做”就是先让学生做老师设计的职业岗位典型工作任务。“学”就是让学生为完成“做”的任务，自己先去学习有关知识和理论。“教”是指教师发现学生在做和学的过程中存在的问题和不足后有针对性地教。“用”是指让学生运用已掌握的知识和技能解决难度更大的项目任务，以此促进学生能力的“螺旋式”提升。“评”是指采用过程与终结评价相结合，教师、师傅、学生多元评价的方式对学生进行考评。

（六）“层级点面”管理机制保障改革成效

1. 形成“三级五位”管理体系

经过实践探索，逐步建立学校、二级学院和课程团队的“三级”管理，以及由混合式课程教学改革领导小组、专家指导团队、技术服务团队、教学督导团队、学生教学信息员组成的“五位一体”的混合式组织管理体系。在该体系中，教学改革领导小组负责混合式课程建设项目的整体规划设计和配套政策、体制机制等保障措施的制订工作；教学改革专家指导团队负责对混合式教学改革关键问题的研究和指导工作；教学改革技术服务团队负责混合式课程教学改革平台和环境建设以及技术指导服务工作；教学督导组负责监督检查各二级学院混合课程改革的进展情况和成效并反馈存在的问题；学生教学信息员则将学习体验、感受和建议进行反馈以便授课教师和课程团队进行教学的优化调整。体系中的每个组成部分各司其职，统筹协调，不断地完善相关政策制订、体制机制建设，持续调整二级学院的课程规划，由此形成“三级五位”协同联动的工作模式，共同推动混合式课程建设项目的顺利运行和可持续发展。

2. 形成“点面结合”课程建设机制

遵循“整体规划、试点推进、边建边用”原则，开展混合式教学改革项目专项建设工作，择优选取有关课程进行立项试点建设，与清华大学教育技术研究院、优慕课公司合作开展培训和指导，精心培育，保障政策和经费支持，通过首批课程立项打造典型案例，形成示范效应，带动其他教师参与教学改革的积极性。在第一批立项课程建设的基础上，鼓励和支持各二级学院和各课程团队将专业核心课程建设作为提升教学质量的突破口，认真规划，开展第二批混合式课程立项建设，共建、共享，边建边用。各课程团队在专业核心课程建设基础上，逐步辐射到专业基础课程、专业拓展课程和公共基础课程，形成以点带面、点面结合的混合式课程建设项目工作机制，扎实推进混合式教学改革实践。同时，在混合式课程建设项目的实践过程中，积极探索并制定混合式课程建设和实施标准、课程管理和平台建设规范，明确混合式课程平台资源建设、线上教学互动和资源应用、线下课堂教学的环节和成效等方面的要求，逐步形成先建设应用、后评价认定的办法，引导全校教师积极参与和推进混合式教学改革。

三、成果成效

（一）提高了教师现代职业教育教学能力

通过实施混合式教学，教师的教育教学理念进一步转变，运用信息技术开展教学的能力进一步提高，参与混合式教学的积极性进一步增强。专业核心课程开展项目化教学和线上、线下混合式教学改革占比达 100%，其他课程占比达 86.3%。学校孙俏老师获广西首个全国职业院校信息化教学大赛一等奖，教师参加省级及以上教学能力比赛获奖数量逐年提高，近 5 年获奖数为 123 项，是前 5 年的 4.6 倍。

（二）提高了课程教学效率和质量

混合式教学有效满足了学生自主化、个性化学习的需要，培养了学生自主、自能的学习方法和习惯，极大地激发了学生学习的积极性和主动性，学生对混合式教学的满意率为 92%；近 5 年学生参加省级及以上技能竞赛获奖 524 项，是前 5 年的 3 倍，其中全国奖 22 项，省级一等奖 38 项、二等奖 68 项；全国高校大学生"互联网+"创新创业大赛广西选拔赛获奖数量和等级在广西高职院校中名列前茅。

（三）提高了课程资源建设的质量

依托优慕课综合网络教学平台、超星泛雅教学平台，建设资源丰富的混合式课程，已建设完成混合式课程 656 门；学校"高电压技术"课程教学团队被评为教育部首批课程思政示范课程，课程教学团队及成员被评为课程思政教学团队和名师；"电力系统自动化专业教学资源库"通过国家级专业教学资源库验收；"变电站综合自动化"课程被认定为 2022 年职业教育国家在线精品课程；获批自治区级精品在线课程 3 门；获批自治区高等职业学校课程思政示范课程 9 门。

四、经验总结

（一）加强理论研究，明确混合式教学改革方向

从高职课程教学的特点、目标、问题和有效路径等课改要素出发，结合国家教育信息化相关政策和文件，有计划性地开展相关理论课题和实践课题研究，提出课程改革理念、建设思路和具体措施，发表了《高职院校实施混合式教学改革的策略研究》等 18 篇系列

研究论文,为混合式教学改革提供了理论指导和指明了方向。

(二)分步骤多举措,统筹推进混合式教学改革

按照宣传引导—试点推进—全面铺开—优化提升的思路,通过强化技术平台支撑,优化管理激励制度,实化教师培训体系,精化项目培育,深化教学评价等举措,分阶段、有序、科学地推进混合式教学改革。在认真总结教学改革经验的基础上,以问题为导向,不断地完善混合式课程开发和实施的工作流程和保障机制,保障混合式教学模式高质量地进入教学实践,提高课堂教学质量。学校将继续加强对混合式课程建设与教学应用的支持,积极抓好精品在线课程建设,推进课堂革命,持续推动混合式教学常态化开展,努力打造一批有特色且让学生真心喜欢、终身受益的数字化教学“金课”。

五、推广应用

本案例的实践成果在自治区内部分高职院校混合式教学改革中发挥了示范引领作用,先后有广西金融职业技术学院、广西工业职业技术学院等自治区内5所高校来广西电力职业技术学院考察学习并交流混合式教学改革经验。实践成果发挥了辐射带动作用,学校信息化教学专家受邀到有关院校开展教师教学能力指导培训20余场;《广西日报》、光明网等主流媒体对该成果和成效报道5次;学校老师就“广西电力职业技术学院混合式教学改革整体推进的探索与实践”等4个案例应邀在第三十六届“清华教育信息化论坛”、全国电力教指委会议等4个会议上作典型交流发言。

案例八　产教“五融合”,培养“敢闯会创”人才

摘要:培养“敢闯会创”的高素质技术技能型人才是高等职业院校深入实施创新驱动发展战略的重要使命。广西电力职业技术学院针对高等职业院校在创新创业教育教学中存在的缺乏系统设计、与社会需求脱节、师资力量薄弱、实践资源匮乏等问题,与北京中关村软件园、北京中关村智酷双创人才服务股份有限公司通过产教“五融合”(价值融合、资源融合、人才融合、流程融合、项目融合)及“园校企”协同,开展“精益式”创新创业教育,取得了显著成效。

关键词:产教“五融合”;“园校企”协同;精益;敢闯会创

一、实施背景

在强化实施创新驱动发展战略,纵深推进大众创业、万众创新背景下,高职院校作为国民教育的一个重要组成部分,肩负着为国家培养创新型高素质技能型人才的重要职责,必须遵循教育、教学规律,深化教育、教学改革,推进创新创业教育,提高人才培养质量,为国家培养具有创新意识、创新创业能力并且适应能力好、学习能力强、“敢闯会创”的高素质技术技能型人才。北京中关村软件园、北京中关村智酷双创人才服务股份有限公司是教育部中国国际“互联网+”大学生创新创业大赛项目展示交流中心唯一运营企业,拥有最丰富、最新创新创业资源,广西电力职业技术学院从2015年起,秉承“创新、协同、开放、共享”的教育理念,与这两个公司开展合作,针对高职院校创新创业教育教学存在的缺乏系统设计、与社会需求脱节、师资力量薄弱、实践资源匮乏等问题,以精益创业理论为指

导,以社会及师生需求为导向,“园校企”共同开展基于产教“五融合”,即价值融合、资源融合、人才融合、流程融合、项目融合的“精益式”创新创业教育。以“双创+”“互联网+”改造升级传统专业,打造智慧能源、智能电力专业集群,并在实践中不断升级优化“精益式”创新创业教育教学体系,形成“适需求、快迭代、显成效、可复制”的高职院校创新创业教育精益模式,铸就“智汇电‘愿’,酷创精彩人生”的创新创业教育品牌。

目前,广西电力职业技术学院已发展为国家优质专科高等职业院校、广西高水平高职学校、自治区首批深化创新创业教育改革示范高校,是广西职业院校创新创业教育联盟理事长单位、全国高职院校创新创业教育联盟理事单位,拥有国家级协同创新中心、国家级职业教育教师教学创新团队、自治区级大学生创业示范基地和自治区级创新创业教育师资培训基地,连续13年被评为“全区高校毕业生就业创业工作突出单位”,6个案例入选全国、全区优秀双创成果案例。

二、主要措施

“园校企”基于价值融合、资源融合、人才融合、流程融合、项目融合开展“精益式”创新创业教育,即通过价值融合共同牵头成立广西职业院校创新创业教育联盟,通过资源融合共建创新创业育人平台,通过人才融合共建“双师多能”师资队伍,通过流程融合共建精益课程教学体系,通过项目融合共同开展创新创业实践。

一是遵循“需求—探索—验证—迭代”的“精益创业”逻辑,以企业精益创业培训课程为起点,以学生岗位创新和社会创业的能力成长需求为主线,园校企协同构建“一体两翼五阶段”的双创育人体系,即以双创课程教学为主体,实践和竞赛为两翼,经过“启蒙—创意—种子—初创—孵化”五阶段选育,精心培养学生的创新创业能力。二是将精益创业理论融入课程,校企共同开发并迭代“双创基础—创新思维—专创融合—创业实践—创业孵化”课程体系,促进课程精益发展。同时以教师“能教会创”的职业发展需求为驱动,校企双导师优势互补,分工协同,实施模块化教学,形成了校企混编的“启发型、工匠型、教练型”结构化双师多能的高素质师资队伍建设模式,在双创特色课程中开展“发散、聚焦、行动、试错、迭代”的教法实践,促进教师精益发展。三是园校企协同共建“资源平台贯通、创新需求互通、创业孵化联通”的双创育人平台,为师生双创实践精准对接资源,促进双创成果落地产生实效。通过学生、教师、课程、优质双创资源之间的需求联动、相互促进,推动高职院校创新创业精益育人目标的实现。产教“五融合”创新创业精益育人模式结构如图7-6所示。

(一)价值融合,“园校企”共同牵头成立广西职业院校创新创业教育联盟

为更好地服务国家创新驱动发展战略,支撑广西打造国家民族地区职业教育创新发展高地和建设中国—东盟职业教育开放合作试验区的职业教育改革目标,在广西壮族自治区教育厅的指导下,基于共同价值理念和追求,学院与北京中关村智酷双创人才服务股份有限公司共同牵头成立广西职业院校创新创业教育联盟,教育联盟汇聚国内外创新创业教育优质资源,组织广西38所职业院校和36家企业协会联合开展创新创业教育合作,探索创新创业人才培养模式,建立创新创业教育产教融合新机制,搭建创新创业教育资源互通平台,建设校企合作命运共同体,打造广西职业院校双创品牌,助推广西职业院校深

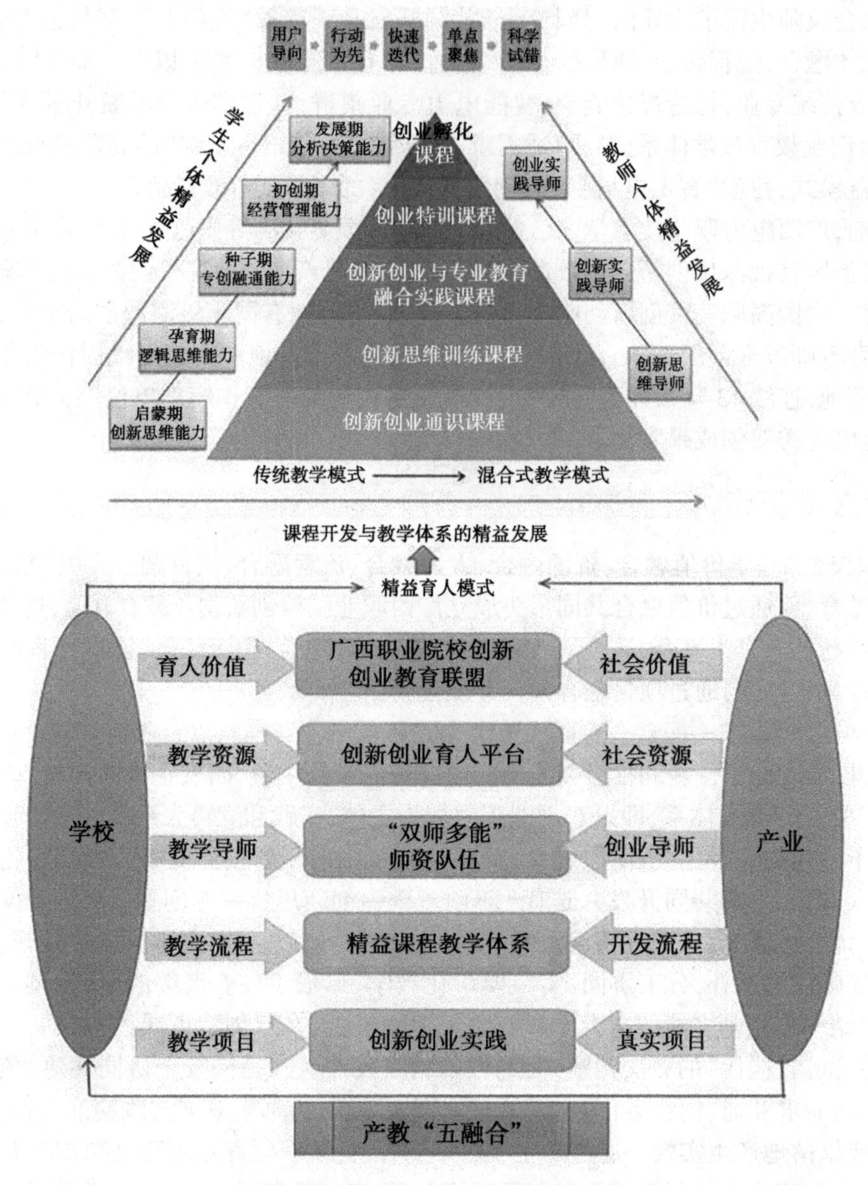

图 7-6　产教“五融合”创新创业精益育人模式结构

化创新创业教育改革，共同培育社会需要的一大批有创新精神、勇于实践的高素质技术技能型人才、能工巧匠、大国工匠。

（二）资源融合，“园校企”协同共建创新创业育人平台

以广西电力职业技术学院中关村智酷创新学院为桥梁，以服务师生创新创业实践需求为核心，“园校企”共建直通中关村平台，贯通北京中关村软件园的双创资源，连接中国国际“互联网+”大学生双创大赛展示交流中心等优质资源；共建国家级协同创新中心，互通校企创新需求，带动校内协同创新中心、工程技术研究中心建设；共建示范性大学生创业园，联通南宁中关村雨林空间孵化器、北京大学生创业园孵化器，为师生双创实践成果转化服务。通过已建成的 1 个国家级协同创新中心“移动互联技术协同创新中心”和 5

个工程技术研究中心，积极开展技术创新、科技服务、成果转化，学生创业项目有"魔力科技、灿蓝科技、储能电池系统"等，已完成15项成果转化，服务地方经济社会发展。

（三）人才融合，"园校企"共建结构化"双师多能"教师队伍

以教师职业精益发展需求为导向，通过园区为学院提供由知名企业家、国家级双创导师、国家级金奖项目负责人等组成的高水平双创导师库，企业为学院定制双创师资培训内容和认证资质，学院内部建立健全企业挂职锻炼等制度体系等形式，"园校企"合力打造一支由一级启发型创新思维导师、二级工匠型创新实践导师和三级教练型创业实践导师组成的专兼结合、校企融合的结构化"双师多能"双创教师队伍。

一是将教师成长过程细分为目标层、结构层、类型层、能力层、路径层、基础层6个层次，确定结构化双师多能教学团队培养目标，按照教学需要分为3个类型，明确不同类型教师的能力图谱，分类培养和管理，优选"同伴教育、精准培训、科研引领、项目驱动、按需保障"5条路径，夯实校企双师培养的资源、组织和制度基础。二是建设双创师资培养基地，普及培养启发型导师，精心培育专创融合工匠型导师，引聘有丰富创业经验的教练型导师，适配到双创课程教学体系中的每门课程、每个模块，为精益育人模式的实施提供强有力的师资保障。

（四）流程融合，"园校企"共建精益课程教学体系

将应用于企业开发新产品的精益创业理论融入高职创新创业课程教学体系和教学实施中，在创新创业课程教学内容体系中融入"以最低成本、最直接的方式，获得最有效的用户反馈"的效益理念与"想法—开发—测试—认知—新的想法"的精进逻辑，使课程内容、教学实施与企业新产品开发流程对接，形成"开发—测试—反馈—调整—再开发"的课程精益开发流程。"园校企"共建精益创新创业课程，从最精练的"企业精益创业"培训课程出发，通过在试点师资班、学生班的快速应用，获得最直接的用户反馈，紧贴用户需求，快速调整课程内容，通过循环开发迭代，形成精益创新创业课程教学体系，再面向全校甚至联盟成员推广。

将实际创业过程中的方式、方法、步骤及工具与教学过程相融合，设计"认知、探索、开发、验证、反馈、优化"教学六步骤，使学生围绕自己开发的项目，跟随课堂的进程，通过实践育人平台，利用精益方法论中的精益画布等方法，秉持精益创业方法论的思维和逻辑，通过案例分析和项目体验，不断地自我思考、自主学习，逐步迭代完善产品，在课程中实现创业模拟。通过这样的训练，让学生充分体会创业过程中的用户思维、互联网思维、迭代思维等，培养及提升学生的创新创业能力。

（五）项目融合，"园校企"共同开展创新创业实践

以项目驱动为内核，"园校企"共同开展创新创业特训营、创新创业竞赛项目培育和创新创业成果转化。一是面向全校学生开展创新创业特训营活动，其活动内容与园区为社会创业者开展的专项培训项目进行对接，让学生在短时间、高强度的团队协作中完成团队组建、探索问题、创意发散、形成方案、制作原型、用户验证、路演展示等任务，深度挖掘学生创意的灵感，激发学生的创新创业热情和行动力。二是基于企业真实需求，以创新创业竞赛为抓手，引导学生开发创新创业项目，并以"校级—省级—国家级"三级创新创业竞赛项目培育的方式，逐步提高学生的创新创业能力。三是优选创新创业竞赛项目成果，将其转化为企业创新应用,成为企业创新创业的重要力量。

三、成果成效

(一)双创教学质量明显提升

精益双创课程覆盖全校学生,双创实践活动年均参与数量为1.9万人次,学生参加双创竞赛获国家级奖励18项,省部级奖励307项,其中仅在第七届中国国际"互联网+"大学生创新创业大赛"数广集团杯"广西赛区选拔赛中就斩获了4个金奖,推动了31个创业项目走进市场,涌现了"玉聚荟""蓝柳福"等一批大学生创新创业典型,学生创新创业教育获得感在广西9所高职院校中位居第一。

(二)双创师资队伍建设成效显著

培养149名启发型导师、26名工匠型导师、8名教练型导师,国家级优秀双创导师6名,高级创业指导师3名,SYB创业培训师18名,国际创新引导师5名;教师获自治区以上技能竞赛奖励210项,成立国家级职业教育教师教学创新团队1个。

(三)理论与实践成果丰硕

学院被评为自治区级首批深化创新创业教育改革示范高校(广西5所高职院校之一)、自治区大学生创业示范基地;建成国家级协同创新中心1个、校级协同创新中心等6个;师生共创项目获得专利103项;发表14篇论文,建设3门特色课程和出版2本新体例教材。

四、经验总结

(一)理念先行,形成高职双创教育"最小代价、最简洁方式,获得最有价值的认知"精益育人新理念

将应用于企业开发新产品的精益创业理论引入高职双创育人过程,在双创育人体系中融入"以最低成本、最直接的方式,获得最有效的用户反馈"的效益理念与"想法—开发—测试—认知—新的想法"的精进逻辑,使课程内容、教学实施与企业新产品开发过程对接,学生在"课程学习、项目模拟、项目实战、竞赛比拼"中反复训练,形成应用精益创业方法和工具开展双创的能力,养成成本意识和持续改进的自觉性。

(二)行动为基,形成园、校、企协同共建创新创业育人平台的长效运行机制

建立健全组织结构、建设方案、工作制度、管理流程,保障双创学院、协同创新中心、职教联盟等高效运转。建立校企协同推动双创实践成果转化的工作新机制,基于实时贯通的实践平台,企业为学校导入真实创新需求,学院将其转化为双创实践,企业再协助学校将双创成果转化为创业项目,并提供孵化服务,形成校企双向促进双创实践成果形成和转化的工作机制。

(三)持续改进,形成"探索—验证—迭代"的精益双创育人质量保障体系

在产教"五融合"的创新创业精益育人模式构建与实施过程中,将精益创业的"探索—验证—迭代"精进逻辑与学校内部质量诊断与改进工作有机融合,紧贴"社会、教师、学生"的需求,持续改进创新创业师资培养模式、优化创新创业课程体系开发与实施、提升创新创业实践活动质量,将学校的创新文化融入学校的质量文化中,持续完善创新创业

人才培养的生态系统。

五、推广应用

（一）示范引领，认可度高

（1）学院与北京中关村智酷双创公司双主体合作共建双创育人平台，形成的课程教学模式、师资培养模式、实践平台建设模式已在广西职业院校双创教育联盟推广，其中广西职业技术学院、黔南民族职业学院等12所区内外高校进行实践应用，广西工商职业技术学院369名学生直接参与课改。

（2）承担2017年、2019年职业院校教师素质提高计划项目——高职教师"双创"教育培训，向全区高职院校推广精益创新创业教育经验。

（3）受邀在2017年广西高校创新创业高峰论坛，2019年广西职业院校创新创业教学辅导与创新创业项目培训会，2020年经略海洋·院士专家潍坊创新创业周，2021年广西高等职业教育教改成果培育、推广、申报研讨会等重要会议上发言，并得到各地高职院校的认可。

（二）媒体关注，影响深远

学院深化产教融合、校企合作，校企双主体共同开展创新创业教育工作，取得了显著成效，受到环球网、中国教育新闻网、中国新闻网、光明网、中国职业技术教育网、中国国际"互联网+"大赛交流中心官微、《广西日报》、《南国早报》、广西八桂职教网、广西新闻网、南宁新闻网等16家国际、国内和省级主流媒体宣传报道，社会反响良好，影响深远。

案例九　"五型融合"构建"智能+双创"实践育人大场域

摘要："五型融合"坚持"共享共育"理念，以"典型技术、典型证书、典型课程、典型作品、典型竞赛"五个典型为"创新创业"载体，构建"智能+双创"实践育人大场域，形成岗位技能交叉融合的"科、赛、证、创"育人机制，培养智能制造专业群高素质创新创业型人才。经过几年的探索实践，"五型融合"构建"智能+双创"实践育人大场域的建设与实践模式在同类院校得到示范辐射和推广应用，为高职智能制造类专业"专创融通""科教融汇"贡献了"电力"样板。

关键词：五型融合；专创融通；实践育人；党建品牌

一、实施背景

随着我国"双碳"目标的稳步推动，与"能源强国""制造强国"相呼应的产业同步实现转型升级，升级的产业需要有相应的高素质技能型人才，智能制造技术技能型人才要具备完整及系统的专业知识、多元的专业能力、卓越的职业素质、创新意识和工匠精神。随着智能制造专业建设的不断深入，专业创新创业型人才培养中仍然存在重技术轻德育、专业与创新精准对接不到位等问题。为此，智能制造工程学院主动适应产业转型升级发展和供给侧结构性改革需要，依托广西高水平专业建设项目，以"典型技术、典型证书、典型课程、典型作品、典型竞赛"五个典型为"创新创业"载体，构筑"智能+双创"实践育人大场域，形成了岗位、技能交叉融合和科、赛、证、创互融互促育人机制，为实现育人新构架、教学新支撑,创建国家级高水平专业群打下了坚实基础。

二、主要做法

(一)引企入创,携手科技型企业构建典型技术应用场景

携手固高派动(东莞)智能科技有限公司、苏州富纳艾尔科技有限公司、深圳信盈达科技有限公司等领先企业,面向新型自动化技术应用,聚焦“运动控制”“工业视觉”“物联网开发”等典型技术,2022年校企共建“运动控制实训中心”“工业视觉系统运维人才校企联合培养基地”“物联网单片机应用与开发人才校企联合培养基地”等典型技术应用场景,探索和实施技术共享、人才共育等多种形式的校企合作模式,促进人才需求链和供应链有机衔接。

聚焦典型技术,2022年广西电力职业技术学院智能制造工程学院设立“运动控制”“工业视觉”“物联网开发”“1+X”群技术典型证书考试基地,开发了“运动控制技术”“机器视觉系统应用”“物联网单片机应用技术”等12门“1+X”证书接口典型课程,把“1+X”证书等级标准融入课程群,建立“群技术支撑共享,群课程互选互通”资源优化共享机制,知识由相对独立转变为相互呼应,技术由无序重叠转变为相互协同,单一技能转变为复合技能,提高学生技术协同和创新创业能力。

(二)专创融通,推进专业群学业作品、创新作品、毕业作品“三品递进”

依托典型技术、典型证书、典型课程,广西电力职业技术学院智能制造工程专业群积极探索科技作品开发和创新的路径和方法。2017年以来,智能制造工程专业群率先引入中关村软件园创新思维体系,实现了专业课和创新创业教育课“两课融通”,推进了专业群学业作品、创新作品、毕业作品“三品递进”实践向更深层次发展。专业群在课程和实践中植入创新思维、大国工匠、电力文化、产业元素等课程思政育人元素,形成“专业+”多元能力大体系。

专业群依托“创新创业”“技术+信息化+平台”“优质课程资源”三方面的优势,建立师生科技作品创新团队,形成了“智能蚕茧烤房”“干茧智能分拣机器人”“移动喷淋装置”等一系列基于“典型技术”“典型课程”的典型作品。其中,“蚕燃一新——智能蚕茧烤房”“独具慧眼——干茧智能分拣机器人”入选2021年中国—东盟职业教育联展学生技术技能作品展。2022年5月,《广西日报》发表了《专创赋能,“蚕燃一新”助推广西桑蚕产业转型升级》专业群典型作品科技助农专题报道。

(三)强师铸魂,实施“双创”师能塑造工程

智能制造工程学院以“师德、匠心、匠艺”强师铸魂,引导学生全方位开展“创新创业”实践。智能制造专业群以“双高”建设为引领,以创建“全国党建样板支部”为契机,围绕“电亮师魂”师德师能“党建品牌”建设,学院教工党支部“党建”与“双创”教育双融合、双促进,形成党支部书记、专业带头人、党员教师、骨干教师、技能大师五类教师“双创”育人的“匠群”,建成“五群五育”学习营,打造“三亮三比”师技提升品牌,开展“两争”活动,引导教师“心中有梦、脚下有根、手中有活”,着力培育“匠心育人”的师资队伍。专业群共有专任教师38名,其中“广西双师型教师”占比为70.4%,具有高级技师/技师职业资格证书24人、广西技术能手2人,“1+X”证书职业技能等级考评员9人、电工作业考评员5

人,形成了一批有“匠心”、精“匠术”的新时代“双创”“工匠之师”。

(四)赛创融合,点亮学生成才的星火

智能制造工程学院秉持“以赛促学、以赛促教、专创融合”的理念,以创建学生为主体,教师为主导,贯通第一、二、三课堂“匠人”实践教学新模式,建立校、自治区、国家、国际四级“金字塔式”竞赛体系,搭建强化学生专业知识和专业能力的院、校竞赛平台,设立“匠心智创”众创工作室,将创新创业教育融入专业实践教学全过程,构建创新创业训练平台,聚焦“大学生创新创业”典型竞赛,将科技元素融入实践行动。近年来,专业群师生勠力同心战大创,呈现“二高五多”特点,即专创融合高、技术含量高,指导老师多、作品项目多、金奖项目多、获奖数量多、受益学生多。其中,2021—2022 年参加中国国际“互联网+”大学生创新创业大赛,获全国总决赛铜奖 1 个、广西赛区金奖 4 个;2022 年参加第十届“挑战杯”广西大学生创业计划竞赛,获 1 金、2 银、7 铜的好成绩。

(五)创新“智能+”第二课堂实践活动,促进学生健康成长

依托“党建品牌”育人路线,敏锐把握社会热点,创新“智能+”第二课堂实践活动,将专业知识与服务企业、服务乡村、服务社区相结合。党员教师带领学生,把智能技术、机器视觉、数字化检测应用于服务乡村振兴和助力企业创新的实践活动中,深入社区传播新技术、培训新技能,增强学生的民族自豪感、自信心,促进学生健康成长。

党员教师带领学生深入企业,为中小企业排忧解难。一是与地方中小企业开展技术合作,共同研究与开发了一批科研项目、横向课题,助力企业荣获“专精特新”企业和“产教融合型”企业等称号。二是深入地方糖厂蔗糖压榨车间,应用“数字化探测技术”检测蔗糖压榨辊轴缺陷,确保糖厂榨季安全、稳定生产,两年来共服务 30 多家广西制糖企业。

拓展社会实践精品项目,组织“印象·环江”感悟脱贫攻坚、乡村振兴青年实践团,并被评为 2021 年广西大中专学生志愿者暑期文化科技卫生“三下乡”社会实践活动自治区重点团队。教师党员带领学生深入定点扶贫乡村,将专业知识运用到乡村、田头,完成了“蚕然一新”“稻亦有道”“淋之霖”等一系列科技惠农的创新作品,开展精准培训和技术服务,教师党员带领学生自强不息服务乡村,涌现出一批大学生“自强之星”。

建立了“八桂义工服务站”实践育人基地,教师党员带领学生深入南宁市华强社区、石埠街和安村、马山县周鹿镇等,为数百名社区居民提供义务维修志愿服务。常年开展“青少年科普作品展志愿服务”“家电维修进万家志愿服务”等精品志愿服务活动,累计为数万名中小学生开展机器人、无人机科普志愿服务。

三、成果成效

智能制造工程学院通过双轮驱动(课程教学与竞赛取证)、双轨运行(人才培养与价值引领),构筑“五型融合”“智能+双创”实践育人大场域,一线教师走进学生创新创业空间,“科技、证书、课程、创新、竞赛”循环互动,创建了“匠心智造”专业品牌,造就了一批厚德技精实践育人大师,培养了一批新时代匠人。

“双创实践”专业建设成效显著:教学改革成果《高职自动化类专业课程群“两课融通、三品递进”课程改革的研究与实践》荣获 2019 年广西职业教学自治区级教学成果一等奖;2019 年,机电一体化技术专业被认定为国家级骨干专业;2020 年,机电一体化技术专业和工业机器人技术专业入选“广西高水平专业群建设专业”;2022年,工业机器人技术专业入围第八届“恰佩克·全国高校机器人产教融合50强”;2022年,工业机器人技术专业入选“工业和信息化部产教融合专业建设试点”。

智能制造工程学院“双创”实践育人成效显著:学院教工党支部2022年以优异成绩通过“教育部第二批全国党建工作样板支部”建设验收;学院教工党支部2021年荣获“广西壮族自治区先进基层党组织”称号;学院教工党支部的“匠心星”党建品牌被评为首批广西高校示范党建品牌;学院2021年被评为广西高校“三全育人”综合改革示范院系;学院党总支2021年被评为首批新时代广西高校党建示范“双创”标杆院(系)培育单位。

四、创新经验

(一)实践理念创新

党建引领,匠心铸魂,立足广西电力职业技术学院能源电力办学特色,萃取校训“厚德笃学”精神内涵,凝成“匠心智造时代工匠”实践育人理念,构建基于“一核两翼”能力体系的“五型融合”实践教学体系,全面提升学生工程实践能力和创新能力。

(二)实践场域创新

构建双轮驱动(课程教学与竞赛取证)、双轨运行(人才培养与价值引领)的“专创融合”实践教学场域,建立学生创新训练平台,一线教师走进学生第二课堂,“科技、评书、课程、创新、竞赛”循环互动,探索了“科技推动技术进步、大赛引导学生成长、创新塑造健全人格”的实践育人创新路径。

五、推广应用

“五型融合”“智能+双创”实践育人大场域的构建、产教协同育人、创新空间和产、学、研、创一体化实践成果应用取得了重大的推广示范效应。智能制造工程学院先后接待区内10多所高校及中高职院校代表团,以及全国电力行业职业教育教学指导委员会和各级专家领导来广西电力职业技术学院考察。校企共建工匠培养基地,推出广西首家“幸福工匠平台”微信公众号,向全社会推广弘扬工匠精神。智能制造工程学院教工党支部在全国高校政治思想工作网党建育人号向全国高校推文210篇。中国新闻网、《广西日报》等主流媒体对本次成果进行公开宣传报道45次,对职业院校“专创”体系建设和创新型人才培养具有示范性作用。

案例十　产教深度融合,构建校企命运共同体

——南宁市电气设备数字孪生工程技术研究中心建设纪实

摘要:广西电力职业技术学院紧跟国家最新发展战略,加强国际技术交流,产教深度融合,构建校企命运共同体,不断提升高素质应用型、复合型、创新型人才的培育水平,以原有的技术成果为基础,与行业龙头企业润建股份有限公司、广西南宁平行视界科技有限公司、南宁新技术创业者中心共同建设电气设备数字孪生工程技术研究中心,在此基础上,共建单位充分发挥优势作用,进行互补,共建共享平台,

形成高水平协同创新团队，为中心搭建高质量的行业、产业、企业创新平台、测试平台和科研平台，提升了团队技术研发水平。中心运行管理制度激励并规范着研发团队保持创新探索，使中心技术路线对标国际化高水平创新团队，共同为产业上下游企业、院校创新创业活动提供技术支撑，通过电气设备数字孪生技术促进南宁市相关行业、领域使用数字化手段推动实现企业数字化转型，提升竞争力，促进数字经济发展。基于中心所创造的技术效益、社会效益，经南宁市科学技术局组织的专家评审、实地调研、公示等程序，中心被认定为南宁市工程技术研究中心。

关键词：校企合作；产、教、研；虚拟仿真；数字化；数字孪生

一、实施背景

“中国制造2025”是中国政府制订的战略性计划，旨在通过推进制造业的数字化、网络化和智能化，推动中国制造业从传统制造向智能制造转型。其中，数字孪生作为智能制造的重要技术之一，被列为战略性新兴产业发展的重点之一。

2018年，中国工业和信息化部发布了《工业互联网发展行动计划（2018—2020年）》，提出了“智能制造+工业互联网”的发展路径，数字孪生技术被视为实现智能制造和工业互联网的关键技术之一。该计划还明确提出，要在制造领域推广数字孪生技术，提高制造业的智能化水平和核心竞争力。2023年，国务院印发了《数字中国建设整体布局规划》，明确提出要推动数字孪生技术的研究和应用，加快数字孪生技术在制造业、城市规划、生态环境等领域的应用。该规划还指出，数字孪生是推进智慧城市建设的关键技术之一，可以通过数字孪生技术来实现城市规划、管理、运营的智能化。

广西电力职业技术学院为不断提升高素质应用型、复合型、创新型人才的培育水平，紧跟国家最新发展战略，加强国际技术交流，产教深度融合，构建校企命运共同体，与行业龙头企业润建股份有限公司、广西南宁平行视界科技有限公司、南宁新技术创业者中心签署电气设备数字孪生工程技术研究中心共建合作框架协议书，共同建设工程技术研究中心，进一步完善科研装备条件，提高开放服务能力，努力发挥工程技术研究中心对行业技术进步的推动作用，贯彻落实创新驱动发展战略，为推动南宁市经济社会发展提供有力支撑。

二、主要做法

（一）基本思路

广西电力职业技术学院创新团队依托行业龙头企业润建股份有限公司的行业影响力及行业资源，借助南宁新技术创业者中心的社会影响力，孵化培育科技型企业，提高专业建设、人才培养、科技服务、继续教育水平。

（二）具体做法

1. 组建高水平创新团队

电气设备数字孪生工程技术研究中心有工作人员20人，其中博士1人、硕士10人、学士9人；研发人员11人、技术工作人员6人、管理人员3人；高级职称14人、中级职称6人。

2. 充分利用基础研究平台(见表 7-5)

以原有科研平台为基础,进一步完善科研装备条件,提高开放服务能力。主动对接优质企业,积极发挥企业能效,深入了解企业用人需求和岗位能力要求,推动构建校企协同育人、与行业要求相匹配的人才培养模式和课程体系;引企入教,努力推动人才培养与时俱进,促进行业企业的良性发展,是提升学生职业能力、创新能力的重要路径;建设面向学校统一的,具有开放性、扩展性、兼容性、前瞻性的科研共享平台,高效利用实训教学资源,不断地提高实训教学资源影响力,满足多专业、多校和多地开展教学需要,实现校内外、本地区及更大范围内的实训教学资源共享。探索职业院校、科研院所、行业企业共建、共管、共享的新模式,构建可持续发展的创新科研教学服务支撑体系。

表 7-5　南宁市电气设备数字孪生工程技术研究中心平台功能

序号	名称	功能
1	人工智能 SLAM 研发平台	空间定位开发
2	数据可视化产学研一体应用与研究开发平台	三维 GIS 时空信息数据可视化开发
3	云计算技术与应用平台	高性能云计算服务开发
4	数据通信实验平台	像素流推送
5	LTE 移动通信实验平台	Cloud XR 云渲染
6	LTE 移动通信实训室新增终端设备	信息通信
7	H5 交互融媒体实验平台	人机交互
8	移动机器人实验平台	数据融合、机器学习开发

3. 产教深度融合,构建校企命运共同体

广西电力职业技术学院紧跟国家最新发展战略,加强国际技术交流,产教深度融合,构建校企命运共同体,与行业龙头企业润建股份有限公司、广西南宁平行视界科技有限公司、南宁新技术创业者中心签署电气设备数字孪生工程技术研究中心共建合作框架协议书,共同建设工程技术研究中心,遵循"发挥优势、互惠共赢、共建共享、共同发展"的原则,产教深度融合,构建校企命运共同体。第一,学校与行业龙头企业共建电气设备数字孪生工程专业群。学校创新团队深入企业开展调研活动,根据企业和社会需求,学校创新团队与企业共同制订人才培养方案和教学标准,在学校完成基础理论教学的基础上,充分发挥"企业兼职教师"的优势,强化学生实训教学和实习教学,提高学生的实际操作技能,提升学生专业技能与企业生产及社会需求的契合度。第二,学校与龙头企业共同建设工程技术研究中心。学校创新团队与企业技术人员共同进行产品研发、技术攻关,使广大教师在实践中锻炼能力、增强才干。进一步完善科研装备条件,提高开放服务能力,努力发挥工程技术研究中心对行业技术进步的推动作用,贯彻落实创新驱动发展战略,为推动广西经济社会发展提供有力支撑。第三,探索校企深度合作、产教深度融合,推动学校在教学、人才等方面的优势资源与企业在技术、行业龙头影响力等方面的优势资源深度融合,充分发挥优势资源的最大功效,共同培养高素质数字孪生技术技能型人才,为数字孪生技术行业输送优质人才,增强职业学院服务广西、服务社会、服务数字强国的能力。基于中心所创造的技术效益、社会效益,经南宁市科学技术局组织的专家评审、实地调研、公示等程序,中心被认定为南宁市工程技术研究中心。

三、成果成效

(一)技术及教学科研效益

学院中心团队与澳大利亚八大名校之一 MONASH 大学计算机学院开展国际技术交流,在人工智能应用领域取得了较多成果,获得了较高的评价(见图 7-7、图 7-8)。中心团队回国后积极开展成果转化工作,李捷老师指导李南兴、李梁杰、玉聚荟等同学开展创新创业教育,依托行业龙头企业润建股份有限公司,通过行业优势,将专利技术的成果向规模产业化发展,共同成立了电气设备数字孪生工程技术研究中心,经过师生及润建股份有限公司项目团队的不懈努力,获得了 3 项专利、6 项软件著作权,取得了较好的经济效益及社会效益。在 2022 年第十一届中国创新创业大赛暨广西创新创业大赛中获得了广西优胜奖,在 2021 年第十届中国创新创业大赛广西赛区暨广西创新创业大赛中获得了南宁市三等奖,在第七届中国国际“互联网+”大学生创新创业大赛中获得了国赛三等奖、广西金奖等成绩,李捷被广西壮族自治区教育厅评选为优秀创新创业导师。

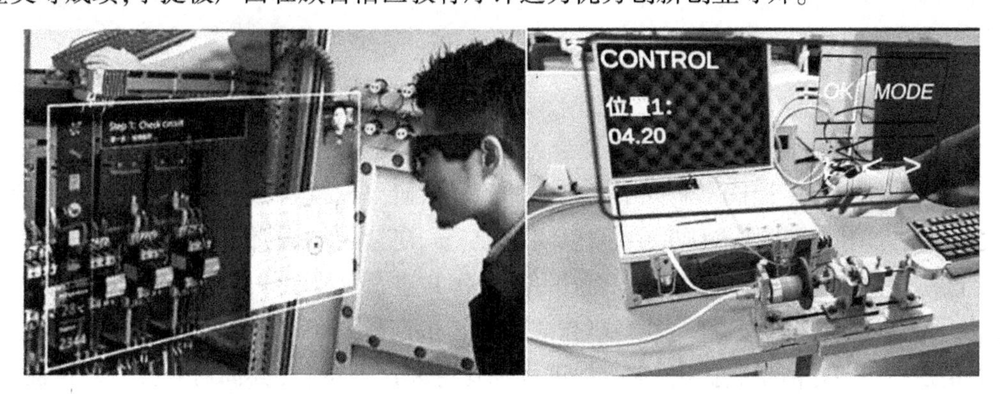

图 7-7　增强现实(AR)设备数据可视化

(二)经济效益

通过对电气设备数字孪生领域的关键技术进行攻关,在空间定位、数据融合、数据挖掘、云渲染等关键技术方面取得了丰富成果,依托润建股份有限公司的行业优势,与北京时代凌宇科技股份有限公司、中国普天信息产业集团有限公司等行业龙头企业达成合作,为柳州市城市物联网接入平台、防城港钢铁基地智慧园区等项目提供了技术支持,研创成

图 7-8　平面显示设备数据可视化

果在建设工程中的电气设备数字化集成应用中取得了较好成效,实现成果转化约 1 000 万元。

(三)社会效益

电气设备数字孪生工程技术研究中心促进了南宁市相关行业、领域使用数字化手段改变整个产品的设计、开发、制造和服务过程,并通过数字化的手段连接企业的内部和外部环境,建设应用示范点,推动实现企业数字化转型,提升竞争力,促进数字经济发展,取得了较好的社会效益,获得环球网、人民网、广西卫视、广西八桂职教网等主流媒体的报道。

四、经验总结

(一)产、学、研合作模式的创新

校企合作共建工程技术研究中心是一种产、学、研合作模式,通过学校和企业的合作共建,建立专门的工程技术研究中心,以实现产、学、研紧密结合,促进产业升级和技术创新。该模式创新亮点有以下几个方面:第一,合作共建。学校和企业共同出资建设研究中心,共同担负经费和管理责任,共享研究成果和知识产权。第二,产学研结合。研究中心的研究方向和课题由企业提出,学校提供技术支持和研究平台,共同研究开发新产品、新技术、新工艺等。第三,人才培养。学校和企业共同培养研究中心的硕士、博士、博士后等高层次人才,以满足企业的技术需求和研发人才储备。第四,资源共享。学校和企业共享设备、仪器等研究资源,充分发挥各自的优势和特长,实现合作共赢。这种产、学、研合作模式可以促进学校与企业的深度合作,为企业的技术创新和发展提供支持和保障,更好地促进学校的教学水平和科研水平的提高,促进产业升级和经济发展。

(二)达成产、学、研合作预期目标

产、学、研合作的目标是促进高校与企业之间的合作,实现资源共享,提高技术创新能力和综合实力。

(1)提升了高校科技服务能力,加强了科技成果转化。

(2)提升了企业技术创新能力,提高了产品和服务质量。

(3)促进了高校和企业之间的人才交流和培养。

(4)实现了优化资源配置,提高了经济效益。

(三)存在的不足及下一步举措

校企合作共建工程技术研究中心是产、学、研合作的一种重要形式,旨在促进产业界、高等教育机构和科研机构之间的紧密联系和合作。然而,这种合作模式也存在以下不足之处:

(1)科学技术更迭和行业应用发展速度非常快,校、企、产、学、研合作中,可能存在滞后性。

(2)缺乏明确的目标和任务分配:在校企合作共建工程技术研究中心时,需要明确双方的目标和任务,以确保各方的期望得到满足。然而,在一些情况下,这些目标和任务可能没有明确的界定,导致双方无法达成一致。

(3)学术研究和产业转化之间的平衡:在合作过程中,需要平衡学术研究和产业转化之间的关系。有时,学术研究可能会因为产业需求而失去独立性和原则性,产业转化也可能因为学术研究的要求而受到限制。

针对上述问题,下一步可以采取以下措施:

(1)建立明确的目标和任务分配机制,以确保双方期望得到满足。

(2)建立双向沟通机制,鼓励双方在合作过程中进行良好的沟通和协调,以确保学术研究和产业转化之间的平衡。

(3)建立绩效评价机制,评估合作的效果和质量,从而为未来的合作提供借鉴和改进方向。

(4)在合作中,高等教育机构可以通过与企业紧密合作,提高人才培养的质量,为产业界培养更多的高素质人才,为企业注入新鲜血液。

(5)学校要坚持创新驱动,优化体制机制,重视校企人才队伍建设,加大产、学、研投入,搭建校、地、企人才供需桥梁,同时加强与国际上技术研究领先的科研院校开展合作,加强与企业实验室开展项目合作、核心技术研究,保持行业技术领先性。

总之,校企合作共建工程技术研究中心是一种重要的产、学、研合作模式,它需要双方充分沟通、协调和合作,以实现双方的共同目标。未来,双方应该继续加强合作,提高合作的质量和效果,共同推动产业的发展。

五、推广应用

近年来,随着国内经济的快速发展和市场竞争的加剧,高校和企业之间的合作也越来越紧密,校企合作共建工程技术研究中心成了一种重要的产、学、研合作模式。工程技术研究中心是指由高校和企业合作共建的、以开展工程技术研究为主要任务的、综合性的研究机构,旨在促进产、学、研合作,提升企业技术创新能力,提高高校科技服务能力。

案例中全面依托产业学院为校企合作平台，主动对接行业优质企业，积极了解企业用人需求，细致分解企业岗位要求，建设面向学校统一的，具有开放性、扩展性、兼容性、前瞻性的虚拟仿真实训教学管理和共享平台，不断地提高实训教学资源影响力，满足多专业、多校和多地开展实训教学的需要，实现校内外、本地区及更大范围内的实训教学资源共享。构建可持续发展的产、学、研、教服务支撑体系。该做法具备显著的可操作性和可实施性，十分适合应用于建设有一定校企合作基础的各类本科、高职、中职院校。

第八章　共长篇：产教共长、育训结合、中国—东盟职教合作

[导言]

产教融合是教育和产业共生共长、双向赋能。广西电力职业技术学院联合中国电力企业联合会、中国华能、广西电网等单位开展产教深度合作，充分发挥各自优势，创新良性互动机制，推动教育链、产业链、供应链、人才链、价值链“五链”深度融合，为国家“双碳”目标实现，以及中国—东盟能源电力产能合作、职业教育开放合作创新高地建设，提供高质量的人才培养培训和技术创新服务支持，共同打造服务南方电网及周边省区区域、面向“一带一路”和东盟国家的能源电力行业产教融合共同体建设典范。广西电力职业技术学院与东南亚教育部长组织技术教育发展区域中心合作，牵头成立中国—东盟能源电力职业教育集团，建成5个省部级以上培训鉴定服务平台，服务国内外行业企业300多家，长期为越南、泰国、印度尼西亚、马来西亚等东盟国家开展技术技能培训和开发职业标准，面向东盟国家输出13项职业标准和课程资源。围绕产教共长主题，本章选取广西电力职业技术学院六个产教融合典型案例，以期为读者呈现广西电力职业技术学院聚焦产教共长、育训结合、打造中国—东盟职业教育开放合作创新高地方面的做法和经验。

案例一　校企政融合，岗、课、赛、证融通，行业标准引领

——智能电力产业学院共建共长

摘要：《国家职业教育改革实施方案》强调“高等职业学校要培养服务区域发展的高素质技术技能型人才，加强社区教育和终身学习服务”。为解决电力类高职院校社会培训服务水平低、社会培训服务硬件水平差及社会培训服务面窄等问题，智能电力产业学院依托国家级职业教育示范性电力技术虚拟仿真实训基地、电力行业仿真培训基地（变电）及广西电工作业实操考试示范基地，开展了基于行业标准引领的一体化社会服务新模式的探索与构建，经过8年的教学实践研究，形成了一系列有效成果。

关键词：校、企、政融合；岗、课、赛、证融通；培训服务

一、实施背景

广西电力职业技术学院电力工程学院自2013年起开始建设中央财政支持的电力技术实训基地与供用电技术实训基地，至2021年已建成国家级职业教育示范性电力技术虚拟仿真实训基地、电力行业仿真培训基地（变电）及广西电工作业实操考试示范基地。在基地建设过程中，2019年国务院在《国家职业教育改革实施方案》中强调，高等职业学校要培养服务区域发展的高素质技术技能型人才，重点服务企业特别是中小微企业的技术研发和产品升级，加强社区教育和终身学习服务。同时，恰逢广西电网有限责任公司及广

西壮族自治区应急管理厅在职工培训及社会人员电工考试取证上需求急剧增加,同时电力类高职院校面临着社会培训服务水平低、社会培训服务软硬件水平差及社会培训服务面窄的问题,经项目组多方沟通探讨,依托国家级职业教育示范性电力技术虚拟仿真实训基地、电力行业仿真培训基地(变电)及广西电工作业实操考试示范基地,开展了基于行业标准引领的一体化社会服务新模式的探索与构建,经过 8 年的教学实践研究,形成了一系列有效的成果。

二、主要做法

基本服务思路为:智能电力产业学院与广西壮族自治区应急管理厅、广西电网有限责任公司等单位展开合作,将行业特色思政元素、岗位规范融入电力行业培训标准、教材及考试标准。规范行业标准,提高教学质量及教师的实践能力与专业素养。以“岗、课、赛、证”为路径,形成电力行业服务的新模式。有效串联校、政、企三方,合力培养专业强素质高的专业技能人才,为社会经济发展提供人才基础保障,拓展社会服务对象范围,提高产教融合效能。电力技术培训服务思路如图 8-1 所示。

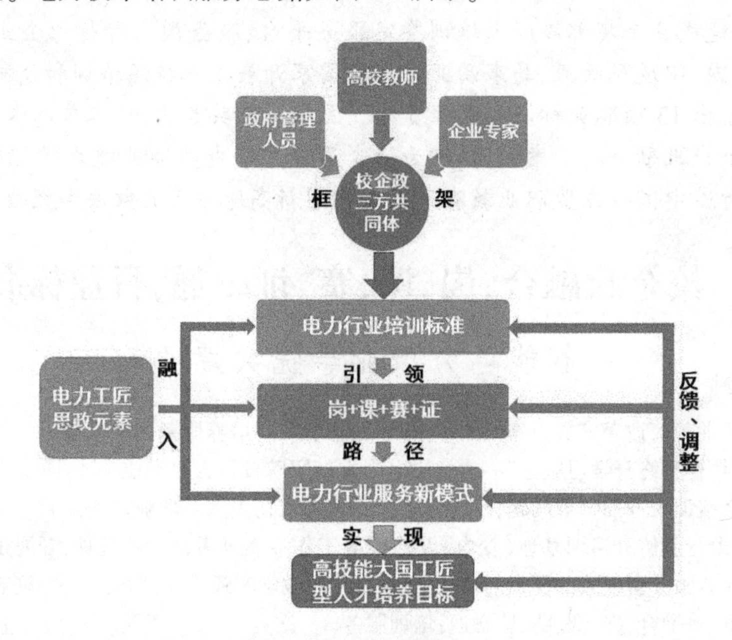

图 8-1　电力技术培训服务思路

(一)校、政、企融合,引领社会服务标准解决社会培训服务水平低的问题

与广西壮族自治区应急管理厅、中国电力企业联合会等政府及行业标准制定部门深度合作,学校深入企业行业开展调研活动,准确把握行业需求,由学校牵头制订培训标准及考试标准,形成最新培训教材,成为政府及行业企业认可的标准。将培训标准及考试标准有效融入相关专业课程教学,使用精益型创新思想,从需求出发调研岗位,并以此改进教材、教学方法及考核方法,提升课程教学实效性,提升师资队伍专业水平。如与广西壮族自治区应急管理厅、南方电网专家合作制订的广西特种作业实操培训考试相关标准,可服务于“电工技术实训”“继电保护”等专业课程教学。

在广西电力行业培训取证上采用以学校作为中间载体，两头连接政府与企业，破除以往校、企、政三方各自为战的现状，形成校、企、政三方协同创新的社会培训运行新机制。校、企、政协同组建了培训工作服务团队，强化了培训实施的组织保障和经常性的交流沟通，及时解决培训过程中出现的各种问题。以学校作为桥梁将政府有关部门与行业企业紧密结合，为广西电力行业培训取证标准的统一化和规范化提供了有力基础，同时也有效地解决了社会对电力类高职院校社会培训水平质疑的问题。

（二）虚实结合，思政融入，岗、课、赛、证融通解决社会培训服务软硬件水平差的问题

建设国家级虚拟仿真实训基地，解决电力行业企业职工培训中未能解决的“三高、三难”问题。建设国家级课程思政示范课程团队，从实际岗位对应技能证书出发，改革课程教学方法，解决培训过程中重技能、轻思政的问题。响应教育部、广西壮族自治区应急管理厅、中国电力企业联合会等政府及行业企业要求，建成省部级示范性培训基地，保持学、培、训硬件条件同步甚至领先于行业企业标准。通过校政企合作共建示范基地，提升学校专业办学实力，有效串联校、政、企三方合力培养专业素质过硬的专业技能人才，为社会经济发展提供人才基础保障，提高产教融合效能。如与广西壮族自治区应急管理厅、南方电网专家合作共建的广西特种作业实操培训考试示范基地，既可服务于学生进行特种作业培训、考证，又可为各类电力工种考评员进行培训。除针对社会及学校取证培训外，还联合自治区人社厅、市总工会举办南宁市职工电力技能竞赛，通过以赛促学、以赛促训的方式提高服务的深度。

依托“高电压技术”（继续教育方向）国家级课程思政示范课程团队项目，并基于学校多年在课程思政教学上的改革基础，校、企、政联合组建了一支由技能大师、行业专家及学院思政精英领衔的社会服务创新团队。将思政教育融入技能培训，破除了以往重专业技能、轻思政教育的情况。通过构建“思政教育+技能培训”社会服务新模式，并以此为指导思想编撰教材、改革教法和重组课程，学员经过培训取证后不仅具备高超的专业技能，而且具有大国工匠的情怀，成为符合新时代发展要求下的大国工匠。同时，也把社会服务面从行业企业推广到普通社区乡镇，解决了以往电力社会服务面不够宽的问题。

将精益型创新思想用于培训课程的开发，首先，从行业需求出发，调研岗位标准，明确突破点；其次，开发培训课程方案并将其进行应用验证；最后，通过信息化大数据系统对取证情况进行调查反馈，形成尚待解决问题，并根据反馈结果进一步修改及优化方案。这一过程经过反复迭代，最终形成了适应不同行业电力相关岗位的课程培训及考证标准规范。通过创新改进课程开发模式，不仅有效地拓宽了服务面，而且极大地提升了教师服务社会的能力。

（三）国内国际双渠道，拓宽服务面解决社会培训服务面窄的问题

通过校企合作方式，拓展社会服务对象范围。找准中国南方电网有限责任公司等电力龙头企业痛点，将社会服务方式拓展到中国南方电网有限责任公司新电力职工理论培训方向，为南方电网和相关企业提供联合职后培训服务，输送优秀专业技能人才。通过加大企业职后培训服务力度的方式提高服务的广度。结合学校地理位置优势，开发国际课程及国际培训资源包，进行资源认证，通过“一带一路”发展创新性的电力社会服务模式和拓宽电力国际培训道路，从而增加电力服务培训的宽度。

三、成果成效

(一)校、企、政共频共振,完成技能培训及职业标准开发项目

自2020年以来,广西电力职业技术学院电力工程学院与广西壮族自治区应急管理厅合作,完成电工作业考试机构标准建设,包括低压电工、高压电工、电力电缆工、继电保护工、电气试验工等多工种标准建设。年服务学生及企业职工10 000余人次。与中国电力企业联合会合作开展水力发电运行值班员、送配电线路工、供电服务员3个职业技能标准修订,且已在全国推广实行。另外,与中国电力企业联合会合作共建电力行业仿真培训基地,孵化校级(区级)职业技能竞赛2项。与南方电网、广西壮族自治区应急管理厅专家合作开发电工作业培训教材1部,使用人数达2 000余人,在自治区范围内进行特种作业证及教师上岗培训证取证服务1项。2021年与广西消防救援总队共建电气火灾防范培训基地1个,完成全国消防监督电气防火教学培训直播(累计观看超20万人次),填补广西电气火灾培训市场空白,补齐交叉专业培训短板。2022年,广西壮族自治区应急管理厅评审验收广西电工作业实操考试示范基地,进一步为师生及社会人员考证、培训提供场地保障,并于2022年顺利举办广西电工作业考评员培训班。

(二)岗、课、赛、证融通,建成国家级课程及筹办职业技能大赛

基于高压电工、电气试验工等岗位需求,建成"高电压技术"国家级课程思政示范课程团队,对接高压电工证、电气试验工证等技能证书。以广西电力职业技术学院电力工程学院与中国电力企业联合会合作共建电力仿真培训基地为基础,建成国家级教学资源库1个,自治区级教学资源库1个,点击量1 000万次以上;2021年立项国家级电力虚拟仿真实训基地,基于此实训基地,开发及完善课程10余门,与中国电力企业联合会合作共建电力行业仿真培训基地1个,开发课程5门,对接电力运行、检修岗位,融通《高压电工作业证》《低压电工作业证》《高处作业操作证》等证书标准。与南宁市人社局、南宁市总工会共同举办南宁市职工职业技能大赛配电安装技能比赛,吸引来自11家单位12支代表队的72名参赛队员同场竞技、交流切磋,并在广西壮族自治区级媒体上进行报道。

(三)国内国际双渠道,展开国际化教育及标准输出项目

2017年,广西电力职业技术学院电力工程学院教师到泰国参与清迈那拉提瓦电厂设备调试及员工培训,2022年成功举办面向东盟国际学员开展的国际化电力专业培训,150多名东盟国家学员参与线上学习,效果良好,使广西电力职业技术学院电力工程学院社会服务迈出国门,走向世界。国家教学名师、自治区级教学名师、行业大师云集,合力打造"电气设备实验技术""微机保护技术""光伏电站设计"等多项国际课程及教学资源包,为留学生教育、电力教育及行业标准输出奠定了基础。

四、经验总结

上述成果的取得主要得益于学校在自治区"双高"专业建设上实行的鼓励机制和举措。从学校角度来说,通过校、企、政融合提高了社会服务水平,对学校自身进行双高建设产生了重要作用,而社会服务能力水平的提高又提升了学校的综合竞争力,特别是在社会影响方面。从教师角度来说,推动了学校社会服务水平的提升,又帮助提高了教师的教学能力，使得教师自身的素质得到了全面发展。从社会角度来说，学校为经济社会发展提供多样的社会服务，培养更多高新技术技能型人才，满足快速发展的经济社会对人才的需求，促进经济社会的全面发展。

目前，前阶段成果在融入“双碳”元素方面还存在不足，为以后迎合国家的双碳政策，未来在实践过程中需要更多地关注双碳背景下如何更好地开展绿色电力技术培训服务，以期培养出符合国家双碳目标的高技能技术人才，更好地服务社会经济的高质量发展。

五、推广应用

本案例可以应用在电力类高职院校或者具有相关电力类专业群的高职院校。应用场景主要为校、企、政服务社会等相关方面。

案例二　基于“政校企”协同的电工作业实操考试示范基地共建共享实践

摘要：广西壮族自治区应急管理厅为进一步加强和规范安全生产培训考核管理，切实提升从业人员安全素质和技能水平，进一步规范特种作业培训考核秩序，提升培训考试质量，依托广西电力职业技术学院，成立自治区级电工作业实操考试示范基地，并委托基地承担特种作业授课教师、考评员的培训考核工作，以及制定相应类别的地方标准、编写培训教材、制作线上课件、建立考试标准等工作。截至2023年3月，基地已完成培训教材、线上课件、考试题库、考评手册的编制工作，完成考评员培训1 077人，涵盖电工作业的5个工种（低压电工、高压电工、电气试验、电力电缆、继电保护）；完成企业职工培训1 856人。参与制定了地方标准《安全培训与考试机构建设管理规范》（DB45/T 2629—2023），已对社会公布并实施。自治区级电工作业实操考试示范基地为地方服务、为产业服务，承担了职业院校的社会培训责任，为培养高素质产业工人贡献了力量。

关键词：电工作业；实操考试；示范基地；考评手册

一、实施背景

根据《中华人民共和国安全生产法》，特种设备作业人员必须经专业培训和考核，取得特种作业证后，方可从事相应工作。电工作业是特种作业目录中的一项，包括5个工种：低压电工、高压电工、电气试验、电力电缆、继电保护。电力行业的从业人员必须取得电工作业类的证件方可持证上岗。虽然国家颁布了电工作业培训大纲、考核标准，但是没有相应的考核评分细则、课程标准及教学资源库，针对这一现状，广西壮族自治区应急管理厅依托各个示范基地，编制评分细则、课程标准，建设教学资源库，以便全区推广，从而规范全区的特种作业培训，统一全区要求，避免标准不一的情况，让广西壮族自治区区内的培训机构有标可依、相关政府职能部门有准可循，借助电工作业的一系列标准，广西壮族自治区应急管理厅在放开培训机构审批过程的同时，也能对相关特种作业培训机构进行监管，从而实现规范管理。

二、具体做法

（一）政府指导，龙头企业参与，构建“政、校、企”示范性培训基地合作模式

政府、企业在职业教育的发展过程中，起到了一定的积极推动作用。但是目前常见的政、校、企合作的模式(见图8-2)还存在许多局限性，尤其是在特种作业培训这一方面，其局限性更为突出。一是政府参与度较低，甚至没有政府的参与，仅仅是校企双方合作，合作大多流于表面，即使有部分优秀的成功合作典型，也因为没有政府的参与，无法快速地扩大成效影响范围。二是学校办学能力提升幅度不大。大多学校按培养学生的方法、方式进行特种作业培训教学，教学针对性不强，教学能力提升速度一般，效果不甚理想。三是企业深层次需求未得到满足。目前大部分特种作业培训仅能满足企业用人的基本需求，即通过培训让员工取得特种作业资格证，能快速上岗，缓解用人压力，而企业希望借助学校的科学技术、教学设备与师资力量等资源来提升员工专业能力和安全意识，从而保障企业的安全生产和杜绝员工安全事故发生，然而这些深层次需求并没有得到满足。

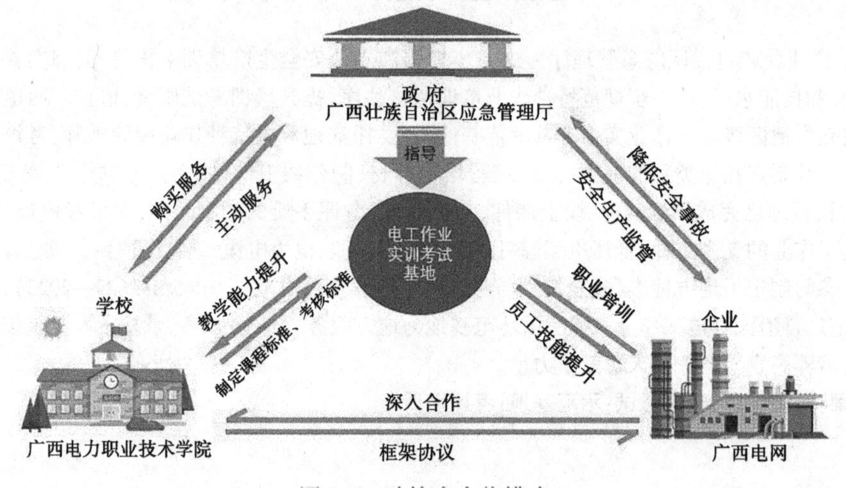

图8-2 政校企合作模式

在这一背景下，学校通过与政府及龙头企业广西电网的合作，在政府的指导下，“政、校、企”联合共建高质量、示范性电工作业培训基地。政府为特种作业培训的发展制定有利的政策，指明了特种作业培训的发展方向与目标，同时也对特种作业培训起到规范、导向、协调和推动作用；学校在借助政府力量的同时，也可以利用企业的相关资源深化职业教育改革，更加切合市场的发展方向；企业可以在与学校合作中获得政府与学校的相关资源，达到自身发展的目的。政府、企业、职业院校三方在合作的过程中可以实现多赢的局面，如果缺少其中一环，就如同木桶存在短板，极大程度地限制了合作的成效。

以电工作业实操考试示范基地为载体，广西壮族自治区应急管理厅通过购买服务的方式，借助学校教育方面的人才优势，制定考试标准、地方标准；广西电力职业技术学院与广西电网签订框架合作协议，在教学改革、职工培训方面开展深入合作；考评员、特种作业教师经过电工作业实操考试示范基地的培训，掌握了考核的标准，规范了培训考核的市场，大量的特种作业(电工作业类)人员得到了规范的培训，提升了自身的安全技能，从而

保障了企业的安全生产,减少了安全事故的发生,达到了应急管理部门降低安全事故发生率的目的。

(二)主动服务,以贡献求支持,创新“政、校、企”协同工作模式

“政、校、企”合作的动力源于合作领域内的总目标和根本利益的一致性,取决于广西电力职业技术学院的战略目标与企业、政府的发展是否相适应,取决于政府、广西电力职业技术学院、企业的沟通和服务,而在实践中创新机制,主动服务,以贡献求支持,激发企业参与办学的积极性,通过学校和企业的良性互动,增强学校办学活力,形成独具特色的品牌优势和政、校、企“三赢”的动力机制。

主动服务,以贡献求支持,专班驻点工作,深挖客户需求。为满足政府部门规范特种作业培训的需求,广西电力职业技术学院成立工作专班,由专人与政府部门对接,驻点办公,深挖政府监管的需求,借助学校教育方面的人才优势,对政府部门行政管理过程中存在的难点、痛点问题进行研究、攻关,制订具有可操作性的工作实施方案,为管理部门出谋献策,协助政府规范广西特种作业培训市场。

在政府领导下,校企合作中如何避免出现学校一头热,企业没有热情深度参与的现象,如何激发企业参与校企合作的积极性、主动性是关键。广西电力职业技术学院通过电工作业示范基地这一平台,与广西电网签订框架合作协议。由专人负责与企业对接,挖掘企业需求,并引导企业深度参与教学标准制订、教学资源开发工作,实现校企协同育人。

(三)制定标准,引领规范,打造高标准的自治区级示范基地

政府部门在行政管理过程中强调“依法行政”,对特种作业培训市场的监管要有依据,而国家针对特种作业培训机构的标准为2016年颁布的,已不适用于目前的市场情况。为此,广西壮族自治区应急管理厅提出制定广西的地方标准,广西电力职业技术学院抽调技术过硬的专家参与地方标准制定工作。2023年2月,广西市场监督管理局颁布地方标准《安全培训与考试机构建设管理规范》(DB45/T 2629—2023),于2023年3月20日开始实施。

作为标准制定的参与单位,广西电力职业技术学院坚持以高标准、规范化来指导自治区级电工作业实操考试示范基地的建设。学校五象校区内可用于电工作业实操培训的场地面积达到了6 000 m^2 以上,工位数超过2 000个,配备多个设施、设备先进齐全,具备较大规模的电力类教学实训场地,拥有电气自动控制系统、配网自动化设备、继电保护等与基地所从事的培训项目相适应的新技术、新设备和新材料。在示范基地建设加大资金投入的基础上,学校五象校区电力类实训教学设备资产总值已超过5 500万元,成为目前广西壮族自治区内在电力类实训教学设施上投入最大、实操场地规格最高的高职院校。

(四)大纲指引,创新改革,政、校、企协同进行“三教”改革的设计与研究

政府主导教学的改革方向,学校根据教学大纲的要求,引导企业深度参与“三教”改革,贯穿教学标准制订、教学设计、开发教学资源等各个环节,促进企业需求融入人才培养全过程,深化人才培养“供给侧”改革,切实贴合企业一线的技能需求,培养符合企业要求的人才。

(1)教材层面:根据电工作业培训的特点,充分调研企业需求,编写了电工作业考评手册。

(2)教法层面:结合企业职工的特点,采用理论课堂、实操课堂、网上课堂的混合教学模式,对各个工种的授课内容进行优化调整。理论课程基本是利用线上教学的方式解决,但是在实操课堂上,虽然授课教师手把手地进行实操教学,但是一些年纪较大或者非电类专业的学员,常常会出现今天学会了明天就忘了的情况。为此,教师把实操课程录制成微课,放在线上,方便学员们复习。

(3)教师层面:在基地建设过程中,不局限于本校教师的参与,充分发挥企业在电力行业中的优势,邀请企业专家担任项目顾问,指导教学设计、教学资源的开发等工作。教师团队也深入企业,了解企业提升员工的安全技能的具体需求,让教师直观地感受到企业的用人需求,有利于教师今后开展学历教育。

(五)通过"课证融通"的教学改革实践,全面落实"育训结合"

"课证融通、以证促学"是实现高职类专业人才培养目标改革的重要模式。通过电工作业实操考试基地的建设,锻炼了教师队伍,对考试标准有了更深的理解,有利于开展学历教育。在学历教育中,通过考证,促使学生重视对各相关专业课程知识的记忆、理解与把握,重视提高自己的综合应用能力与动手能力,重视获得实际的职业技能与素养,落实"育训结合"。教师通过"课证融通",促进职业院校专业人才培养目标定位、教学模式和质量评价改革,从而增强职业教育人才培养的适应性,解决电力类高职院校社会服务(如职业技能培训类)水平受到行业企业质疑、培训内容和生产现场实际标准与规范脱节、培训教材内容落后等问题。

三、成果成效

(一)通过示范基地平台,政、校、企三方深入合作,提升广西电力职业技术学院的社会影响力

通过"政、校、企"共建示范性职工培训基地,在政府的指导下与企业开展深度合作,根据企业的需求,校企共同开发教学资源库,提高教学质量。随着教师能力的提升,反馈到在校的日常教学中,为社会培养出企业需要的技能人才,实现学校的自我发展。龙头企业的参与可以加强政府的关注及扶持力度,也使得职工培训基地能更好地服务于地方经济,同时龙头企业参与也有助于以点带面,扩大辐射范围。

政府"搭台",学校"唱戏",学校制订的考试标准在自治区的使用、地方标准的实施,对广西特种作业培训考核形成了长远的、深入的、广泛的影响,极大地提升了广西电力职业技术学院的社会影响力。

(二)通过示范基地建设,"三教"改革成果显著,反哺学历教育

经过"三教"改革的锤炼,教师综合素质得到了提升,在今后的学历教育中,教师更加清晰地了解企业的需求,促进职业院校专业人才培养目标定位、教学模式和质量评价改革,从而增强职业教育人才培养的适应性,为党培养高素质技能型人才。

四、经验总结

职业院校在实施"产教融合""政校企合作"等过程中,的确存在一些困难,需要政府部门、行业企业、学校等多方通力合作。为此，从本项目总结出以下经验：

(1)培养应用型人才离不开行业、企业的参与，必须走校企合作的办学路子，政府部门要加强引导，深入参与，要探索和创新校企合作新模式。

(2)在合作过程中，学校要有服务意识，主动作为，主动服务，以贡献求支持，引导企业参与教育教学的改革。

(3)政府部门需要制定相应的扶持政策，激发企业参与办学的积极性。

下一步举措：学校将继续以"电工作业实操考试示范基地"为载体，为政府部门提供技术支持，为企业职工继续教育提供服务，深化"校企合作""产教融合"。

五、推广应用

经过起草—论证—修改—征求意见—修改—正式颁布等一系列流程，2022年11月，广西壮族自治区应急管理厅正式颁布电工作业5个工种的考评手册，要求广西壮族自治区内所有特种作业培训机构、考试机构按照考评手册要求开展考证工作，考试题目都从考评手册中抽取。广西近3年特种作业年均考证量在25万人左右，这些参加考证的学员需掌握考评手册的要求。考评手册的出台规范了考试过程，对广西特种作业培训考核形成了长远的、深入的、广泛的影响，极大地提升了广西电力职业技术学院的社会影响力。

案例三 "四对接"建设培训及评价基地，育训结合培养高技能人才

摘要：广西电力职业技术学院与中国电力企业联合会紧密合作，"四对接"开展培训及评价基地建设，即对接行业标准建设实操培训场地，对接基地建设标准培养师资队伍，对接职业技能认定和职业能力评价标准建设培训资源包，对接技能认定和能力评价规范开展培训及评价工作，建成了中国电力企业联合会火电、变电仿真培训基地，被中国电力企业联合会认定为2022年度电力行业职业能力评价基地四星级基地、电力行业职业技能等级认定分支机构和职业能力评价基地。依托培训和评价基地，对接评价标准，校企合作开发了培训资源包，并开展职业技能培训和认定工作，构建了教育与实训相结合的人才培训评价体系，推进了学校人才培养模式的改革。

关键词：培训基地；师资队伍；培训评价体系

一、实施背景

学校从2004年升格为高职院校后，建设电力仿真实训系统和设备及火电、变电仿真培训基地的标准是按满足相关专业的人才培训要求进行的，尽管持续投入资金进行了实施条件建设，但与行业标准和社会需求无法实现完全对接，存在差距。在建设电力行业仿真培训基地初期，学校没有相关的指导教师，无法满足建设基地要求。同样，电力行业职业技能等级认定分支机构和职业能力评价基地，也要求有一定数量的考评员、督导员和管理人员，这是建设基地初期所不具备的，需要投入建设。培训评价的过程管理、评价的督导和反馈，培训质量的跟踪等制度建设还不够完善，未能形成良好的培训评价体系。为了建成一流的职业技能认定机构，学校对照建设标准，开展实训条件、师资队伍、培训评价体

系等建设,取得了良好成效。

二、主要做法

(一)对接行业标准建设实操培训场地

为满足学校教学和企业培训对新技术的要求,广西电力职业技术学院与中国电力企业联合会电力仿真协作委员会合作,邀请了协会秘书长彭学斌和华北电力大学马永光教授到学校进行考察指导,对学校的仿真基地软件和硬件存在的问题进行诊断,并指出了整改方案。在中国电力企业联合会电力仿真协作委员会专家指导下,参照仿真协作委员会的标准,按标准建设了火电仿真培训基地和变电仿真培训基地。

在基地的硬件建设方面,仿真培训基地2016—2023年共投入了450万元,进行了设备和仿真软件的更新。另外,为满足技能认定和能力评价的要求,投入了700万元进行实训条件建设,建设了火电仿真实训室和变电仿真实训室,2021年被列入国家级虚拟仿真培训基地,实训条件得到了极大改善。

(二)对接基地建设标准培养师资队伍

1.派送骨干教师到知名大学培训,提升专家教师的技能水平

为了能达到电力仿真培训基地标准要求,广西电力职业技术学院先后派出了专业教师到华北电力大学等知名大学进行培训及考试,有5名指导教师获得了高级指导教师证书、12名教师获得了中级指导教师证书,师资队伍满足了建设火电仿真和变电仿真培训基地的基本要求(见表8-1、表8-2)。

表8-1 火电仿真培训基地指导教师一览表

序号	指导教师姓名	证书级别(高级或中级)
1	张海燕	高级
2	黎宾	高级
3	魏丽蓉	高级
4	黄燕生	中级
5	安英会	中级
6	刘萍	中级
7	林书婷	中级
8	范晓明	中级
9	王红琰	中级

表 8-2　变电仿真培训基地指导教师一览表

序号	指导教师姓名	证书级别(高级或中级)
1	宁日红	高级
2	张一新	高级
3	赵树宗	中级
4	郭纪文	中级
5	岳瑛	中级
6	蔡红梅	中级
7	谭存凤	中级
8	谭惠尹	中级

2022 年 7 月,学校派出 3 人参加电力行业职业技能认定督导员培训班,通过培训获得了督导员证(见表 8-3)。

表 8-3　学校教师获得督导员证列表

序号	督导员姓名	督导类型
1	张海燕	外督导
2	蔡艳	内督导
3	严景明	内督导

2022 年 11 月,学校派出 29 名教师参加电力行业技能人才评价考评员培训及考试,全部参培人员通过培训并获得了考评员证书。2023 年 2 月,学校派出 2 名教师参加电力行业技能人才评价管理人员培训。通过培训考取相应的资格证书,学校的职业技能认定具备了相应的人员。

2. 引进企业工匠,打造高水平培训名师

学校从知名企业引进了一批企业能工巧匠和企业培训师,充实学校的专业师资队伍,充分利用其自身优势,承担起重要的培训任务。例如:学校引进了湖南电网公司的培训师肖斌,承担 2021 年全国消防监督管理业务电气火灾防范现场培训会的主讲讲师,培训会现场除民政部、教育部、国家卫健委、文化和旅游部、国家市场监督管理总局、国家文物局等有关部委业务司局的领导外,各省(自治区、直辖市)消防救援总队、省会市(首府)分管防火监督业务的副总队长、消防救援总队防火监督处处长(负责人)及工作人员约 100 人参加,另外还通过全国消防系统内部会议系统进行直播,同时在微博、抖音、快手、广西消防救援总队微信公众号等平台面向全国直播,在线人数最高达 10 余万人,通过培训会扩大了学校的知名度。

3. 校企合作共同培养,打造培训名优团队

学校与广西电网公司紧密合作,双向共同开展培训师的培训。学校派出教学技能较

高的教师到企业对内训师进行培训，重点培训如何将现代信息技术应用于课堂教学，通过深入探讨和指导，使企业内训师的授课技巧得到了提升，参加南方电网公司的内训师比赛获得了较好成绩。学校教师到企业开展企业实践、调研学习，与企业大师工匠深度交流学习，使教师的技术技能水平得到了提升。

（三）对接职业技能认定标准，校企共建培训资源包

2021 年，利用广西电力职业技术学院的教学资源、教师队伍的优势，结合广西电网公司行业技术技能高地的优势，实行了优势互补，顺利开展了 44 个工种等级的培训资源包建设（见表 8-4）。培训资源包通过了专家组的验收，达到良好等级。

表 8-4　近 3 年学校与广西电网公司合作建设培训资源包列表

序号	培训工种	中级工	高级工	技师	高级技师
1	抄表核算收费员	1	1	1	1
2	电气值班员（电力调度）		1	1	1
3	开关设备检修工		1	1	1
4	农网配电营业工	1	1	1	
5	配电房（所、室）运行值班员（县级变运）	1	1	1	1
6	送配电线路检修工（配电）	1	1	1	
7	送配电线路检修工（送电）		1	1	
8	用电检查（稽查）员		1	1	
9	用电客户受理员	1	1	1	
10	装表接电工		1	1	
11	变电设备安装工		1	1	
12	网络安全管理员		1		
13	仓储管理员	1	1	1	
14	继电保护员	1	1	1	
15	电气试验员	1	1	1	
16	水电站值班员	1	1	1	
小计		9	16	15	4

2022 年，学校承接了广西壮族自治区应急管理厅考评员培训任务（见表 8-5）。为了完成工作任务，学校与广西电网公司共同组成课题组，开发了电工作业 5 个工种的培训资源，培训资源按广西电网公司企业标准开发，双方均投入了大量的人力资源，拍摄了操作视频，这些视频应用于广西壮族自治区考证员培训的实操考试题库，对培训广西壮族自治区考证员队伍发挥了较大的作用。

表 8-5　广西壮族自治区应急管理厅建设考评员培训资源包列表

序号	培训工种	数量
1	广西电工作业考评员培训(低压电工作业)	1
2	广西电工作业考评员培训(高压电工作业)	1
3	广西电工作业考评员培训(电力电缆作业)	1
4	广西电工作业考评员培训(电气试验作业)	1
5	广西电工作业考评员培训(继电保护作业)	1
合计		5

(四)对接技能认定和能力评价规范,积极开展培训及评价工作

1. 承办行业职工职业技能大赛,服务社会上水平、上台阶

通过引入行业企业高标准建设仿真培训基地,提升学院服务社会水平,也得到了行业企业的认可,并与学院仿真培训基地进行了合作,培训企业员工和举办职工技能大赛。其中,2018 年 9 月 5—13 日,承担了广西水利电力建设集团有限公司水电厂运行岗位职工委托培训和技能竞赛任务;2018 年 8 月 15—26 日,承担了南宁市职工职业技能大赛变电运行技能竞赛赛前培训;2018 年 8 月 27—30 日,学校 3 位教师担任南宁市职工职业技能大赛变电运行技能竞赛裁判工作,使南宁市职工变电运行技能竞赛得以圆满结束,获得了良好的评价,也表明广西电力职业技术学院服务社会的能力得到了很大的提升。

2. 承办职业技能认定培训班培训,助力地方电力产业的转型升级

2018 年 8—11 月,学校依托电力仿真培训基地,为中国铁路南宁局集团有限公司 193 名职工开展了变电站值班员、变电设备检修工、电气试验员、继电保护员、电气值班员等 5 个职业工种的培训和职业技能认定工作,解决了企业电气工作岗位的技能人员岗证不匹配的难题。

2021 年,学校承担了广西电网公司县级供电企业(含新电力技能人员职业技能等级认定)知识培训班(培训资源)开发项目建设任务。利用广西电力职业技术学院的教学资源、教师队伍的优势,结合广西电网公司行业技术技能高地的优势,实行了优势互补,进行培训资源包的开发。依托培训资源包,2021 年、2022 年共开展了 24 期 2 563 人的企业职工职业技能认定理论培训。通过开展高质量的培训,广西电网公司新电力公司参加培训的学员,理论考试通过率达到 98.3%,实现了广西电网公司“一张网”人才培育要求,助力培训员工尽快融入企业,助力地方电力产业的转型升级。

三、成果成效

(一)通过培训与评价基地建设,提升了学校社会服务能力

通过建设中国电力企业联合会电气仿真培训基地、电力行业职业技能等级认定分支机构和职业能力评价基地,学校与行业、企业的合作日益紧密,按照标准建设完善了实训条件,推进了高水平师资队伍建设,大力开展社会培训服务,近 3 年来,社会培训服务到款

额由2020年的236万元提升到2022年的810万元，提高到原来的3.4倍。承办了全国消防监督管理业务电气火灾防范现场培训会等大型的社会公益性培训服务，彰显了学校强大的影响力，较好地完成了学校的“双高”建设任务。通过培训评价基地建设，完善了评价标准和相关制度，提升了团队管理能力，服务意识和服务水平明显提升。

（二）通过培训与评价基地建设，促进了校企合作和产教融合

经过多年的培训与评价基地的建设，学校与政府、龙头企业和行业协会的合作日益密切，政、校、企合作产生了良好的效果。广西电网公司投入1 000万元的设备与学校共建、共享变电专业职工培训基地，共同开展职业技能培训和技能认定，实现了互利共赢。

四、经验总结

广西电力职业技术学院在建设职业技能培训评价基地的过程中，总结出以下经验：

（1）对接行业标准，开展培训评价基地建设，可少走弯路，提高建设的效果。

（2）培训评价基地建设，师资力量、考评队伍和督导员队伍建设，都是需要加强的，要做好建设规划，按步骤逐渐推进，效果才能日益显现。

（3）培训评价基地成效体现在所承担的社会培训服务能力上。要加强服务能力建设，从制度体系建设、管理队伍建设等方面入手，不断地做大、做强社会培训服务品牌。

五、推广应用

广西电力职业技术学院培训评价基地建设被列入学校的提质培优行动计划，是“示范性职工培训基地”建设项目的重要内容。经过近3年的建设，取得了良好的成果。近3年承担职业技能培训年均3 000余人。参与起草了广西电工作业培训机构建设规范、考试机构建设规范，参与了3个工种的国家职业技能标准的起草。柳州钢铁集团培训中心等多家企业和广西建设职业技术学院等多所学校到广西电力职业技术学院参观学习，相关的培训案例被评为中国电力教育协会“2022年电力行业技术技能培训经验交流优秀创新成果”。

案例四　校企合作构建“高电压技术”课程模式

摘要：本着“优势互补、资源共享”原则，“高电压技术”课程通过与广西展能电力有限公司的校企合作，使企业和工程技术人员、学校专业教师能进行深入的沟通交流，双方以职业能力培养为重点，共同开发制订基于工作进程的课程标准，课程设计来自专业岗位典型工作任务的实训项目，具体标准以课程试验项目为基础，体现职业性、实践性和开放性，并在课程内容选取、教学设计、教学组织等方面结合行业企业标准及要求进行了改革。“高电压技术”试验部分的校企合作案例突出工作过程导向，将广西展能电力有限公司在现场执行试验任务时的参考标准、工作过程、材料撰写归档等内容合理融入“高电压技术”试验项目教学过程中，课程在校企合作中逐步完善及创新，最终达成使学校、企业双方受益的目标，共建校企双赢模式。

关键词：校企合作；资源共享；优势互补；高压试验；课程设计

一、实施背景

职业教育的培养目标和职业导向决定了职业学校必须和企业合作，校企合作是职业教育改革的重要方向，也是大力发展职业教育的必然要求。广西电力职业技术学院为充分发挥职业技术教育为社会、行业和企业服务的功能，按照“资源共享、优势互补、责任同担、利益共享”的原则，加快打造具有国际水平的现代技工教育体系，培养更多具有良好专业知识、实际操作技能和良好职业态度的高素质、高技能应用型人才，促进职业技术院校深化教育改革、提升教育培训质量，促进企业建立现代化的职工培训体系、加快产业升级，探索共建主体多元、办学开放和诚信监督的新型公共人力资源服务体系，开展多层次、多形式的合作，共同开发融入企业标准、职业标准的专业课程、教材、线上资源库、培训课程包等教学资源。广西电力职业技术学院电力工程学院“高电压技术”课程团队与广西展能电力有限公司在课程标准、课程建设、师资建设等方面，进行了深入广泛的合作，是广西电力职业技术学院校企合作成功的案例。双方以职业能力培养为重点，设计以课程试验项目为基础的工作任务，开发课程，体现职业性、实践性和开放性。

二、主要措施

“高电压技术”课程是广西电力职业技术学院发电厂及电力系统专业、供用电技术专业、电力系统自动化技术专业、输配电工程技术及电力系统继电保护技术专业的专业核心课程，课程开课时间在大二第二学期，课程内容实践性强，行业实用性广。该课程结合行业标准，以电气试验员岗位要求为准则，注重培养学生沟通协作、信息处理、解决问题等核心岗位能力。

（一）教学内容选取分析

学校课程团队教师利用假期深入广西展能电力公司进行调研，将“高电压技术”课程内容与行业所需要的职业标准对接，根据完成职业岗位实际工作任务所需要的知识、能力和素质要求，试验项目选取内容从行业实际需求出发，实用性高，学生感兴趣，并为学生可持续发展奠定了良好的基础。

1. 明确课程教学目标

只有明确课程教学目的，才能确定课程的目标、范围、对象和内容。“高电压技术”课程教学的目的是培养出不但掌握各种高压知识及电气试验操作能力，更是具备民族自信、责任担当、良好职业素养、传承工匠精神的新时代青年。

2. 进行需求分析

以行业的需求和高职院校学生的学习需求为出发点，从教学环境、学生学情和行业工作内容等各个层面进行全面且深入的调研和分析，从而总结出课程教学的内容、采用的教学方法、教学环节的组织设计等。

3. 进行课程整体设计

课程整体设计是针对高职院校学生的特点和行业需求所开发的课程架构。进行课程整体设计的任务包括确定内容、划分课程单元、安排课程进度及建设实训场地等。根据广西电力职业技术学院课程教学大纲，将教学内容划分为高电压理论和电气设备试验两大部分,教学安排为理实一体化教学,重视理论知识与实际应用相结合,讲授的理论部分主要为三个模块,即电介质电气性能、雷电过电压产生机制及防雷保护、电力系统内部过电压产生机制及其防护,而试验部分则是针对高压电气设备进行的绝缘试验和特性试验。

4. 进行课程模块设计

在进行课程整体设计的基础上,具体确定每一单元的授课内容、授课方法和授课材料的过程。课程单元设计的优劣直接影响教学效果的好坏和学生对课程的评价。在教学开展过程中,作为相对独立的课程单元不应在时间上被分割。"高电压技术"课程试验项目开发的关键不是内容,而是结构。根据职业特征和完整思维,将试验项目分解为主体学习单元,利用参考行业布置的实训场地创造学习情境,每个学习单元都是一个独立、完整的工作过程。具体操作有三个步骤:第一,确定该课程所对应的典型工作过程,梳理并列出这一工作过程的具体步骤;第二,选择一个参照系对这一客观存在的典型工作过程进行教学化处理;第三,根据这个参照系确定三个以上的具体工作过程并进行比较,按照平行、递进和包容的原则设计学习单元(学习情境)。

(二)课程内容的组织

教学实施过程设计,从接到任务,制订工作方案,组织实施,测量数据,分析判断到结束收尾,学生参照行业工作步骤来开展教学活动,如临现场的职业氛围能提升学生的学习兴趣。结合广西展能电力有限公司提供的现场试验视频,制作微课。视频资源、丰富课程的教学资源,有助于更好地开展教学。"高电压技术"课程试验项目部分分为 7 个工作任务(见图 8-3)。

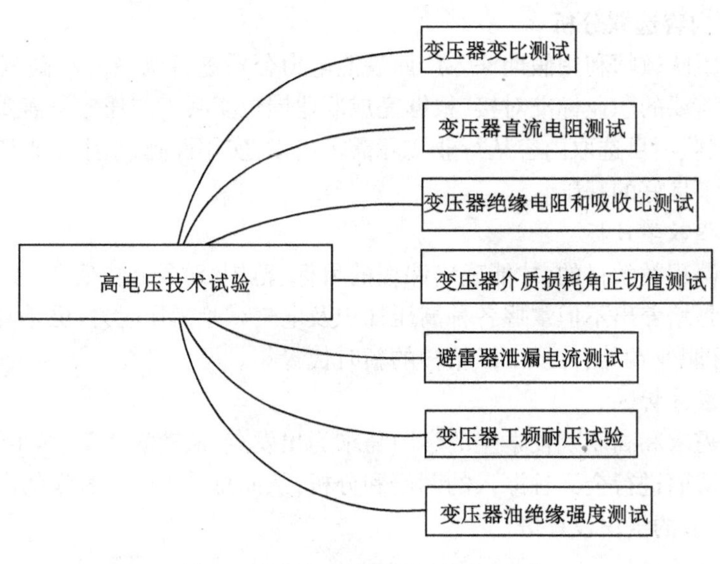

图 8-3 "高电压技术"课程试验项目

(三)课程教学整体设计

序号	学习任务（模块）	主要教学内容	课程思政要素	教学方法	学时安排		
					理论	实践	小计
1	绝缘介质电气性能	1. 电介质的极化； 2. 电介质的电导； 3. 电介质的损耗； 4. 气体电介质的击穿特性； 5. 液体电介质的击穿特性； 6. 固体电介质的击穿特性	中国力量； 民族自信； 技术自信	1. 课堂讲授； 2. 分组讨论	10	0	10
2	电力系统防雷保护	1. 雷电参数模型； 2. 避雷针保护范围计算； 3. 避雷线保护角计算； 4. 避雷器种类及工作原理； 5. 接地装置； 6. 发电厂及变电站防雷保护； 7. 输电线路防雷保护	技能报国； 科学发展观； 唯物辩证法； 全局观； 事物的两面性； 尊重客观规律	1. 课堂讲授； 2. 分组讨论； 3. 任务驱动	20	0	20
3	电力系统内部过电压防护	1. 内部过电压种类及原理； 2. 绝缘配合	创新传承； 爱岗敬业； 服务家乡	1. 课堂讲授； 2. 分组讨论	6	0	6
4	电气设备预防性试验	1. 变压器变比测量； 2. 变压器绕组直流电阻测量； 3. 绝缘电阻、吸收比和极化指数的测量； 4. 介质损失角正切值的测量； 5. 直流泄漏电流试验； 6. 工频交流耐压试验； 7. 绝缘油绝缘强度测试	工匠精神； 团队合作； 精益求精； 实事求是	1. 课堂讲授； 2. 现场教学； 3. 操作演示； 4. 任务驱动	0	48	48
总学时					36	48	84

(四)试验项目设计

序号	学时数	课程教学主要内容	布置作业与实践教学活动	备注
1	在线自学(线上1)	电气设备试验技术绪论及安全知识讲解(1): 1. 安全知识	作业:完成线上课程简介、课程大纲、课程学习建议的学习	课外线上自学。 利用超星学习平台(App)学习的地点:图书馆、宿舍等
2	2	电气设备试验技术绪论及安全知识讲解(2): 1. 安全知识; 2. 电气设备试验绪论	完成超星学习平台在线《电力安全工程规范》考试	实训教学
3	2	安全器具的使用: 1. 安全器具的分类; 2. 安全器具的使用	抄写高压试验工作步骤	实训教学
4	(线上1)	变压器变比测试(一)	完成线上变压器变比测试教学视频学习,初步掌握接线方法及试验注意事项	课外线上自学。 利用超星学习平台(App)学习的地点:图书馆、宿舍等
5	2	变压器变比测试(二): 1. 试验原理知识; 2. 试验接线及注意事项; 3. 试验报告撰写方法	无	实训教学
6	2	变压器变比测试(三): 实操训练	试验报告	实训教学
7	2	变压器变比测试(四): 实操训练	试验报告	实训教学
8	(线上1)	变压器直流电阻测试(一)	完成线上变压器直流电阻测试及直流电阻测试仪使用的教学视频学习,初步掌握接线方法及试验注意事项	课外线上自学。 利用超星学习平台(App)学习的地点:图书馆、宿舍等

续

序号	学时数	课程教学 主要内容	布置作业与实践 教学活动	备注
9	2	变压器直流电阻测试（二）： 1. 试验原理知识； 2. 试验接线及注意事项； 3. 试验报告撰写方法	无	实训教学
10	2	变压器直流电阻测试（三）： 实操训练	试验报告	实训教学
11	2	变压器直流电阻测试（四）： 实操训练	试验报告	实训教学
12	（线上 1）	变压器绝缘电阻和吸收比的测量（一）	完成线上变压器绝缘电阻、吸收比、极化指数测试及数字式兆欧表使用的教学视频学习，初步掌握接线方法及试验注意事项	课外线上自学。 利用超星学习平台（App）学习的地点：图书馆、宿舍等
13	2	变压器绝缘电阻和吸收比的测量（二）： 1. 试验原理知识； 2. 试验接线及注意事项； 3. 试验报告撰写方法	无	实训教学
14	2	变压器绝缘电阻和吸收比的测量（三）： 实操训练	试验报告	实训教学
15	2	变压器绝缘电阻和吸收比的测量（四）： 实操训练	试验报告	实训教学
16	（线上 1）	变压器介质损失角正切值的测量（一）	完成线上变压器绕组连同套管的介质损耗角的正切值测试及抗干扰介质损耗测试仪使用教学视频学习，初步掌握接线方法及试验注意事项	课外线上自学。 利用超星学习平台（App）学习的地点：图书馆、宿舍等

续

序号	学时数	课程教学 主要内容	布置作业与实践 教学活动	备注
17	2	变压器介质损失角正切值的测量(二): 1. 试验原理知识; 2. 试验接线及注意事项; 3. 试验报告撰写方法	无	实训教学
18	2	变压器介质损失角正切值的测量(三): 实操训练	试验报告	实训教学
19	2	变压器介质损失角正切值的测量(四): 实操训练	试验报告	实训教学
20	(线上1)	直流泄漏电流的测量(一)	完成线上变压器绕组的泄漏电流试验及直流高压试验设备使用教学视频学习,初步掌握接线方法及试验注意事项	课外线上自学。 利用超星学习平台(App)学习的地点:图书馆、宿舍等
21	2	直流泄漏电流的测量(二): 1. 试验原理知识; 2. 试验接线及注意事项; 3. 试验报告撰写方法	无	实训教学
22	2	直流泄漏电流的测量(三): 实操训练	试验报告	实训教学
23	2	直流泄漏电流的测量(四): 实操训练	试验报告	实训教学
24	(线上1)	电气设备绝缘工频耐压试验(一)	完成线上变压器交流耐压试验及交流耐压试验设备使用教学视频学习,初步掌握接线方法及试验注意事项。 完成试验报告	课外线上自学。 利用超星学习平台(App)学习的地点:图书馆、宿舍等

续

序号	学时数	课程教学主要内容	布置作业与实践教学活动	备注
25	2	电气设备绝缘工频耐压试验(二)： 1. 试验原理知识； 2. 试验接线及注意事项； 3. 试验报告撰写方法	无	实训教学
26	2	电气设备绝缘工频耐压试验(三)： 实操训练	试验报告	实训教学
27	2	电气设备绝缘工频耐压试验(四)： 实操训练	试验报告	实训教学
28	(线上1)	绝缘油电气强度试验(一)	完成线上变压器油的绝缘强度试验及绝缘油介电强度测试仪使用教学视频学习，初步掌握接线方法及试验注意事项	课外线上自学。 利用超星学习平台(App)学习的地点：图书馆、宿舍等
29	2	绝缘油电气强度试验(二)： 1. 试验原理知识； 2. 试验接线及注意事项； 3. 试验报告撰写方法	无	实训教学
30	2	绝缘油电气强度试验(三)： 实操训练	试验报告	实训教学
31	4	一对一实操考核		

三、成果成效

完成“高电压技术”课程试验部分，实施校企合作案例。案例突出工作过程导向，将广西展能电力有限公司在现场执行试验任务时的参考标准、工作过程、材料撰写归档等内容合理融入“高电压技术”课程试验项目教学过程中，每一个试验项目创设学习情境由来自现场的工作任务构成，以学生为主体，在实训基地进行理实一体化教学，模拟现场真实工作场景，实训室场地布置参照行业技能考核场景，让学生在教学过程中感受行业文化，培养行业意识，适时合理开展思政教育，激发内在学习动力，提升学习兴趣，结合行业的工作流程和规范的操作技能，培养相关职业岗位所要求的职业素养和工匠精神。学生使用教材及企业共享的视频资源，并在教师的指导下学习相关的理论知识；通过试验方案引领完成工作任务的计划和实施；最后通过分析报告完成对该任务的判断，评价上采用过程评价与成果评价相结合，自评、互评和教师(专家组)评价相结合。在教学设计上，评价项目融入国家职业标准和规范。在整个教学活动中，提高了学生主动参与、自主学习的能动性。课程已在THEOL、超星等平台组建线上课程，PPT、动画、微课视频等教学资源丰富。

四、案例的不足与改进

校企合作课程开发是学校通过对签约企业、学生的需求进行科学的评估，依据学校自身的性质、特点、条件，在充分利用企业和学校的课程资源的基础上确定合作式课程目标、选择组织课程内容、决定课程实施方案、进行课程评价这样一个持续的、动态的课程改进的过程。课程的资源还需完善，结合广西展能电力有限公司所提供的试验项目资源，完成1个共享型拓展资源库建设。

课程的教学模式有待创新，依托校企合作、虚实结合实训基地，接入企业真实工况，完善校企分工协作、线上线下相结合的教学模式，打造校企合作示范课。

课程教师需合理安排教学、实践时间，提高教学水平、专业水平，升华教育教学理念，提升团队的课程开发能力。

五、推广情况

校企合作开发的“高电压技术”课程使得师生能及时理解行业形势、专业发展，并明确自身水平提升方向；能及时理解和掌握企业对所需人才规格的要求；能把掌握的理论知识与实践更好地结合起来，从而强化了师资队伍建设，大大提升了“双师”素质。

课程案例在2022学年开始实施，工作任务式的情景教学，学生边做边学，取得了很好的教学效果。引入了行业企业的标准规范，学生的职业素养也得到了很大的提高。在广西电力行业技能人员培训中也得到了广泛的应用，得到了单位的高度认可。

案例五　党建引领科技创新

——为高丘石山地区农村饮水安全护航

摘要：广西电力职业技术学院作为脱贫攻坚(乡村振兴)后援单位，定点帮扶环江毛南族自治县6个村以来，认真贯彻落实党中央和自治区党委关于扶贫工作及乡村振兴战略的重要部署，积极发挥高校在人才、科研和产教融合上的优势，坚持以党建引领，以改善饮水工程等基础设施为抓手，为环江毛南族自治县定点帮扶村镇推进美丽乡村建设提供人才和技术支持。针对高丘石山地区存在的生活、生产用水困难和水质差异大等诸多问题，组建高丘石山地区饮用水安全与保障技术创新团队，创新团队研究及参考湖南省邵阳市相关的水厂、水电站和其他的一些供水工程项目所取得的成果和案例，与广西顺安建筑有限公司等企业联合对当地供水工程进行改造，根据当地实际情况制订居民饮水安全提质增效方案并实施，在环江毛南族自治县东兴镇城区及周边村屯、龙岩乡达科村安装、应用，受益群众达13 000多人，一定程度上改善了百姓的饮水条件，对高丘石山地区实现“两不愁三保障”饮水安全，提高群众健康生活水平具有十分重要的意义。

关键词:党建引领;乡村振兴;产教融合;饮水安全

一、实施背景

(一)农村饮水安全是实施乡村振兴战略的刚性"内需"

"没有全民健康,就没有全面小康"。水的安全问题直接关系到小康路上群众的幸福感、获得感、安全感。习近平总书记指出:"全面建成小康社会,关键是要把经济社会发展的'短板'尽快补上,否则就会贻误全局。"农村饮水安全即是让广大群众能喝上"安全水""放心水",是一项保民生、得民心、稳增长的惠民工程,是巩固拓展脱贫攻坚成果同乡村振兴战略有效衔接的重要考核指标之一,是实施乡村振兴战略的刚性"内需"。

(二)服务乡村振兴基础设施建设亟须"政、校、企、地"四方融合支撑

为全面贯彻落实党中央关于实施乡村振兴战略的重大决策部署,按照巩固拓展脱贫攻坚成果同乡村振兴战略有效衔接的工作要求,广西壮族自治区实施乡村振兴产业发展、基础设施和公共服务能力提升三大专项行动。其中,乡村供水保障能力提升工程是基础设施能力提升专项行动的重要内容。但乡村振兴建设产业尚存在技术等级低、创新能力不强、应用不广、人才供给不足等实际问题。作为乡村振兴后援单位和地方性高校,学校积极发挥高校在人才和科研上的优势,协同"政、校、企、地"四方,打造饮用水安全与保障技术创新团队,为乡村振兴基础设施建设提供人才支持和技术支持,有力地提升了当地基础设施公共服务能力。

二、主要做法

(一)基本思路

学校坚持以党建引领科技创新,充分发挥自身的专业优势、人才优势和资源优势,注重学校发展与服务地方经济建设相结合、学科建设与社会服务协同发展相结合、专业建设与经济需求相结合、人才培养与乡村振兴相结合等"四个结合",大力推进乡村振兴工作,助力地方经济发展。特别是在饮水安全帮扶方面,坚持党建引领科技创新,打造饮用水安全与保障技术创新团队,"政、企、校、地"四方合力共同开展技术攻关,完成饮用水净化工程,共享建设成果,实现政府、企业、学校、地方四方共赢。

(二)具体举措

1. 坚持党建引领,组建团队开展饮用水安全理论研究

学校党委将脱贫攻坚(乡村振兴)帮扶工作作为一项重要的政治工作来抓,成立了以党委书记为组长、班子成员为副组长的定点帮扶工作领导小组,学校党委领导班子多次率领技术创新团队实地调研,想群众之所想,急群众之所急,将定点帮扶村镇的饮水工程等基础设施的建设作为脱贫攻坚(乡村振兴)的突破口。学校与当地党支部联建共建,党员干部带头干,广西教学名师、广西三八红旗手、自治区党委教育工委优秀党员、首批国家级职业教育教师教学创新团队负责人谌莉教授积极贯彻党中央的部署,充分发挥党员先锋模范作用,组建高丘石山地区饮用水安全与保障技术创新团队,多次带领团队成员深入一线调研,积极申请相关科研项目,提出环江毛南族自治县东兴镇居民饮水安全提质方案并

开展工程建设,该方案和工程为示范案例,所著论文为广西各地居民饮用水净化工程提供了理论依据。

2. 勇于克难攻坚,提出居民安全饮水提质增效方案

环江毛南族自治县东兴镇属高丘石山地区,原有饮水工程项目供应城区及附近村屯约1万群众的日常用水,供水能力约为1 200 m^3/d。原项目情况:该项目水源为东兴镇下尧村自然山泉涌出水所形成的河流,为满足用水量已筑坝截流形成供水水库,水流引至6.2 t水池,再利用自然重力作用经无阀滤池流入落差为30 m的80~100 t沉淀池,经初步沉淀处理后溢流进入500 t蓄水池供自来水厂待用。在晴天条件下,河水清澈,自来水厂出水水质达标,但在雨天条件下,河水浑浊,沉淀池处理效果不佳,最终导致自来水厂水质处理不达标,当地居民饮用水发黄浑浊,水质差,严重影响了当地居民的生活用水和身体健康,原自来水厂的水质检验报告见表8-6。饮用水安全与保障技术创新团队多次深入现场调研和分析,对东兴镇居民饮水安全增质提效进行研究,在原有设施基础上提出了改造方案。

表8-6 原自来水厂的水质检验报告

<table>
<tr><td>检测项目</td><td colspan="8">pH等10项</td></tr>
<tr><td>受检单位</td><td colspan="4">广西河池环江(东兴镇)水质化验报告</td><td colspan="2">样品形态</td><td colspan="2">液体</td></tr>
<tr><td>委托单位</td><td colspan="4">广西电力职业技术学院</td><td colspan="2">检测类别</td><td colspan="2">山水</td></tr>
<tr><td rowspan="2">采样地点</td><td colspan="4">广西河池环江(东兴镇)</td><td colspan="2" rowspan="2">送样日期</td><td colspan="2">($1^{\#}$山泉水,$2^{\#}$贮水池水,$3^{\#}$用户水)</td></tr>
<tr><td colspan="4">山泉水—贮水池—用户(3个点)</td><td colspan="2">2018年8月7日</td></tr>
<tr><td>采样人</td><td colspan="4">卢森、彭双双、陈文瑞、廖丽敏、李迎春</td><td colspan="2">检测依据</td><td colspan="2">《地下水质量标准》(GB/T 14848—2017)</td></tr>
<tr><td>采样天气</td><td colspan="8">气温28 ℃,大雨</td></tr>
<tr><td rowspan="2">各项目</td><td rowspan="2">标准</td><td rowspan="2">单位</td><td colspan="2">$1^{\#}$(山泉水)</td><td colspan="2">$2^{\#}$(贮水池水)</td><td colspan="2">$3^{\#}$(用户水)</td></tr>
<tr><td>检测结果</td><td>判定</td><td>检测结果</td><td>判定</td><td>检测结果</td><td>判定</td></tr>
<tr><td>外状</td><td>透明</td><td></td><td>浑浊</td><td>不合格</td><td>浑浊</td><td>不合格</td><td>浑浊</td><td>不合格</td></tr>
<tr><td>pH</td><td>6.5~8.5</td><td>—</td><td>6.8</td><td></td><td>6.6</td><td></td><td>6.8</td><td></td></tr>
<tr><td>总硬度(以$CaCO_3$计)</td><td>≤450</td><td>mg/L</td><td>7.06</td><td></td><td>9.0</td><td></td><td>8.07</td><td></td></tr>
<tr><td>电导率</td><td>无</td><td>μS/cm</td><td>109.7</td><td></td><td>94.4</td><td></td><td>94.8</td><td></td></tr>
<tr><td>悬浮物</td><td>≤3</td><td>mg/L</td><td>81</td><td>不合格</td><td>116</td><td>不合格</td><td>40</td><td>不合格</td></tr>
<tr><td>COD</td><td>≤3</td><td>mg/L</td><td>0.3</td><td></td><td>0.6</td><td></td><td>1.5</td><td></td></tr>
<tr><td>全硅</td><td>无</td><td>mg/L</td><td>4.17</td><td></td><td>5.27</td><td></td><td>4.08</td><td></td></tr>
<tr><td>铜</td><td>≤1</td><td>mg/L</td><td>0.07</td><td></td><td>0.12</td><td></td><td>0.14</td><td></td></tr>
<tr><td>铁</td><td>≤0.3</td><td>mg/L</td><td>0.83</td><td>不合格</td><td>0.79</td><td>不合格</td><td>1.24</td><td>不合格</td></tr>
</table>

续表 8-6

各项目	标准	单位	1#(山泉水)		2#(贮水池水)		3#(用户水)	
			检测结果	判定	检测结果	判定	检测结果	判定
溶解固体	≤1 000	mg/L	54.8		47.1		47.4	
碱度	无	mmol/L	0.22		0.28		0.35	
评价结论								
评价标准								
备注								

根据用户的需求,经过反复分析论证,饮用水安全与保障技术创新团队拟采取的水处理技术为:原水—(加药)混凝—沉淀—过滤设备净水装置,再进行二氧化氯杀菌消毒,组合在一起,沉淀池、砂滤池由混凝土材料制成。工艺流程示意如图 8-4 所示。

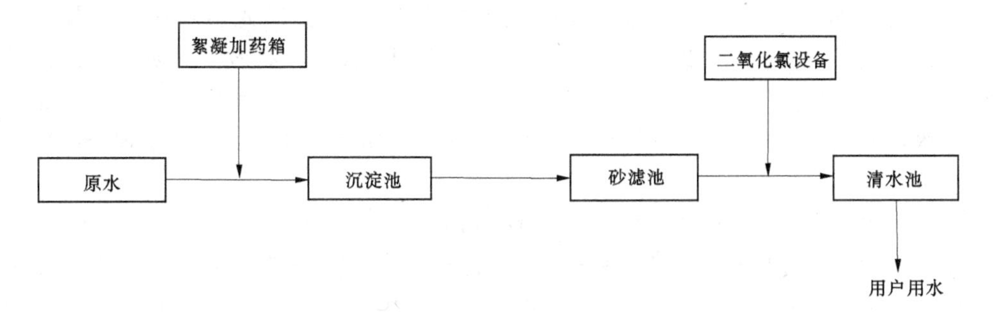

图 8-4 新技术方案的工艺流程示意图

处理后的水质及运行要求:

(1)处理水量:混凝-沉淀和过滤设备处理系统产水量为 100 m^3/h。

(2)处理后水质:出水浊度≤3 NTU。

(3)设备系统进水水压≥0.1 MPa。

(4)经混凝-沉淀和过滤设备处理后,采用二氧化氯消毒处理,可以持续消毒,防止水质受到二次污染,出口水达到国家自来水细菌要求指标。

设备工艺说明如下:

(1)絮凝加药箱。絮凝加药箱采用 PE 材质药桶,采用人工预拌药剂,药箱容量为 1 000 L,主要用途是在原水中添加絮凝剂聚氯化铝,采用射流器的自吸原理,添加到原水管路中,再通过管道混合器在管路内混合,整个过程不需要电动力,使用管理方便,系统工作简单。

(2)混凝-沉淀池。混凝-沉淀池的主要作用是:首先对原水进行加药-混凝反应,在絮凝剂的反应下,大颗粒泥沙将会聚集,在重力的作用下沉淀,水中所含的泥沙沉淀后,沉淀池设计采用斜板(斜管)式截流,水力停留时间为 20 min,更方便污泥排出,沉淀池选用混凝土结构。

(3)砂滤池(过滤)。砂滤池的主要填料为石英砂、活性炭,主要作用是过滤水中细小的泥沙颗粒，同时除臭、除异味，其过滤精度高，具有出水水质稳定等特点，是目前水处理行业常用的预处理工艺。

砂滤池具有反冲洗功能，反冲洗是通过空压机在底部曝气和反冲洗水泵同时工作，利用气泡混合冲洗，暴气装置设计在砂滤池底部，反冲洗水源来自沉淀池出水口。冲洗废水排出池外。砂滤池材料选用混凝土。

（4）二氧化氯消毒。设备结构简单、操作简便、不易发生故障，在生活饮用水中应用广泛，技术成熟，维修方便，型号为 CPFCPF-100C ，产量为 100 g/h。

3. 携手行业企业，顺利完成饮水安全提质增效项目的安装与调试

饮用水安全与保障技术创新团队和“环江毛南族自治县东兴镇居民饮水安全增质提效应用研究”课题组成员多次实地勘查，吸取湖南省邵阳市相关水厂、水电站建设经验，多次与承建单位广西顺安建筑有限公司及东兴镇政府沟通协调，确定工程位置，协调进场开工。按照“水源稳定、水管畅通、水质达标、管理长效”的原则，加快推动安全饮水净化工程建设，饮用水净化工程于 2020 年 12 月正式启用，解决了当地居民、企业用水水质和用水安全问题，确保居民喝上“安全水”和“放心水”。

2021 年 3 月，广西电力职业技术学院党委投入 20 万元援助龙岩乡达科村久朝屯建设安全饮水提升工程，并于 2021 年 4 月竣工正式启用。该项目有效针对龙岩乡达科村久朝屯因地理位置较高，干旱的时候容易缺水的问题，建成了重新引水源、沉沙过滤、储水的安全饮水提升工程，解决和保障了龙岩乡达科村久朝屯的安全用水问题，受到当地群众的高度认可。

4. 推行以点带面，全面激发美丽乡村建设动能

学校党委积极发挥高校资金、技术和人才优势，把改善定点帮扶村镇饮水工程建设作为推动美丽乡村建设的成功范例，推行以点带面，积极建设定点帮扶村镇配套实施基础设施，近 3 年持续援助环江毛南族自治县东兴镇硬化街道路面和标山村屯级道路，修缮久灯村公共服务中心，修建加兴村党建文化长廊、垃圾焚烧炉和龙岩乡朝阁村文化舞台、党群服务中心大门等经费近 200 万元。目前，受援的乡、镇、村道路、垃圾处理、乡村美化等基础设施得到了有效改善，为美丽乡村建设提质增效提供了保障。

三、成果成效

（一）党建引领科技创新，有效支撑乡村振兴

学校党委成立以党委书记为组长的定点帮扶工作领导小组，定期研究乡村振兴工作，建立“学校地方”沟通机制，深化“校地党建”合作，执行“党委—党总支（支部）—党员干部—师生四级联动”帮扶工作机制，选派精锐人员组成帮扶团队，提升基层党组织活力。学校依托教学科研单位，聚焦定点帮扶村重点问题，致力为当地经济发展提供智力支持。学校积极筹建乡村振兴产业学院，党委领导多次带队前往定点帮扶村深入调研。广西教学名师、广西三八红旗手、广西壮族自治区党委教育工委优秀党员、首批国家级职业教育教师教学创新团队负责人谌莉教授充分发挥党员先锋模范作用，组建饮用水安全与保障技术创新团队，形成居民饮水安全提质增效方案并在当地开展应用示范。以点带面，学校深化“扶智”和“扶志”工作，聚力产业发展和乡村基础设施建设取得了良好实效，学校定

点帮扶工作荣获广西壮族自治区党委办公厅、广西壮族自治区人民政府办公厅通报表扬，并获得了河池市定点帮扶先进单位等荣誉。

（二）产学研深度融合，有效破解农村用水难题

谌莉教授牵头组织指导饮用水安全与保障技术创新团队，充分发挥学校电厂化学与环保技术专业优势，整合企业、人才、科研、资金和组织等资源，实行产学研深度融合，组建课题组全程参与项目启动勘查、方案设计、组织实施和竣工验收等环节，共同申报了广西高校中青年教师科研基础能力提升项目“广西农村饮水安全增质提效应用研究”及校级重点项目“环江毛南族自治县东兴镇居民饮水安全提质增效应用研究”，为农村供水的技术发展提供了有力的理论与实践支撑，形成了有效方案，为项目顺利建设提供了技术保障。学校助力环江毛南族自治县乡村振兴“居民饮水安全提质增效项目”被作为广西壮族自治区高等院校精准帮扶典型项目，收录于《广西壮族自治区高等院校精准帮扶典型项目汇编》，在广西高校中起到了良好的引领示范作用。

（三）乡村振兴与育人相结合，有效提高了人才培养质量

学校着力打造“电亮初心”工程，围绕爱国主义教育、乡村振兴等主题开展暑期“三下乡”社会实践和志愿服务活动，推广“互联网+”大学生创新创业大赛“青年红色筑梦之旅”赛道，吸引和鼓励更多学生加入乡村振兴的研究中，在实践中学实践悟新思想，培育和践行社会主义核心价值观。近两年，学校“蚕燃一新”助力乡村振兴创新创业项目获得了第七届、第八届中国国际“互联网+”大学生创新创业大赛广西壮族自治区选拔赛金奖，第七届中国国际“互联网+”大学生创新创业大赛全国总决赛铜奖；3 支团队被评为全国大中专学生志愿者暑期文化科技卫生“三下乡” 社会实践活动重点团队，12 支团队被评为广西大中专学生志愿者暑期文化科技卫生“三下乡”社会实践活动重点团队。

四、经验总结

（一）紧扣国家战略方向是前提

实施乡村振兴战略是党的十九大做出的重大决策部署，是决胜全面建成小康社会、全面建设社会主义现代化国家的重大历史任务，是新时代“三农”工作的总抓手。学校结合国家发展战略，利用学科、专业、人才、文化等优势，服务经济社会发展，将定点帮扶村镇的饮水工程作为重要抓手，精准定位，贯彻落实习近平总书记关于农村饮水安全工作的重要指示，确保了群众能稳定喝上“安全水”“放心水”，学校在服务经济社会发展方面发挥了重要作用，为经济社会发展提供了强有力的智力支持和人才支持。

（二）发挥学科专业优势是基础

学校充分发挥电厂化学与环保技术专业优势，整合人才、科研、资金和组织等资源，课题组全程参与项目启动勘查、方案设计、组织实施和竣工验收等环节，为饮水工程项目顺利建设提供了充分的保障。高丘石山地区饮用水安全与保障技术创新团队成员主持并完成广西壮族自治区教育厅教学改革课题“水泵节能技术在供水工程中的应用研究”“基于核心技术一体化的高职水电站动力设备与管理专业的课程体系改造”等项目 10 余项，主持和参加了 80 余项水利水电工程设计工作，在广西壮族自治区内具有较为突出的学科专业优势，为乡村振兴实践项目的开展奠定了良好的基础。

（三）坚持产学研紧密结合是关键

学校坚持“产教融合、校企合作、协同育人”理念，大力实施学校对接地方产业、专业对接行业企业、教师对接职业岗位的“三层对接”教改工程，深入推进资本融合、技术融合、标准融合、人才融合、创新融合的“五融合”模式。在此背景下，学校积极筹建乡村振兴产业学院，依托学校教学科研单位，聚焦定点帮扶村重点问题，致力为当地经济发展提供智力支持，为助力乡村振兴工作搭建广阔的平台。

五、推广应用

学校助力环江毛南族自治县乡村振兴典型案例“情系定点帮扶村镇　饮水工程温暖民心”被作为广西壮族自治区高等院校精准帮扶典型项目，并列入《广西壮族自治区高等院校精准帮扶典型项目汇编》，在广西高校中起到了良好的引领示范作用。人民网以《广西电力职业技术学院：聚力“四项举措”为乡村振兴塑“形”铸“魂”》为专题，报道了学校乡村振兴成效，《中国教育报》《广西日报》等媒体也对学校脱贫攻坚（乡村振兴）作了相关报道，产生了积极的社会影响。校级课题“环江毛南族自治县东兴镇居民饮水安全增质提效应用研究”负责人李迎春副教授受饮水安全增质提效项目启发，其研究“一种水泵自动启停装置”获得了实用新型专利证书。

案例六　“中文+职业技能”拓展中国—东盟国际化人才培养

摘要：在当前的职业教育国际化进程中，“中文+职业技能”的课程体系不断呈现出优异的表现。为适应国际化学生培养趋势，更好地服务“一带一路”沿线国家尤其是东盟国家的“走出去”中资企业及当地企业，切实提升国际化办学水平，广西电力职业技术学院依托“中文+职业技能”课程体系，结合自身特色专业，打造系列特色课程、探索多元化培养模式，不断丰富职业教育国际化课程资源，坚持行业引领、电力特色，面向东盟，让学校“中文+职业技能”职业教育“走出去”。

关键词：“中文+职业技能”；国际化人才培养；课程体系

一、实施背景

（一）国家政策为职业教育“走出去”提供了有利条件

近年来，国家出台了多项政策，推动职业教育的发展，特别是对职业教育“走出去”提供了支持。2020 年，《教育部等八部门关于加快和扩大新时代教育对外开放的意见》出台，强调要坚持教育对外开放不动摇，主动加强同世界各国的互鉴、互容、互通，形成更全方位、更宽领域、更多层次、更加主动的教育对外开放局面。同年，教育部等九部门印发的《职业教育提质培优行动计划（2020—2023 年）》提出，要加强职业学校与境外中资企业合作，支持职业学校到国（境）外办学，推进“中文+职业技能”项目，助力中国职业教育“走出去”，提升国际影响力。引导职业学校与国（境）外优秀职业教育机构联合开展学术研究、标准研制、师生交流等合作项目。2021 年，中共中央办公厅、国务院办公厅印发的

《关于推动现代职业教育高质量发展的意见》提出，推动职业教育“走出去”，服务国际产能，积极打造一批高水平国际化的职业学校，推出一批具有国际影响力的专业标准、课程标准、教学资源。

（二）“一带一路”中人才缺口大

“一带一路”倡议提出以来，中国企业纷纷响应，让企业落地海外，参与到全球的经贸合作当中。但“一带一路”沿线国家职业教育发展不均衡，当地职工不熟悉中文，这些原因制约着中国企业在当地的发展。在这种形势下，推动国际中文教育与职业教育“走出去”协同发展，构建面向新时代的国际中文教育与职业教育高质量发展新体系，培养具有一定汉语水平和跨文化交际能力的知华、友华高素质技术技能复合型人才，成为“十四五”时期我国职业教育领域改革创新发展的重要任务。

（三）中国先进教育理念的发展

近年来，我国已经建成世界上规模最大的职业教育体系，加上“示范校”和“双高”院校建设，出现一批在办学理念、专业建设、人才培养、课程设置上具有鲜明特色的职业院校，为各行各业培养了职业素质高的技能型人才，也吸引了一批海外企业和学生。

（四）发挥中国在世界舞台的影响力

2017年年末，习近平总书记提出，放眼世界，我们面对的是“百年未有之大变局”，中国已经走进世界舞台的中央。在这一背景下，职业教育也要走出去，提升国内教师国际化视野，参与国际产能合作、产教融合，职业教育得到不断发展。

二、主要做法

（一）构建“中文+职业技能”课程体系

1. 课程体系构建原则

广西电力职业技术学院依据国家出台的来华留学生教育教学管理政策确定“中文+职业技能”课程体系构建。2018年10月，教育部出台的《来华留学生高等教育质量规范（试行）》（简称《质量规范》）明确提出了国际学生“学科专业水平、对中国的认识和理解、语言能力、跨文化和全球胜任力”等四个方面的人才培养目标。

首先，高职院校构建“中文+职业技能”课程体系要以《质量规范》中提出的人才培养目标为依据，培养知晓中国国情、了解中国文化，理解并尊重中国发展，具有一定汉语水平和跨文化交际能力的知华、友华高素质技术技能复合型人才。

其次，全面贯彻培养高技能人才的课程观，针对高职课程体系的特点，更加注重人才培养的实践性、实操性及应用性。为了突出学校的专业特色，强调专业教学的实践应用性，在“中文+职业技能”课程体系中注重学生的操作应用技能，以应用为主要目的，并强调课程模式的实践性。另外，为了适应国际产能合作提出的新要求，贴近产业的“中文+职业技能”课程也注重与不同国家、文化和习俗的融合度，强调职业教育与产业合作的国际化，探索与“走出去”中国企业和中国先进技能相适应的职业教育课程体系。

最后，“中文+职业技能”课程体系和教学模式要适应国际学生的实际情况，构建适合国际学生的特色教学内容和课程类别，准确把握课程类别设置，克服国际学生汉语运用能力不足、理论课程学习困难等实际问题，提高其专业应用能力，培养国际学生解决生产现场的实际问题,提升实践能力和技术技能。

2. 确立"中文+"特色课程

学校根据自身办学特色、专业优势、技能类别等因素,2022 年,学校国际教育学院组建 16 人的汉语国际教育教学团队,兼具"专业教学、技能培训、汉语国际教育"能力的复合型国际化师资队伍初步成形。同时,开设了"中文+职业技能"系列课程,建设了 12 门中文课程,包括 5 门汉语基础课程,如汉语听说、汉语读写、汉语写作、专业汉语、汉语综合等,以及 7 门"中文+文化"课程,如中国概况、中国茶艺、中国画、书法、中国艺术(龙狮)、体育(乒乓球)、中国新媒体等。

"中文+职业技能"课程体系注重将中文和职业技能紧密结合,以中文为基础,以职业技能为核心,实现两者的融合发展。对于国际学生,中文和职业技能的培养需要循序渐进。首先,要从打好中文基础开始。在学生刚入学的时候,需要进行语言培训,学习汉语听、说、读、写,中国书法,中国画等中文课程;其次,在专业学习阶段,则需要通过中文辅助的专业技能学习,实施分阶段、分层次的国际化课程教学,从而帮助国际学生提升其技术技能。

3. 职业教育国际化资源"引进来+走出去"

职业教育国际教学资源开发和建设是培养具有国际视野的技术技能型人才的根本保障,是提高人才培养质量的基础,是打造职业院校国际名片的重要举措。

(1)国际化教学资源"引进来",提升了师资国际化水平。为了让学校师生了解东盟国家能源电力行业的发展动态,学校积极搭建国际化平台,邀请马来西亚国家能源大学、印度尼西亚班达楠榜大学及泰国先皇理工大学的东盟专家做能源电力领域方面的专题讲座,讲座主题分别为"双碳背景下马来西亚能源电力产业发展前景概览""印度尼西亚能源电力产业发展现状及创新""泰国新能源汽车与交通产业的可持续发展战略"。

(2)国际化职业教育标准"引进来",提升了专业建设国际化水平。学校电力工程学院发电厂及电力系统专业通过英国职业教育中心国际认证的整体评估,获得了 TVET UK 国际资格认证证书,顺利完成了英国国际职业教育标准引进工作。

(3)国际化教学资源"走出去"。学校不断地丰富和优化其国际课程资源,2022 年,能源动力与材料专业大类的 1 门国际化课程及 4 项国际化培训资源包,获得了广西壮族自治区教育厅面向东盟国际化职业教育资源认定,国际化课程有"高电压技术",国际化培训资源包含"微机保护调试技术""分布式光伏电站设计""光伏电站智能运维""离心泵安装检修"。

(二)探索多元化培养模式

1. "中文+职业技能"长期项目

这一项目包含学生的招收与培养,学校面向世界各国和地区招生。在这一项目中,国际学生获得全日制大专学历,接受"中文+职业技能"的系统培养,即第一学年学习汉语及中国文化相关课程,为专业学习打好中文基础;第二学年初便进入专业学习。同时,学校还探索采用了"2+1.5"国际学生联培模式,即与合作院校实行学分互认,联合培养,国际学生获得两校学历的认可。

2. 开展“中文+职业技能”短期研修项目

开展“中文+能源电力”国际研修项目,为来自世界各地,尤其是为来自东盟国家的学员提供一个在中国广西学习和实践的机会,了解中国广西的文化和经济发展,体验应用型电力人才教育教学模式的培养,感受“劳模品格、技术能力、职业素养”的工匠精神,致力于为学员打造多元化的学习环境,开阔视野,亲身实践,提升自身综合素质,成为社会需要的复合型技能人才。

3. 人才、课程“走出去”

首先,为服务“一带一路”沿线国家低碳转型发展,提升学校协同企业“走出去”建设能力,学校开展了系列国际化人才培训班。学校为广西送变电建设有限责任公司定制开展“国际业务综合能力提升培训班”,基于项目管理方法,培养学员在国际总承包工程项目的系统性管理思维,掌握国际总承包项目的全过程管理、成本管控技巧、规避风险、合同管理等相关领域的知识与技能,深入理解和熟练运用国际工程项目管理规则。

其次,学校面向东盟国家学员举办了五期“能源电力”主题国际化培训,由资深教师全英文授课,累计培训达 839 人,国际学员反响热烈。这是学校发挥能源电力领域办学优势,主动融入和服务中国—东盟能源电力产能合作的又一有力举措。

(三)建设系列国际化教育教学基地

1. 建设学校首个海外办学点

学校与中国能源建设集团云南省电力设计院有限公司联合设立学校首个海外办学点——中老电力丝路学院、中老电力工场,聚焦于能源电力大类特色专业,开发输出学历教育、非学历教育、定制培训、专业课程和专业标准。办学点的成立为学校打造了一个职业教育国际合作平台,助力学校更深入地推进“中文+职业技能”特色项目,让学校的特色专业教学“走出去”,服务东盟国家,培养国际化专业人才。

2. 建设学校首个中外联合培养项目

随着“一带一路”建设的推进和 RCEP 生效实施,学校与泰国乌汶技术学院联合设立中泰电力丝路学院、中泰新能源电力工场,下设国际学生联合培养基地、教师国际化研修访学基地,依托学校能源电力专业特色,致力于“2+1. 5”模式国际学生联合培养,开发输出学历教育、非学历教育、专业课程和专业标准输出,以及“中文+职业技能”定制培训等,不断深化与东盟国家的教育对外合作,着力打造“电亮东盟”能源电力职教品牌、“留学广西”国际职教品牌和中国—东盟职教创新高地,助力构建中国—东盟职教共同体,为服务国际产能合作培养技术技能人才。

3. 建设“中文+技能”研修基地

为了让国际学生深入地感受中国文化,体会中文的魅力,学校依托建设的“中文+”系列特色课程,建设国际教育学院“中文+职业技能”研修基地。该基地包含书画展示区、茶艺展示区、传统文化展示区、教学展示区和宣传展示区等五个功能区。研修基地可面向国际社会提供“中文+听说读写”“中文+茶艺”“中文+书法”“中文+中国画”“中文+新媒体”

等12门“中文+”特色课程，具备承接各国院校、企业及科研机构“中文+能源电力职业技能”培训的教育教学能力。

三、成果成效

（一）国际化课程体系有效构建

学校在国际化办学顶层设计上形成了“中文+职业技能”的国际化办学思路，致力于打造“电亮东盟”职业教育国际品牌，结合专业实际确定了国际学生培养规模；在课程建设上，创建了国际教育学院与其他各二级院系的课程教学管理衔接机制，形成了中文基础阶段和专业技能阶段融合的课程管理体系，打通了语言与专业衔接路径，构建了“分段分层”的国际学生“中文+职业技能”人才培养课程体系，形成了无缝对接的一体化教学流程。

（二）国际化师资队伍有效提升

学校11名专任教师及管理人员顺利完成维也纳智慧城市建设与智能交通国际培训项目，并获得欧盟职业技能证书；10名专任教师获得TVET UK高等教育质量体系及质量保障体系国际化培训证书；130名教师代表参加能源电力领域东盟专家讲座，对东盟国家能源电力行业的发展有了更深入的了解；10名教师获得SEAMEO TED（东南亚教育部长组织技术发展中心）颁发的CATECP国际专家聘书。先后组织21名教师参加《国际中文教师证书》考试，通过参加考试，教师们的国际汉语教学能力得到了进一步提升。学校建成了一支既拥有过硬的专业能力，又具备国际化视野的师资力量。

（三）国际化教学资源不断优化

学校6门优势专业核心国际课程获得SEAMEO TED（东南亚教育部长组织技术发展中心）国际官方认证，课程包括发电厂及电力系统专业群涵盖的“高电压技术”“发电厂及变电站电气设备”“微机继电保护调试技术”等3门国际课程，以及电厂热能动力装置专业群涵盖的“光伏电站运维”“锅炉设备与运行”“汽轮机设备与运行”3门国际课程。

学校入选中非职业教育联盟、中非（重庆）职业教育联盟开展的第二批“坦桑尼亚国家职业标准开发项目”立项建设单位，学校将组织专任教师团队依据坦桑尼亚教学实际，制订职业标准，并与配套专业教学标准一并纳入坦桑尼亚国家职业教育体系，指导坦桑尼亚国家职业院校开展人才培养工作。该项目是学校职业教育教学标准“走出去”的重要一步，对于中国职业教育“走出去”有重要意义。

学校入选教育部中外人文交流中心人文交流经世项目，推动了学校在学科建设、课程构建、人才培养等方面实力的提升，并扩大了影响力，促进了校企合作、产教深度融合，推进了国内院校与“一带一路”沿线国家院校的交流合作。

（四）国际化合作伙伴日益增加

学校积极拓展海外合作伙伴，与德国代根夫应用技术大学、俄罗斯莫斯科国立鲍曼技术大学、菲律宾马布阿大学、老挝国立大学、马来西亚吉隆坡大学、泰国国王科技大学等

20个国(境)外院校/机构签署合作备忘录,致力于在国(境)外交流与合作领域共同推进教育教学改革,建立对口合作机制,实现优势互补、合作共赢,着力搭建面向“一带一路”沿线国家的职业教育对外交流平台。

四、经验总结

精准把握地域优势,塑造“电亮东盟”品牌形象,了解“一带一路”沿线国家、地区及企业需求,能够更有利于把握人才培养的方向和模式。学校“中文+职业技能”培养模式把握了对口企业的国际化用人需求,发挥特色专业优势,建设专业化国际化师资队伍,不断地丰富国际化教学资源,建设系列国际化教育教学基地,打造学校特色国际化品牌,“中文+职业技能”让能源电力职业教育“走出去”。

参考文献

[1] 尤尔根,哈贝马斯.交往行为理论(第一卷·行为合理性与社会合理化)[M].曹卫东,译.上海:人民出版社,2018.

[2] 菲迪南·滕尼斯.共同体与社会[M].林容远,译.北京:商务印书馆,1999.

[3] 赫尔曼·舍尔.能源自主:可再生能源的新政治[M].刘心舟,邓苗,林里,等译.上海:同济大学出版社,2017.

[4] 卡尔·雅斯贝斯.时代的精神状况[M].王德峰,译.上海:上海译文出版社,2013.

[5] 马克思,恩格斯.马克思恩格斯选集(第1卷、第3卷)[M].北京:人民教育出版社,1995.

[6] 威廉·狄尔泰.精神科学中历史世界的建构(狄尔泰文集,第三卷)[M].北京:中国人民大学出版社,2010.

[7] 乌尔里希·贝克著.风险社会[M] 张文杰,何博文,译.南京:译林出版社,2018.

[8] 朱利安·尼达-诺姆林.理性与责任[M].迟帅,译.北京:北京大学出版社,2017.

[9] 费埃德伯格.权力与规则:组织行动的动力[M].张月,译.上海:上海人民出版社,2005.

[10] 卢梭.社会契约论[M].何兆武,译.北京:商务印书馆,1980.

[11] 让-吕克·南希.无用的共通体[M].郭建玲,张建华,夏可君,译.郑州:河南大学出版社,2016.

[12] W·理查德·斯科特.制度与组织:思想观念、利益偏好与身份认同[M].4版.姚伟,王黎芳,译.北京:中国人民大学出版社,2020.

[13] 肯尼思·J.格根,玛丽·格根.社会建构:进入对话[M].张学而,译.上海:上海教育出版社,2019.

[14] 林恩·马古利斯.生物共生的行星:进化的新景观[M].易凡,译.上海:上海科学技术出版社,1999.

[15] 迈克尔·托马塞洛.我们为什么要合作:先天与后天之争的新理论[M].苏彦捷,译.北京:北京师范大学出版社,2017.

[16] 乔恩·皮埃尔,B.盖伊·彼得斯.治理、政治与国家[M].唐贤兴,马婷,译.上海:格致出版社,2019.

[17] 塞缪尔·鲍尔斯,赫伯特·金蒂斯.民主与资本主义:财产、共同体以及现代社会思想的矛盾[M].韩水法,译.北京:商务印书馆,2013.

[18] 列宁.列宁选集(第2卷)[M].北京:人民出版社,1975.

[19] 昂诺娜·奥妮尔.信任的力量[M].闫欣,译.重庆:重庆出版社,2017.

[20] 伯恩斯.剑桥中世纪政治思想(下)[M].程志敏,陈敬贤,徐昕,等译.北京:生活·读书·新知三联书店,2009.

[21] 查尔斯·汉迪.第二曲线:跨越"S型曲线"的二次增长[M].苗青,译.北京:机械工业出版社,2017.

[22] 查尔斯·汉迪.组织的概念[M].方海萍,译.北京:中国人民大学出版社,2006.

[23] 约翰·凯伊.市场的真相:为什么有些国家富有,其他国家却贫穷[M].叶硕,译.上海:上海译文出版社,2018.

[24] 本报评论员.全力培养社会主义建设者和接班人[N].人民日报,2018-09-15(004).

[25] 本刊编辑部.深化现代职业教育体系建设改革,不断优化职业教育类型定位——专访教育部职业教育与成人教育司司长陈子季[J].中国职业技术教育,2023(1):8-13.

[26] 陈亚宁."双碳"目标下我国电力结构转型现状、趋势及建议[J].调研世界,2023(3):71-78.

[27] 辞海编辑委员会. 辞海[M]. 6 版. 上海:上海辞书出版社,2010.
[28] 戴汉冬,石伟平. 职业教育校企合作共同体的内涵、要素、价值和建构[J]. 中国职业技术教育,2015(30):59-63.
[29] 电力发展"十三五"规划(2016—2020 年)[EB/OL]. [2020-03-07]. https://www. sohu. com/a/118348993_505851.
[30] 丁金昌,童卫军,黄兆信. 高职校企合作运行机制的创新[J]. 教育发展研究,2008(17):67-70.
[31] 杜冬梅,曹冬惠,何青."双碳"目标下我国电力行业低碳转型的思路探讨[J]. 热力发电,2022,51(10):1-9.
[32] 方维规. 历史的概念向量[M]. 北京:生活·读书·新知三联书店,2021.
[33] 方绪军,王屹. 职业院校发展规划执行:从"碎片化"到"协同治理"[J]. 职教论坛,2022,38(1):15-24.
[34] 方绪军. 基于知识变革视角的高职院校专业课程内容研究[D]. 桂林:广西师范大学,2023.
[35] 关晶. 西方学徒制研究[D]. 上海:华东师范大学,2010.
[36] 郭湛. 社会公共性研究[M]. 北京:人民出版社,2009.
[37] 国务院. 国家职业教育改革实施方案[Z]. 2019-02-14.
[38] 韩通,郄海霞. 面向 2035:我国技能型社会建设的内涵实质、现实逻辑与机制路径[J]. 职业技术教育,2022(19):20-26.
[39] 何建坤,周剑,欧训民,等. 能源革命与低碳发展[M]. 北京:中国环境出版社,2018.
[40] 和震,柯梦琳. 职业教育视角下的专长与校企合作重构[J]. 清华大学教育研究,2017(4):40-47.
[41] 胡德鑫,邢喆. 中国式职业教育现代化的概念阐释、演进逻辑与行动路径[J]. 职业技术教育,2023(12):6-11.
[42] 胡辉华. 行业协会职能定位的依据源自何处?——以广东省电力行业协会的成长为例[J]. 暨南学报(哲学社会科学版),2018,40(12):19-34.
[43] 胡森林. 能源的进化[M]. 北京:电子工业出版社,2019.
[44] 姜大源. 完善职业教育和培训体系:现状、愿景与当务[J]. 中国职业技术教育,2017(34):25-34.
[45] 李宏堡,袁明远,王海英."人工智能+教育"的驱动力与新指南——UNESCO《教育中的人工智能》报告的解析与思考[J]. 远程教育杂志,2019(4):3-12.
[46] 李向红,张海燕,谭永平,等. 高水平电力高职院校的主要特征及其建设路径探究[J]. 中国职业技术教育,2020(22):92-96.
[47] 刘海江. 马克思实践共同体思想研究[M]. 北京:中国社会科学出版社,2016.
[48] 刘建波. 加快政府职能转变 深化"放管服"改革 推进政府治理体系和治理能力现代化[J]. 中国行政管理,2021(12):6.
[49] 刘笑言. 垂直管理的强化及其边界[J]. 探索与争鸣,2020(11):52-54.
[50] 刘逸,谭永平. 新时代电力类高职院校深化产教融合的要义、问题与策略[J]. 教育与职业,2020(20):51-55.
[51] 刘志敏,张闳肆. 构筑创新共同体 深化产教融合的核心机制[J]. 中国高等教育,2019(10):16-18.
[52] 吕淼. 从互联网的角度重新审视能源产业[J]. 能源,2017(4):32-35.
[53] 马俊峰. 马克思社会共同体理论研究[M]. 北京:中国社会科学出版社,2011.
[54] 马廷奇. 命运共同体:职业教育校企合作模式的新视界[J]. 清华大学教育研究, 2020, 41(5):118-126.
[55] 门超,周旺. 职业教育产教融合的机理、表征、症结及策略[J]. 教育与职业,2023(3):45-51.
[56] 施祝斌,王琪,乔红宇. 校企共同体的实现路径与思考[J]. 中国职业技术教育,2015(17):16-21.

[57] 苏志刚. 治理共同体:类型教育背景下高职教育治理结构的创新探索[J]. 中国职业技术教育,2020(7):61-65.
[58] 孙飞,丹俊霖. 经济体制改革与产能治理[M]. 北京:国家行政学院出版社,2018.
[59] 孙中一. 耗散结构论·协同论·突变论[M]. 北京:中国经济出版社,1989.
[60] 唐春生,谭永平,张海燕. 新时代高职院校课程教学新生态的构建:以电力技术课程为例[J]. 中国职业技术教育,2021(20):80-83.
[61] 唐智彬. 理解职业教育类型定位的三重逻辑及其制度调适路径[J]. 南京师大学报(社会科学版),2023(1):28-39.
[62] 王屹,梁晨,陈业森,等. 场域变化视角下的"双高院校"内涵建设[J]. 现代教育管理,2021(3):114-120.
[63] 王琮. 电力企业数字化转型探索[J]. 华北电业,2022(11):58-59.
[64] 王鹏,刘添瑜. "双碳"目标对电力行业影响与创新转型的前景:以华润电力为例[J]. 现代企业,2023(3):163-165.
[65] 王强,赵岚. 职业教育产教融合共同体中利益相关者话语权的逻辑、困境与进路[J]. 黑龙江高教研究,2023,41(1):138-143.
[66] 王彦斌. 中国组织认同[M]. 北京:社会科学文献出版社,2012.
[67] 王正位,张跃星. "双碳"目标背景下绿色金融与电力市场协同发展研究[J]. 新金融,2023(2):31-37.
[68] 魏曙光. 循环经济理念下的我国新兴能源发展战略的若干问题研究[M]. 北京:经济科学出版社,2012.
[69] 吴向辉,涂诗万,赵国祥. "共同体"与"社会":对杜威《民主主义与教育》中"Community"的探析[J]. 教育学报,2022,18(5):31-43.
[70] 夏征农. 辞海[M]. 上海:上海辞书出版社,1989.
[71] 邢璐,徐晓阳,鲁刚,等. 我国煤电产能分析及调控对策建议[J]. 环境保护,2017,45(21):44-47.
[72] 熊丙奇. 职业教育改革的突破点:从"层次教育"到"类型教育"[J]. 行政管理改革,2022(8):23-29.
[73] 徐进. 电力企业面临的五大困局[J]. 能源,2022(6):47-51.
[74] 徐平利. 从就业谋生到美好生活:职业教育漫话[M]. 桂林:广西师范大学出版社,2022.
[75] 杨帆,张晶杰. 碳达峰碳中和目标下我国电力行业低碳发展现状与展望[J]. 环境保护,2021,49(z2):9-14.
[76] 杨青. 利益相关视角下高职院校试点现代学徒制问题与对策研究[M]. 北京:化学工业出版社,2022.
[77] 杨淑云. 基于新能源发展规划的电力人才培养改革探究[J]. 人才资源开发,2023(6):85-87.
[78] 叶鉴铭,梁宁森,周小海. 破解高职校企合作"五大瓶颈"的路径与策略:杭州职业技术学院"校企共同体"建设的实践[J]. 中国高教研究,2011(12):72-74.
[79] 余亚梅,唐贤兴. 协同治理视野下的政策能力:新概念和新框架[J]. 南京社会科学,2020(9):7-15.
[80] 袁祖社. "多元共生"理念统合下的"互利共赢"与"价值共享":现代"公共哲学"的基本人文理念与实践目标诉求[J]. 天津社会科学,2004(5):28-32.
[81] 张衡宇. 高职院校内部治理体系改革策略与举措[J]. 中国职业技术教育,2022(18):91-96.
[82] 张耀嵩. 高等职业教育办学体制机制研究[M]. 上海:复旦大学出版社,2017.
[83] 张永缜. 共生语境下的社会合理化与中国现代化[M]. 北京:光明日报出版社,2021.
[84] 周晶,岳金凤. 十八大以来中国特色现代职业教育深化产教融合校企合作报告[J]. 职业技术教育,

2017,38(24):45-52.
[85] 周桐,刘宇,伍小兵,等.我国高职院校产教融合的现状、困境及创新路径[J].实验技术与管理,2022,39(9):228-234.
[86] 周振宇,伍军,廖海君.电力物联网通信与信息安全技术[M].北京:机械工业出版社,2020.
[87] 贺书霞.基于共享发展理念的职业教育产教融合共同体建构[J].职业技术教育,2021,42(4):35-41.
[88] 周丙洋.江苏省高职产教融合发展的机制梗阻与路径优化[J].教育与职业,2020(5):34-39.
[89] 周丙洋.共享发展视域下高职产教融合生态系统优化研究[J].教育与职业,2020(19):12-19.
[90] 丁天明:产教融合集团(联盟):江苏高职教育发展新的突破口[J].教育与职业,2019(3):31-35.
[91] 詹华山.新时期职业教育产教融合共同体的构建[J].教育与职业,2020(5):5-12.
[92] 蔡雅端,林清阳.产教融合背景下高校教育共同体建设策略探讨[J].闽南师范大学学报(哲学社会科学版),2022,36(4):123-127.
[93] 李梦卿,李鑫."双高计划"高职院校深化产教融合的实践壁垒与破解路径[J].职教论坛,2020,36(6):44-50.
[94] 吴一鸣.职业教育产教融合的现实问题与应对策略:一个市域案例[J].职业技术教育,2018,39(31):44-50.
[95] 黄日成."一带一路"视域下民族地区职业教育产教融合国际化发展研究[J].教育与职业,2023(4):70-75.
[96] 邱金林.职业教育国际化产教融合发展的探索与思考——基于构建中国—东盟职教共同体的职业院校实践[J].职业技术教育,2020,41(6):24-28.
[97] 刘东.新时代高职院校财务会计类专业产教融合的困境与突破[J].产业创新研究,2023(2):190-192.
[98] 方益权,黄云碧,郭丽莹.基于命运共同体的我国高职院校产教融合新探索[J].职教论坛,2020(1):128-132.
[99] 孙杰,周桂瑾,徐安林,等.高职教育推进产教融合、校企合作机制改革的研究与实践[J].中国职业技术教育,2018(3):59-62.
[100] 岳敏敏,董同强.职业教育产教融合:桎梏与导引——基于布迪厄的场域理论[J].职业技术教育,2021,42(1):45-49.
[101] 金娴,金高军.地方性高职院校产教融合困境与突围[J].中国职业技术教育,2022(7):92-96.
[102] 谭永平.项目化教学模式的基本特征及其实施策略[J].中国职业技术教育,2014(23):49-52.
[103] 谭永平.混合式教学模式的基本特征及实施策略[J].中国职业技术教育,2018(32):5-9.
[104] 谭永平,湛年远,何斯远,等.高职院校技术技能人才培养高地建设的内涵、特征与路径探究[J].高教论坛,2022(11):83-86.
[105] 肖化移,李新生.区域高等职业教育的产教融合:内容体系与实现路径[J].职业技术教育,2021,42(12):21-25.